普通高等教育新工科人才培养规划教材（虚拟现实技术方向）

VR-X3D 虚拟现实开发与设计

张金钊　张金镝　张帅晨　张童嫣　李宁湘　谢胜军　编著

·北京·

内 容 提 要

本书全面系统地介绍了计算机前沿科技VR-X3D（Extensible 3D）虚拟现实交互技术的发展及应用，依托虚拟/增强现实（VR/AR）技术、可穿戴式设备等前沿技术，并集成宽带网络、5G、VR虚拟仿真交互设计、游戏设计、多媒体设计、虚拟人设计、人工智能、信息地理、粒子烟火、VR-X3D/CAD组件、VR-X3D事件工具组件以及VR-X3D网络通信节点设计等相关技术于一体，是目前虚拟/增强现实领域最前沿的计算机教材。本书内容丰富，叙述由浅入深，思路清晰，结构合理，实用性强，并配有大量的VR-X3D虚拟现实开发与设计源程序项目实例，可使读者更加容易学习并掌握VR-X3D虚拟现实开发与设计技术。

本书可作为高等院校虚拟/增强现实技术、计算机网络技术、数字媒体技术、数字游戏设计等专业专科生、本科生、研究生教材，同时也可作为计算机软件开发人员和工程技术人员工具书。

图书在版编目（CIP）数据

VR-X3D虚拟现实开发与设计 / 张金钊等编著. -- 北京 : 中国水利水电出版社, 2022.7

普通高等教育新工科人才培养规划教材. 虚拟现实技术方向

ISBN 978-7-5226-0752-8

Ⅰ. ①V… Ⅱ. ①张… Ⅲ. ①虚拟现实－程序设计－高等学校－教材 Ⅳ. ①TP391.98

中国版本图书馆CIP数据核字(2022)第095364号

策划编辑：石永峰　责任编辑：周春元　加工编辑：杜雨佳　封面设计：梁　燕

书　　名	普通高等教育新工科人才培养规划教材（虚拟现实技术方向） VR-X3D虚拟现实开发与设计 VR-X3D XUNI XIANSHI KAIFA YU SHEJI
作　　者	张金钊　张金镝　张帅晨　张童嫣　李宁湘　谢胜军　编著
出版发行	中国水利水电出版社 （北京市海淀区玉渊潭南路1号D座　100038） 网址：www.waterpub.com.cn E-mail：mchannel@263.net（万水） sales@mwr.gov.cn 电话：（010）68545888（营销中心）、82562819（万水）
经　　售	北京科水图书销售有限公司 电话：（010）68545874、63202643 全国各地新华书店和相关出版物销售网点
排　　版	北京万水电子信息有限公司
印　　刷	三河市德贤弘印务有限公司
规　　格	184mm×260mm　16开本　14.5印张　353千字
版　　次	2022年7月第1版　2022年7月第1次印刷
印　　数	0001—2000册
定　　价	48.00元

前　　言

21 世纪，随着计算机技术以及信息产业的迅猛发展，人类已经全面迈入数字化时代。虚拟现实语言作为计算机语言已广泛应用于社会生活的各个领域。VR-X3D 是 21 世纪初在国内外刚刚兴起的一种新型语言，其发展前景十分广阔，潜力巨大，融合了宽带网络、VR/AR/MR、多媒体、游戏设计、人性化动画设计、信息地理与人工智能等高新技术，是把握未来计算机技术发展的关键技术。

VR-X3D 是互联网 3D 图形国际通用软件标准，定义了如何在多媒体中整合基于网络传播的动态交互三维立体效果。通过 VR-X3D 第二代三维立体网络程序设计语言可以在网络上创建逼真的三维立体场景，开发与设计三维立体网站和网页程序，还可以创建虚拟数字城市、网络超市、虚拟网络法庭、网络选房与展销等。由此可以改变目前网络与用户交互的二维平面局限性，使用户在网络三维立体场景中实现动态、交互和感知交流，体验身临其境的感觉和感知。

2004 年 8 月，VR-X3D 已被国际标准组织 ISO 正式批准，成为国际通用标准，从而使 VR-X3D 大有一统网络三维立体设计的趋势，具有划时代的意义。VR-X3D 可以在不同的硬件设备中使用，并可用于不同的领域，如虚拟仿真、虚拟游戏、互动游戏、智能制造、军事模拟仿真、科学可视化、航空航天模拟、多媒体再现、工程应用、信息地理、虚拟旅游、考古、虚拟教育及娱乐等。

VR-X3D 虚拟现实开发与设计的功能及特点如下：

1. 丰富的多媒体功能，能够实现各种多媒体制作，如在三维立体空间场景几何体上播放影视节目、环场立体声等。

2. 强大的网络功能，能够在网络上创建三维立体的 VR-X3D 场景和造型并进行动态交互浏览、展示和操作。也可以通过运行 VR-X3D 程序直接接入 Internet，创建三维立体网页和网站等。

3. 程序驱动功能，VR-X3D 最突出的特点是程序支持各种本地和网络三维立体场景和造型。

4. 游戏动画设计，利用虚拟现实语言开发设计游戏软件，如虚拟驾驶、跑车游戏、虚拟飞行、虚拟围棋、虚拟象棋、虚拟跳棋、弹球等。

5. 虚拟人动画设计，实现虚拟人运动设计和表情设计，运动设计包括行走、坐立、运动、交谈，表情设计包括喜、怒、哀、乐等。

6. 创建虚拟现实三维立体造型和场景，能够进行 2D 和 3D 场景和造型设计、层级变换、光影效果设计、材质设计、多通道/多进程纹理绘制，实现更好的三维立体交互界面。

7. 信息地理设计，利用虚拟现实语言开发数字地球、数字城市以及虚拟社区等。

8. VR-X3D/CAD 组件，VR-X3D 提供的 CAD 节点与 VR-X3D 文件相结合进行软件项目的开发与设计，可以极大地提高软件项目的开发效率。

9. VR-X3D 自定义节点设计，开发者可以根据实际项目的需求开发与设计新节点、节点类型以及接口事件等，以满足软件项目开发的需要。

10．用户动态交互功能，基于鼠标的选取和拖曳，体验键盘输入的交互感。利用脚本实现程序与脚本语言交互设计，可以动态地改变场景。还可以利用数据手套、虚拟头盔、三维鼠标、力反馈器等虚拟/增强现实可穿戴硬件设备进行游戏的交互设计。

11．人工智能性，主要体现在 VR-X3D 具有感知功能。利用动态感知和传感器节点，实现用户与场景和造型之间的智能动态交互感知效果。

本书全面详细地阐述了 VR-X3D 的语法结构、数据结构定义、概貌、组件、等级、节点、域等，突出语法定义中每个“节点”中域的域值描述，并结合具体的实例源程序深入浅出地进行引导和讲解，激发读者的学习兴趣。除此之外，本书通过引入 VR-X3D 互动游戏交互设计使读者了解计算机在软件开发和编程方面如何利用目前国际上最先进的开发工具和手段开发设计互动游戏。为了使读者能够更快掌握 VR-X3D 互动游戏交互设计，本书配有大量的编程实例源程序，而且都在计算机上经过严格的调试和运行，可供读者参考。

本书第 1 章由张金镝、张帅晨、张童嫣、李宁湘、谢胜军编写，第 2～12 章由张金钊编写，张金镝负责全书校稿。

“知识改变命运，教育成就未来”，只有不断探索、学习和开发未知领域，才能有所突破和创新，为人类的进步做出应有的贡献。“知识是有限的，而想象力是无限”，想象力在发散思维的驱动下，能在浩瀚的宇宙空间中驰骋翱翔。希望广大读者在 VR-X3D 虚拟现实世界中充分发挥自己的想象力，实现自己的全部梦想。

由于水平有限，时间仓促，书中的缺点和不足在所难免，敬请读者把对本书的意见和建议告之我们。编者邮箱：zhzjza@21cn.com。

编　者
2022 年 1 月

目　　录

前言
第 1 章　虚拟现实技术 …… 1
1.1　虚拟现实技术概况 …… 1
1.1.1　虚拟现实技术的发展历程 …… 2
1.1.2　虚拟现实技术的基本特性 …… 3
1.1.3　虚拟现实技术的分类 …… 4
1.1.4　虚拟现实技术的应用 …… 6
1.2　增强现实技术 …… 8
1.2.1　增强现实技术的定义 …… 8
1.2.2　增强现实技术的特征 …… 9
1.2.3　增强现实建模技术 …… 10
1.3　VR-X3D 系统的开发与运行环境 …… 10
1.3.1　记事本 VR-X3D 编辑器 …… 11
1.3.2　X3D-Edit 3.2 专用编辑器 …… 11
1.3.3　VR-X3D 浏览器的安装和运行 …… 15
1.3.4　BS Contact VRML/X3D 8.0 浏览器的安装和使用 …… 16
本章小结 …… 17
第 2 章　VR-X3D 元数据与结构 …… 18
2.1　VR-X3D 节点 …… 19
2.1.1　语法格式 …… 19
2.1.2　文档类型声明 …… 20
2.1.3　主程序概貌 …… 20
2.2　head 标签节点 …… 21
2.3　component 标签节点 …… 21
2.4　meta 节点 …… 22
2.5　Scene 节点 …… 25
2.6　VR-X3D 文件注释 …… 26
2.7　WorldInfo 信息化节点 …… 27
本章小结 …… 28
第 3 章　VR-X3D 三维立体几何节点设计 …… 29
3.1　Shape 节点设计 …… 29
3.1.1　语法定义 …… 30
3.1.2　源程序实例 …… 30
3.2　Sphere 节点设计 …… 32
3.2.1　算法分析 …… 32
3.2.2　语法定义 …… 33
3.2.3　源程序实例 …… 33
3.3　Box 节点设计 …… 34
3.3.1　语法定义 …… 34
3.3.2　源程序实例 …… 35
3.4　Cone 节点设计 …… 36
3.4.1　语法定义 …… 36
3.4.2　源程序实例 …… 37
3.5　Cylinder 节点设计 …… 38
3.5.1　算法分析 …… 38
3.5.2　语法定义 …… 39
3.5.3　源程序实例 …… 39
3.6　Text 节点设计 …… 40
3.6.1　Text 节点语法定义 …… 41
3.6.2　Text 节点源程序实例 …… 41
3.6.3　FontStyle 节点语法定义 …… 42
3.6.4　FontStyle 节点源程序实例 …… 43
本章小结 …… 45
第 4 章　VR-X3D 编组节点设计 …… 46
4.1　Transform 节点设计 …… 46
4.1.1　语法定义 …… 46
4.1.2　源程序实例 …… 47
4.2　Group 节点 …… 50
4.2.1　语法定义 …… 50
4.2.2　源程序实例 …… 50
4.3　StaticGroup 节点设计 …… 53
4.3.1　语法定义 …… 53
4.3.2　源程序实例 …… 53
4.4　Inline 节点设计 …… 55
4.4.1　语法定义 …… 55
4.4.2　源程序实例 …… 56

4.5 Switch 开关节点 …… 58
4.5.1 语法定义 …… 58
4.5.2 源程序实例 …… 59
4.6 Billboard 节点设计 …… 60
4.6.1 语法定义 …… 61
4.6.2 源程序实例 …… 61
4.7 Anchor 节点设计 …… 64
4.7.1 语法定义 …… 64
4.7.2 源程序实例 …… 65
4.8 LOD 节点设计 …… 68
本章小结 …… 70
第 5 章 VR-X3D 复杂模型设计 …… 71
5.1 PointSet 节点设计 …… 71
5.1.1 语法定义 …… 71
5.1.2 源程序实例 …… 72
5.2 IndexedLineSet 节点设计 …… 73
5.2.1 空间直线算法分析 …… 74
5.2.2 语法定义 …… 74
5.2.3 源程序实例 …… 75
5.3 LineSet 节点设计 …… 76
5.4 IndexedFaceSet 节点设计 …… 77
5.4.1 空间平面算法分析 …… 77
5.4.2 语法定义 …… 78
5.4.3 源程序实例 …… 79
5.5 ElevationGrid 节点设计 …… 80
5.5.1 空间曲面算法分析 …… 81
5.5.2 语法定义 …… 81
5.5.3 源程序实例 …… 82
5.6 Extrusion 节点设计 …… 83
5.6.1 Extrusion 算法分析 …… 83
5.6.2 语法定义 …… 84
5.6.3 源程序实例 …… 85
本章小结 …… 87
第 6 章 VR-X3D 纹理、影视及声音节点设计 …… 88
6.1 Appearance 节点设计 …… 88
6.1.1 语法定义 …… 88
6.1.2 源程序实例 …… 89
6.2 Material 节点设计 …… 90
6.2.1 语法定义 …… 90
6.2.2 源程序实例 …… 91
6.3 ImageTexture 节点设计 …… 93
6.3.1 语法定义 …… 93
6.3.2 源程序实例 …… 93
6.4 PixelTexture 节点设计 …… 95
6.4.1 语法定义 …… 95
6.4.2 源程序实例 …… 96
6.5 TextureTransform 节点设计 …… 97
6.5.1 语法定义 …… 97
6.5.2 源程序实例 …… 98
6.6 MovieTexture 节点设计 …… 99
6.6.1 语法定义 …… 99
6.6.2 源程序实例 …… 100
6.7 AudioClip 节点设计 …… 102
6.8 Sound 节点设计 …… 103
6.8.1 语法定义 …… 103
6.8.2 源程序实例 …… 104
本章小结 …… 105
第 7 章 VR-X3D 灯光渲染及视点导航设计 …… 106
7.1 PointLight 节点设计 …… 107
7.1.1 语法定义 …… 107
7.1.2 源程序实例 …… 108
7.2 DirectionalLight 节点设计 …… 109
7.2.1 语法定义 …… 109
7.2.2 源程序实例 …… 110
7.3 SpotLight 节点设计 …… 111
7.3.1 聚光灯原理剖析 …… 111
7.3.2 语法定义 …… 112
7.3.3 源程序实例 …… 112
7.4 Background 节点设计 …… 113
7.4.1 语法定义 …… 114
7.4.2 源程序实例 …… 115
7.5 TextureBackground 节点设计 …… 116
7.6 Fog 雾节点设计 …… 117
7.6.1 语法定义 …… 117
7.6.2 源程序实例 …… 118
7.7 Viewpoint 节点设计 …… 119
7.7.1 视点原理剖析 …… 120
7.7.2 语法定义 …… 120

7.7.3 源程序实例 …… 121
7.8 NavigationInfo 节点设计 …… 123
7.8.1 语法定义 …… 124
7.8.2 源程序实例 …… 125
本章小结 …… 126
第 8 章 VR-X3D 插补器交互动画设计 …… 127
8.1 TimeSensor 节点设计 …… 127
8.2 PositionInterpolator 节点设计 …… 129
8.2.1 语法定义 …… 129
8.2.2 源程序实例 …… 129
8.3 OrientationInterpolator 节点设计 …… 131
8.3.1 语法定义 …… 131
8.3.2 源程序实例 …… 131
8.4 ScalarInterpolator 节点设计 …… 132
8.5 ColorInterpolator 节点设计 …… 133
8.5.1 语法定义 …… 133
8.5.2 源程序实例 …… 134
8.6 CoordinateInterpolator 节点设计 …… 136
8.6.1 语法定义 …… 136
8.6.2 源程序实例 …… 136
8.7 NormalInterpolator 节点设计 …… 138
8.8 ROUTE 节点设计 …… 139
8.9 VR-X3D 虚拟现实互动圣诞/新年综合项目实例设计 …… 139
8.9.1 VR-X3D 虚拟现实互动圣诞/新年项目设计 …… 139
8.9.2 VR- X3D 虚拟现实互动圣诞/新年综合项目实例 …… 140
本章小结 …… 143
第 9 章 VR-X3D 触摸检测器交互动画设计 …… 144
9.1 TouchSensor 节点设计 …… 144
9.1.1 语法定义 …… 144
9.1.2 源程序实例 …… 145
9.2 PlaneSensor 节点设计 …… 146
9.2.1 语法定义 …… 147
9.2.2 源程序实例 …… 147
9.3 CylinderSensor 节点设计 …… 150
9.3.1 语法定义 …… 150
9.3.2 源程序实例 …… 150
9.4 SphereSensor 节点设计 …… 152
9.4.1 语法定义 …… 152
9.4.2 源程序实例 …… 152
9.5 按键传感器节点设计 …… 154
9.5.1 KeySensor 节点设计 …… 154
9.5.2 StringSensor 节点设计 …… 155
9.5.3 源程序综合项目实例 …… 155
本章小结 …… 162
第 10 章 VR-X3D 虚拟现实 AI（智能感知）交互设计 …… 163
10.1 VR-X3D 虚拟现实智能感知动画节点设计 …… 163
10.1.1 VisibilitySensor 节点 …… 163
10.1.2 ProximitySensor 节点 …… 165
10.1.3 LoadSensor 节点 …… 166
10.1.4 Collision 节点 …… 168
10.2 VR-X3D 虚拟现实能见度智能感知节点项目实例 …… 169
10.2.1 双飞碟飞行项目设计 …… 169
10.2.2 双飞碟飞行项目实例 …… 169
10.3 VR-X3D 虚拟现实亲近度智能感知自动门项目实例 …… 172
10.3.1 自动门项目设计 …… 172
10.3.2 自动门项目实例 …… 172
10.4 VR-X3D 虚拟现实投球互动体验项目实例 …… 176
10.4.1 投球互动体验项目设计 …… 176
10.4.2 投球互动体验项目实例 …… 177
本章小结 …… 179
第 11 章 VR-X3D 虚拟人、粒子烟火、脚本交互设计 …… 180
11.1 VR-X3D 虚拟人运动分析 …… 180
11.2 VR-X3D 虚拟人动画设计语法剖析 …… 182
11.2.1 HAnimHumanoid 语法剖析 …… 182
11.2.2 HAnimSegment、HanimSite 语法剖析 …… 183
11.2.3 HAnimDisplacer、HanimJoint 语法剖析 …… 184
11.3 VR-X3D 虚拟人运动项目实例设计 …… 186

11.3.1 项目实例开发设计…………………… 187
11.3.2 项目实例源代码……………………… 187
11.4 VR-X3D 虚拟现实粒子烟火系统设计‥ 193
11.4.1 项目实例算法设计…………………… 193
11.4.2 项目实例源代码……………………… 194
11.5 VR-X3D 事件工具组件设计…………… 197
11.5.1 BooleanFilter 节点设计…………… 197
11.5.2 BooleanSequencer 节点设计 ……… 198
11.5.3 BooleanToggle 节点设计…………… 199
11.5.4 BooleanTrigger 节点设计 ………… 199
11.5.5 IntegerSequencer 节点设计 ……… 200
11.5.6 IntegerTrigger 节点设计…………… 201
11.5.7 TimeTrigger 节点设计 …………… 201
11.6 VR-X3D 脚本组件设计………………… 202
11.6.1 语法定义……………………………… 202
11.6.2 源程序实例…………………………… 202
本章小结…………………………………………… 204
第 12 章 VR-X3D 虚拟现实交互体验设计 ….. 205
12.1 VR-X3D 虚拟全景技术 …………………205
12.1.1 算法设计 ……………………………205
12.1.2 全景设计 ……………………………209
12.1.3 源程序实例 …………………………209
12.2 3D 眼镜体验设计………………………212
12.2.1 3D 眼镜设计原理……………………212
12.2.2 3D 眼镜应用实例……………………213
12.3 VR 虚拟头盔体验设计 …………………215
12.3.1 虚拟头盔简介 ………………………216
12.3.2 VR 头盔实现原理 …………………217
12.3.3 VR 头盔应用实例 …………………217
12.4 VR/AR/X3D 智能可穿戴 9D 体验馆 …221
12.4.1 智能 9D 体验馆架构 ………………221
12.4.2 智能 9D 体验馆实现 ………………221
本章小结 …………………………………………222
附录 VR-X3D 虚拟现实交互节点图标 ……… 223

第 1 章　虚拟现实技术

本章主要介绍了虚拟现实技术概况、虚拟现实技术分类、虚拟现实动态交互感知设备、虚拟现实技术发展、虚拟现实 VR-X3D 技术以及虚拟现实应用技术等相关概念。同时对虚拟现实系统进行分类介绍，包括沉浸式虚拟现实技术模式、分布式虚拟现实技术模式、桌面式虚拟现实技术模式、增强式虚拟现实技术模式、可穿戴虚拟现实技术模式以及纯软件虚拟现实技术模式；针对性地介绍了沉浸式虚拟现实系统及虚拟现实动态交互感知设备，即三维立体眼镜、三维立体鼠标、数据手套、数据头盔、数据衣等。通过以上介绍，可使读者了解各种动态交互传感器设备等的基本概念及其应用。

- 虚拟现实技术
- 增强现实技术
- VR-X3D 软件开发环境

1.1　虚拟现实技术概况

虚拟现实（VR）是 21 世纪一项最新综合集成技术，是仿真技术的一个重要方向，涉及计算机图形学、人机交互技术、传感技术、人工智能等技术领域，它用计算机生成逼真的三维视觉、听觉、味觉、触觉等感觉，使人作为参与者通过适当的虚拟现实装置，自然地体验虚拟世界并与之交互。当使用者在虚拟三维立体空间进行位置移动时，计算机可以立即进行复杂的运算，将精确的三维世界影像传回从而产生临场感。该技术同时集成了计算机图形、计算机仿真、人工智能、传感、显示、网络并行处理等技术的最新发展成果，是一种由计算机技术辅助生成的高技术模拟仿真系统。

总的来说，虚拟现实技术是以计算机技术为平台，利用虚拟现实硬件、软件资源，实现人与计算机之间的交互和沟通的可视化操作与交互的一种全新方式。

虚拟现实技术与传统的人机界面以及流行的视窗操作相比，虚拟现实思想在技术上有了质的飞跃。虚拟现实技术的出现大有一统网络三维立体设计的趋势，具有划时代的意义。

21 世纪，随着计算机技术的高速发展，计算机将人类社会带入崭新的信息时代，在网络技术飞速发展的背景下，4G、5G 技术的广泛应用使得时间和空间已经不再是阻碍，地球已然变成了一个“村落”。早期的网络系统主要传送文字、数字等信息，但随着多媒体技术以及流媒体视频技术的兴起，传统网络已然无法承受如此巨大的信息量，为此，技术人员拓展开发出了信息高速公路，也就是大家熟知的宽带网络系统和现在主流的光纤网络系统。如今在这条信息高速公路上驰骋的高速跑车就是 VR-X3D/VRML200X 虚拟现实第二代三维立体网络程序设计语言。

1.1.1 虚拟现实技术的发展历程

虚拟现实技术从发展至今经历了四个阶段。

（1）虚拟现实思想的萌芽阶段（1963 年以前）。虚拟现实思想究其根本是人们对在自然环境中的感官和动态的交互式模拟，它与仿生学息息相关，在战国时期出现的风筝就是仿生学在人类生活中的早期应用，后期西方国家根据类似的原理发明了飞机。1935 年，美国科幻小说家斯坦利 • G. 温鲍姆（Stanley G.Weinbaum）在他的小说中首次构想了以眼镜为基础，涉及视觉、触觉、嗅觉等全方位沉浸式体验的虚拟现实概念，这可能就是最早的关于虚拟现实技术的构想。1957－1962 年，莫顿 • 海利希（Morton Heilig）研究并发明了第一个 VR 设备 Sensorama（就是将两张略有不同的图片摆放在一起来实现 VR 的原型“立体镜”），并在 1962 年申请了专利。这种全传感仿真器的发明，蕴涵了虚拟现实技术的思想理论。

（2）虚拟现实技术的初现阶段（1963－1972 年）。1968 年，美国计算机图形学之父伊凡 • 爱德华 • 苏泽兰特（Ivan Edward Sutherland）开发了第一个计算机图形驱动的头盔显示器 HMD 及头部位置跟踪系统，这是虚拟现实技术发展史上一个重要的里程碑。

（3）虚拟现实技术的概念和理论产生的初期阶段（1973－1989 年）。这一时期主要有两个重大发明，一是克鲁格（Krueger）设计的 VIDEOPLACE 系统可以产生一个虚拟图形环境，使体验者的图像投影能实时地响应自己的活动。另一个是由麦格瑞威（MGreevy）领导完成的 VIEW 系统，它让体验者穿戴数据手套和头部跟踪器，通过语言、手势等交互方式形成虚拟现实系统。

（4）虚拟现实技术理论的完善和应用阶段（1990 年至今）。1994 年，世嘉和任天堂两家日本游戏公司分别针对游戏产业推出了 Sega VR-1 和 Virtual Boy，但是由于设备成本较高等问题，这两款虚拟现实技术设备在当时如同昙花一现，并没有掀起很大的波澜和广泛的应用。2012 年，Oculus 公司（2014 年被 Facebook 公司收购）用众筹的方式将虚拟现实设备的价格降到 300 美元（合人民币 1900 余元），而同期的索尼头戴式显示器 HMZ-T3 高达 6000 元人民币左右，这使得虚拟现实技术离大众化更近了一步。2014 年，Google 发布了 Google CardBoard，三星发布了 Gear VR。2016 年，苹果公司发布了名为 View-Master 的 VR 虚拟头盔，售价 29.95 美元（约合人民币 197 元）。另外 HTC 的 HTC VIVE、索尼的 PlayStation VR 也相继出现。在这一阶段，虚拟现实技术从研究型阶段转为应用型阶段，开始广泛运用到了科研、航空、医学、军事等领域。目前，国内的虚拟现实市场也如火如荼，普通民众可以在各种 VR 线下体验店感受 VR 带来的惊艳与刺激。

虚拟现实技术理论的完善和应用开辟了全新的体验，并为生活带来无限的可能性，不仅仅在游戏领域，其在生活、教育、医疗、气象、影视等诸多领域都拥有广阔的应用空间。

1.1.2 虚拟现实技术的基本特性

虚拟现实技术是指利用计算机系统以及多种虚拟现实专用软硬件设备构造一种特定的虚拟环境，以实现用户与特定虚拟环境直接进行自然交互和沟通的技术。具体来说，人通过虚拟现实硬件设备如三维头盔显示器、数据手套、三维语音识别系统等与虚拟现实软硬件系统实时进行交流和互动，感受虚拟现实空间带来的身临其境的感觉。

虚拟现实系统与其他计算机图形图像系统最本质的区别是“模拟真实的环境”。虚拟现实系统模拟的是“真实环境、场景和造型”，是把“虚拟空间”和“现实空间”有机地结合，形成一个虚拟的时空隧道。

虚拟现实技术主要融合了网络技术、多媒体技术、人工智能、计算机图形学、动态交互智能感知和程序驱动三维立体造型与场景等基本技术。其主要的特点体现在多感知性、浸没感、交互性、构想性等方面。

（1）多感知性（Multi-Sensory）是指除了一般计算机技术所具有的视觉感知之外，虚拟现实技术还有听觉感知、力觉感知、触觉感知、运动感知，甚至包括味觉感知、嗅觉感知等一切人类所具有的感知功能。

（2）浸没感（Immersion）又称临场感，指参与者是作为主角存在于特定模拟环境中的真实程度。理想的模拟环境应做到使参与者难以分辨真假，参与者可以全身心地投入计算机创建的三维虚拟环境中，该特定模拟环境中的一切场景看上去是真实的，听上去也是真实的，动起来更是真切的，甚至闻起来、尝起来等一切感觉与在现实世界中的感觉一样。

（3）交互性（Interactivity）指用户对特定模拟环境内可视物体的可操作程度和从环境得到反馈的自然程度（包括实时性）。例如用户可以用手直接在模拟环境中抓取虚拟的物体，这时手里呈现抓握着东西的感觉，并可以感觉该物体的重量，视野中被抓的物体也能立刻随着手的移动而呈现移动。

（4）构想性（Imagination）强调虚拟现实技术应具有广阔的可想象空间，可以拓宽人类的认知范围，其不仅可再现现实存在的环境，也可以随意构想现实世界中不存在的甚至不可能发生的环境。虚拟现实的构想性使人在多维信息空间中，能依靠认识和感知能力，发挥主观能动性，拓宽知识领域，开发新的知识和产品，把虚拟和现实有机地结合起来，进而使人类的生活更加富足、美满和幸福。

虚拟现实技术的功能包如下几个方面。

- 强大的网络功能。运行 VR-X3D/VRML200X 程序即可直接接入 Internet 上网，创建基于虚拟现实的立体网页与网站，使参与者可以身临其境地游走于丰富多彩的网络世界，消除物理距离给人们带来的不确定性。
- 多媒体功能。虚拟现实技术能够实现多媒体以及影视制作，将文字、语音、图像、影片等素材完美融入三维立体场景之中，形成集声、光、影、像的三维融合体，达到真实舞台效果。
- 创建三维立体造型和场景，实现更好的立体交互界面。
- 人工智能的功能。人工智能的功能主要指 VR-X3D/VRML200X 运行程序具有感知功能。利用硬件以及程序的感知传感器节点，可以使参与者感受到与造型之间的动态交互感觉。

- 动态交互智能感知功能。用户可以借助虚拟现实软件产品及硬件设备，直接与虚拟现实场景中的物体、造型进行动态智能感知交互，强烈感受身临其境的感觉。
- 利用程序驱动三维立体模型与场景功能。主要体现在可以与各种程序设计语言、网页程序进行交互，有着良好的程序交互性和多种接口，便于实现系统扩充、交互、上网等功能。
- 虚拟人设计功能。开发人员可以利用 VR-X3D 虚拟人动画组件在虚拟空间设计逼真的三维立体虚拟人，进行动态交互、交流等。
- 地理信息系统功能。可以利用 VR-X3D 地理信息节点，实现从数字地球到数字城市、数字家庭等地理信息组件的设计，同时可以在真实世界的位置和 VR-X3D 场景的元素之间建立关联，并详细说明和协调地理信息的应用。
- 曲面设计功能。可以实现复杂曲面节点设计，涵盖曲线与曲面设计。
- CAD 设计功能。用户可以利用 VR-X3D/CAD 组件实现从 CAD 到 VR-X3D 的转换，在提高软件开发效率的同时可以更加有效地利用资源。
- 分布交互功能。既可以利用分布式计算机系统提供的强大功能，又可以利用分布式本身的特性，实现虚拟分布式系统带来的无穷魅力。

一般来说，一个完整的虚拟现实系统由虚拟环境以及虚拟环境处理器，视觉头盔显示器系统，语音识别系统，声音合成与声音定位的听觉系统，立体鼠标，跟踪器，数据手套，身体方位姿态跟踪设备数据衣，味觉、嗅觉、触觉、力觉反馈系统等诸多功能单元构成，用以发挥其在各行各业不同应用领域的巨大作用。

1.1.3 虚拟现实技术的分类

虚拟现实技术的分类主要包括沉浸式虚拟现实技术、桌面式虚拟现实技术、分布式虚拟现实技术、增强式虚拟现实技术、纯软件虚拟现实技术和可穿戴虚拟现实技术等。

这些技术都依托于计算机相关技术、软硬件技术以及“互联网+”技术，以 UNIX、Windows、Linux、Mac OS X 以及 Android 等操作系统为开发平台，开发虚拟/增强现实（VR/AR）产品和可穿戴虚拟现实产品。在虚拟现实技术层次框图（图 1-1）中，底层为计算机硬件系统，中间层包含“互联网+”、计算机操作系统以及 VR/AR 系统，上层包含沉浸式虚拟现实技术、桌面式虚拟现实技术、分布式虚拟现实技术、增强式虚拟现实技术、纯软件虚拟现实技术、可穿戴虚拟现实技术等。

（1）沉浸式虚拟现实技术，也被称为最佳虚拟现实技术模式，由先进完备的虚拟现实硬件设备和先进的虚拟现实软件技术为支持，因此一般适合虚拟现实硬件和软件投资方面规模比较大、效果明显的大中型企业使用。

（2）桌面式虚拟现实技术，也称基本虚拟现实技术模式。其使用最常见、最基础的计算机硬件和软件设备就可以实现虚拟现实技术的基本配置，由于其特点是投资较少，效率高，属于经济型投资范围，因此更适合中小微企业使用。

（3）分布式虚拟现实技术是指基于网络虚拟环境，将位于不同地理位置（也称为物理位置）的多个用户或多个虚拟现实环境通过网络连接，并共享信息资源，使用户在虚拟现实的网络空间可以更好地协调工作。用户既可以在同一个地方工作，也可以在世界各个不同的地方工作，彼此之间可以通过分布式虚拟网络系统联系在一起，共享计算机资源，特别适合不同地理位置的用户分区块完成同一个项目或者任务。分布式虚拟现实环境既可以利用分布式计算机系统提供的强大计算能力，又可以利用分布式本身的特性，再加之虚拟现实技术，使用户真正感受到分布式虚拟现实技术所带来的方便和快捷。

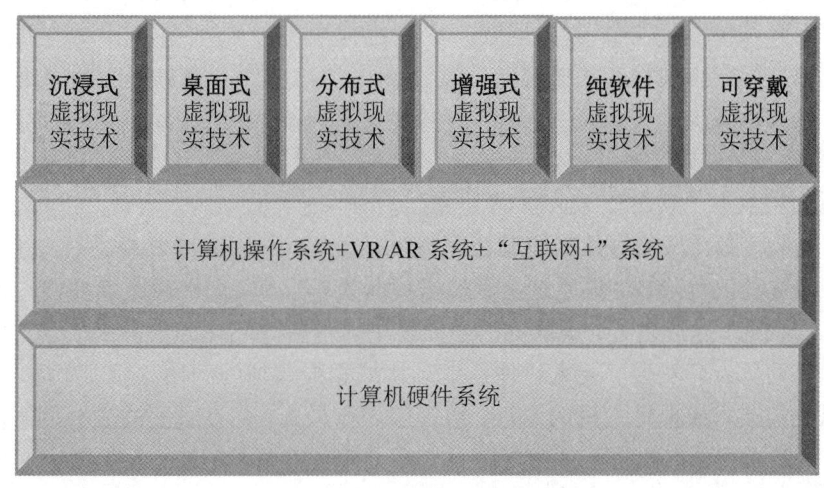

图 1-1　虚拟现实技术层次框图

（4）增强式虚拟现实技术通过计算机技术将虚拟的信息应用到真实世界，把真实的环境和虚拟的物体实时地叠加到同一个画面或空间中共存。因此增强现实提供了一个异于人类常规感知的信息，即虚中有实，实中有虚。它不仅展现了真实世界的信息，而且将虚拟的信息同时融入并显示出来，两种信息相互补充、叠加，用户利用头盔显示器以及视觉化的增强现实，把真实世界与计算机图形多重组合成在一起，便可以看到真实世界与虚拟世界的交互融合。

（5）纯软件虚拟现实技术，也称大众化模式，是指在无虚拟现实硬件设备和接口的前提下，利用传统的计算机软件、网络和虚拟现实软件支撑环境实现的虚拟现实技术。其特点是投资最少，效果适中，属于普及范围，适合个人、小组开发使用。纯软件虚拟现实技术是一种既经济又实惠的虚拟现实开发模式。

（6）可穿戴虚拟现实技术是移动智能设备技术的延伸，在保证移动智能设备性能的前提下，增加其方便携带的特性，如以手表、眼镜等配饰的形式将移动智能设备穿戴于用户身上。可穿戴虚拟现实技术的优势在于易携带、控制方式灵活，如可以通过眨眼、语音等对穿戴于身体上的智能终端进行各种控制，除此之外，可穿戴虚拟现实技术能够随时随地采集、分析大量数据，给出合理规划建议，可以满足日常生活中的社交、办公、医疗、娱乐等多种需求。

虚拟现实技术的发展、普及是从最廉价的纯软件虚拟现实系统开始逐步过渡到桌面式的虚拟现实系统，进一步发展为完善的沉浸式虚拟现实系统，最终实现真正的具有真实动态交互和感知的虚拟现实系统，使人类在此系统中有真实的视觉、听觉、触觉、嗅觉、漫游和移动物体等身临其境的感受。

1.1.4 虚拟现实技术的应用

虚拟现实技术在航空航天、军事、医学、智能制造、机械加工与设计、教育以及影视游戏娱乐等领域得到了广泛的应用

1. 在航空航天领域的应用

航空航天领域一直是耗资巨大、变量参数多、非常复杂的系统工程，所以虚拟现实在航空航天中的应用必须保证其安全性与可靠性。利用虚拟现实技术结合计算机系统的模拟，可在创建的特定虚拟空间中重现真实的航天器与飞行环境，飞行员可以在虚拟空间中进行飞行训练和实验操作，极大地减少了实验经费、降低了实验的危险系数。

2. 在军事领域的应用

因为虚拟现实具有真实的三维立体感和强烈的真实感，所以在军事方面开发人员可以将地图上的山川地貌、海洋湖泊等数据通过计算机进行模拟，利用虚拟现实技术，将原本的平面地图转换成三维立体的地形图，再通过全息技术将其投影出来，这种极近于真实的场景有利于军事演习演练等训练。除此之外，现代的战争已经由传统模式转化为信息化战争，战争装备都朝着智能化和自动化方向发展，无人机便是信息化战争最典型的产物。战士在演习训练期间，可以利用虚拟现实技术模拟无人机的飞行、射击等工作模式，而在真实的战斗期间，可以通过眼镜、头盔等机器操控无人机进行侦察等任务，减小战争中军人的伤亡率。虚拟现实技术还能将无人机拍摄的二维场景立体化，降低操作难度，提高侦察效率，所以无人机与虚拟现实技术结合的研发工作刻不容缓。

3. 在医学领域的应用

众所周知，人体的结构是十分复杂的，特别是一些大型手术的成功概率往往不高，而且不可重来。那么如何实现既可以把手术的成功率大大提高又可以减轻患者的痛苦成为当前的主要研究方向之一。虚拟现实的模拟技术可以实现主刀医生和计算机专家在制订手术方案时，利用虚拟现实技术在虚拟空间中模拟出标准的人体组织和器官，让所有参与手术的医生和医护人员在其中进行模拟操作，并且能让参与者感受到手术刀切入人体肌肉组织，甚至触碰到骨头等的真实触感，使参与者能够更快地掌握手术要领，并可以反复多次进行演练。主刀医生也可以在手术前建立特定病人身体的虚拟模型，在虚拟空间中先进行一次手术预演，成功后再进行真正的手术。这样能够大大提高手术的成功率，让更多的病人得以痊愈。

4. 在智能制造领域的应用

由于传统的制造业存在如人工成本高、项目实施周期长、多类设备难协同、运营维护难等问题，智能制造业成为现在国家的重点发展方向。如今随着虚拟现实技术的不断发展，利用沉浸式可视化系统检查生产流程和性能，可以让制造业企业开展更多突破性工作来打造理想的可视化智能工厂等。虚拟现实技术通过创建虚拟现实工厂模型与机器连接，利用设备和控制流程之间传递的信息进行交互式工作。而大型虚拟现实系统可以为在恶劣环境中的机器人的实时远程操作提供有效的界面和快速集成响应智能混合应用，从而帮助企业实现降本增效。

5. 在机械加工与设计领域的应用

虚拟现实技术在机械加工与设计领域的应用主要有虚拟设计、虚拟装配、机械仿真以及虚拟样机设计等。

（1）虚拟设计。虚拟设计是指以虚拟现实作为基础，把机械产品作为设计的手段，利用多种传感器使设计人员和环境的多维信息进行交互影响，从定量和定性两个方面对复杂的环境进行理性和感性的认识，从而有助于创新和深化设计概念和理念。虚拟设计主要体现在产品的外形设计和产品的布局设计上。

（2）虚拟装配。在机械制造领域中，需要将成千上万的零件装配到一起组成机械产品，然而机械产品的配合设计、可装配性的错误，经常要在最后装配时才能发现，这给很多工厂和企业的信誉与经济带来了巨大的损失。虚拟装配是指用户可以通过交互的方式，对产品的装配过程进行模拟控制，从而检查产品的设计和操作过程是否得当，及时发现装配过程中出现的问题，修改模型。虚拟装配能够帮助企业缩短产品的发布周期，提高企业的生产效率，以较低的生产成本获得较高的设计质量。

（3）机械仿真。机械仿真包括机械产品的运动仿真和对加工过程的仿真。前者能够有效发现并解决构件在运动过程中可能的运动及运动设计、各种运动关系问题等；后者则可以实现通过仿真技术预先发现产品设计的缺陷以及加工方法、加工过程等方面容易出现的问题，并通过修改设计或采取其他措施，以确保产品的质量和工期。

（4）虚拟样机设计。通常机械产品的工作性能及质量问题要通过最终样机的试运转才可以发现。但是此时所出现的很多问题都是没有办法改变的。修改设计就意味着全部或者是大部分产品的重新试制或报废。借助虚拟现实技术，用虚拟样机取代传统的硬件样机来检测机械产品的质量和工作性能，可以大大节约新产品开发的时间与费用，并能明显地改善开发团体成员之间的交流方式，利于快速审核最终产品。

如今在工程机械领域中，虚拟现实技术得到广泛的应用，不仅能够提高企业的生产效率，缩短产品的生产周期，降低生产成本，提高设计质量，而且虚拟现实技术的运用使企业的生产具有了快速的市场反应能力和高度的柔性化，明显增强了企业的市场竞争力。今后，机械工程与虚拟现实技术的关系必将变得更密不可分，而机械产业也一定会随着虚拟现实技术的不断完善与进步发展而变得更加强大。

6. 在教育领域的应用

在教育中融入虚拟现实技术已经成为促进教育发展的一种新型手段。传统的教育只是一味地给学生灌输知识，内容枯燥而乏味。现在利用虚拟现实技术可以为学生打造生动、逼真的学习环境，可以使学生通过真实视感、触感来增强记忆。相比于被动地死记硬背，利用虚拟现实技术进行自主学习更容易让学生接受，这种方式更容易激发学生的学习兴趣。此外，众多院校还利用虚拟现实技术建立了与学科相关的虚拟实验室来帮助学生更好地学习。

7. 在影视娱乐及游戏领域的应用

随着虚拟现实技术在影视业的广泛应用，以虚拟现实技术为主的全球首个低成本但具备高回报潜力的 VR 商业化投资项目第一现场 9DVR 体验馆得以实现。第一现场 9DVR 体验馆自建成以来，在影视娱乐市场中的影响力非常大，此体验馆可以让体验者沉浸在影片所创造的虚拟环境之中，使其体会到置身于真实场景之中的感觉。9DVR 体验馆由一个 360°全景头盔、一个动感特效互动仓、周边硬件设备、内容平台构成。其中 360°全景头盔带来沉浸式游戏娱乐体验，体验者仅需轻轻转动头部就可将眼前的美景一览无余。多声道音频可以运用离散扬声器将音乐和声效传到影片所创建的空间，将“环绕立体声”提升到一个全新的高度。动感特效互动仓控制细腻精准，体验者在游戏里的每一次俯冲、跳跃、旋转、爬升都仿佛身临其境。智能操作手柄可以轻松完成人机交互，如遇敌作战、行走等，还可以轻松实现任意旋转。由于虚拟现实技术利用计算机产生三维虚拟空间，而三维游戏则刚好建立在此技术之上，故三维游戏几乎涵盖了虚拟现实的全部技术，在保持实时性和交互性的同时，也大幅增强了游戏的真实感。

1.2 增强现实技术

增强现实（Augmented Reality，AR）又称增强型虚拟现实（Augmented Virtual Reality），是虚拟现实技术的进一步拓展，它借助必要的设备使计算机生成的虚拟环境与客观存在的真实环境（Real Environment，RE）共存于同一个增强现实系统中，从感官和体验效果上给用户呈现出虚拟对象与真实环境融为一体的增强现实环境。增强现实技术具有虚实结合、实时交互、三维注册等新特点，是正在迅猛发展的新型研究方向。其中美国北卡罗来纳大学的 Bajura 教授和南加州大学的 Neumann 教授在研究基于视频图像序列的增强现实系统时提出了一种动态三维注册的修正方法，并通过实验展示了动态测量和图像注册修正的重要性和可行性。同时美国麻省理工学院媒体实验室的 Jebara 等经过研究实现了一套基于增强现实技术的多用户台球游戏系统，该系统根据计算机视觉原理构造出了一种基于颜色特征检测的边界计算模型并使该系统能够辅助多个用户进行游戏规划和瞄准操作。

1.2.1 增强现实技术的定义

增强现实是近年来国内外众多研究机构和知名大学的研究热点之一。增强现实技术不仅在与虚拟现实技术相类似的领域，诸如尖端武器和飞行器的研制与开发、数据模型的可视化、虚拟训练、娱乐与艺术等领域具有广泛的应用，而且由于其具有能够对真实环境进行增强显示输出的特性，因此在精密仪器制造和维修、军用飞机导航、工程设计、医疗研究与解剖以及远程机器人控制等领域均具有比单纯的虚拟现实技术更加明显的优势，是虚拟现实技术当下的一个重要前沿分支。

增强现实技术在业界也被称为混合现实技术。它可以利用计算机技术将虚拟信息应用到真实世界，并形成一个真实和虚拟实时叠加在同一个画面以及同一个空间中的环境。增强现实技术可以为用户提供在真实环境中非常需要但又无法感知的信息。该技术可以在真实的世界、真实的环境中将虚拟的信息同时显示出来，达到两种信息相互补充、叠加，如用户通过视觉头盔在台球桌上击打台球的时候，眼中既可以看到母球，也可以看到目标球，还可以看到目标球落袋的位置，同时随着用户球杆的不同角度变化，相应的虚拟进球路线和角度也同时出现在用户的眼前。再如战场上士兵可以通过视觉头盔在观察敌方的人员和物体移动的同时显示出相应的距离、坦克装甲的厚度以及爆破的时间、强度和攻击的工具等信息。因此在视觉化的增强现实技术应用中，用户可以利用头盔显示器，把真实世界中的现实景象与计算机图形多重合成在一起，看到真实的世界围绕着虚拟世界。

增强现实技术借助虚拟现实技术、VR-X3D、计算机图形技术和可视化技术产生现实环境中不存在但是又非常必要的辅助虚拟图像和信息，并通过传感技术将虚拟对象准确地“放置”在真实环境中，借助显示设备将虚拟对象与真实环境融为一体，并呈现给使用者一个感官效果真实的全新环境。

增强现实技术是对真实场景利用虚拟物体进行“增强”显示的技术。与虚拟现实技术相比，增强现实技术具有感受真实、建模工作量小等优点，可广泛应用于航空航天、军事模拟、教育科研、工程设计、考古、海洋、地质勘探、旅游、现代展示、医疗以及娱乐游戏等领域。美国巴特尔纪念研究所（又名巴特尔实验室）在一项研究报告中列出 10 个 2020 年最具战略意义的前沿技术发展趋势，其中就包括增强现实技术。

1.2.2 增强现实技术的特征

增强现实系统的基本特征包括虚实结合、实时交互、三维注册等。增强现实系统原理剖析如图 1-2 所示。

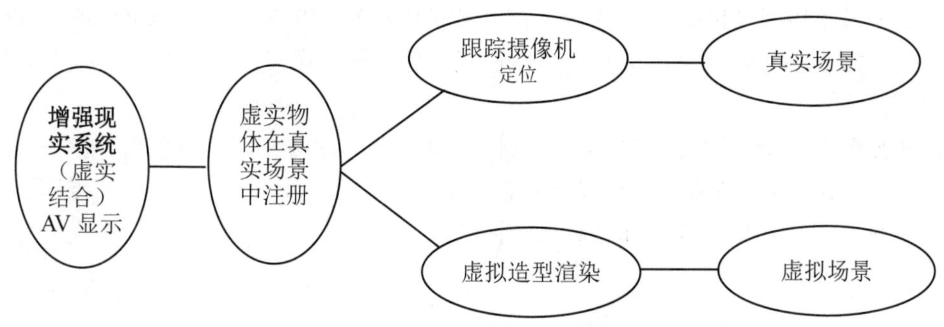

图 1-2　增强现实系统原理剖析

虚拟现实与增强现实技术有着密不可分的联系，增强现实技术致力于将计算机产生的虚拟环境与真实环境融为一体，使参与者对增强现实环境有更加真实、贴切、鲜活的交互感受。在增强现实环境中，计算机生成的虚拟造型和场景要与周围真实环境中的物体相匹配，以增强虚拟现实效果的临场感、交互感、真实感和想象力。

（1）虚实结合。增强现实是把虚拟环境与参与者所处的实际环境融合在一起，在虚拟环境中融入真实场景部分，通过对现实环境的增强，来强化参与者的感受与体验。

（2）实时交互。增强现实系统提供给参与者一个能够实时交互的增强环境，即虚实结合的环境，该环境能根据参与者的语音和关键部位位置、状态、操作等相关数据，为参与者的各种行为提供自然、实时的反馈。其中实时性非常重要，如果交互时存在较大的延迟，会严重影响参与者的行为与感知能力。

（3）三维注册技术。三维注册技术是增强现实系统最关键的技术之一，其原理是将计算机生成的虚拟场景造型和真实环境中的物体进行匹配。增强现实系统大多采用动态的三维注册技术。动态三维注册技术分两大类：基于跟踪器的三维注册技术、基于视觉的三维注册技术。

- 基于跟踪器的三维注册技术主要记录真实环境中观察者的方向和位置，保持虚拟环境与真实环境的连续性，实现精确注册。通常的跟踪注册技术包括飞行时间定位跟踪系统、相差跟踪系统、机构连接跟踪系统、场跟踪系统和复合跟踪系统。
- 基于视觉的三维注册技术主要通过给定的一幅图像来确定摄像机和真实环境中目标的相对位置和方向。典型的视觉三维注册技术包括仿射变换注册、相机定标注册。仿射注册技术的原理是给定三维空间中至少 4 个不共面的点，空间中任何一个点的投影变换都可以用这 4 个点的变换结果的树形组合表示。仿射变换注册是增强现实三维注册技术的一个突破，解决了传统的跟踪、定标等烦琐的注册方法的弊端，实现了通过视觉的分析进行注册。相机定标注册是一个从三维场景到二维成像平面的转换过程，即通过获取相机内部参数计算相机的位置和方向。

1.2.3　增强现实建模技术

从可视化输出的角度来看，增强现实建模技术主要是利用图像与几何模型相结合的建模方法来实现建模。基于图像的三维重建和虚拟浏览是基于图像建模的关键技术；基于几何模型的建模方法是以几何实体建立虚拟环境，其关键技术包括三维实体建模技术、干涉校验技术、碰撞检测技术以及关联运动技术等。在计算机中通过 VR-X3D 或 VRML 可以高效地完成几何建模、虚拟环境的构建以及用户和虚拟环境之间的复杂交互，并满足虚拟现实系统的本地和网络传输。

增强现实系统主要由增强现实硬件、软件、跟踪设备等构成，具体包括摄像头、显示设备、三维产品模型、现实造型和场景以及相关设备和软件等。图 1-3 为将一个二维印刷品通过增强现实硬/软件与虚拟的三维物体进行三维注册（定位）。

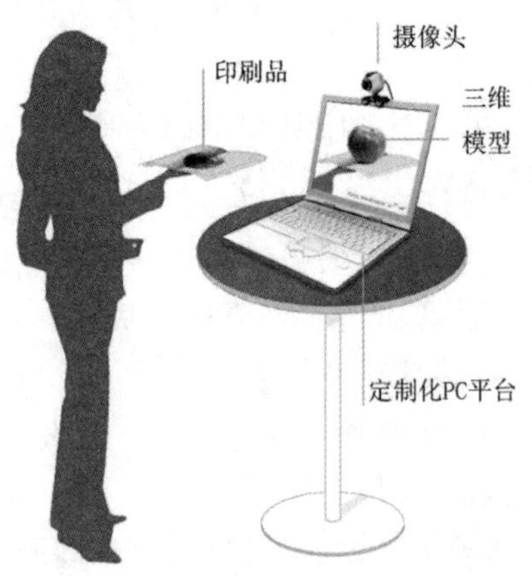

图 1-3　增强现实技术实现

在平面印刷品上叠加展品的三维虚拟模型或动画，可以 360°自助观赏三维立体场景，在三维立体场景中对文字、视频、三维模型进行叠加，并同时支持互动游戏也支持网页发布。进而以独特的观赏体验吸引用户深入了解产品。此类技术广泛适用于展览会、产品展示厅、公共广告、出版、网络营销等场合。

1.3　VR-X3D 系统的开发与运行环境

VR-X3D 系统的开发环境包括记事本 VR-X3D 编辑器和 X3D-Edit 3.2 专用编辑器，利用它们可以开发 VR-X3D 源程序和目标程序。VR-X3D 系统的运行环境主要指 VR-X3D 浏览器，本书主要介绍 VR-X3D 浏览器，最后介绍 VR-X3D 程序调试。

VR-X3D 软件开发环境主要指 VR-X3D 编辑器，它是 VR-X3D 源程序的有效开发工具。VR-X3D 源文件使用 UTF-8 编码的描述语言，国际 UTF-8 字符集包含任何计算机键盘上能够找到的字符，而多数计算机使用的 ASCII 字符集是 UTF-8 字符集的子集。因此，可以用计算机中提供的一般文本编辑器编写 VR-X3D 源程序，也可以使用 VR-X3D 的专用编辑器来编写源程序。

最简单的 VR-X3D 源程序开发工具是 Windows 系统提供的记事本软件，但缺点是其开发效率较低。而使用 X3D-Edit 3.2 专用编辑器编写程序代码，会极大地提高软件项目的开发效率，同时可以将其转换成其他形式的代码执行。

1.3.1 记事本 VR-X3D 编辑器

使用记事本软件编写 VR-X3D 源程序的方法如下。在 Windows 操作系统中，选择“开始”→“程序”→“附件”→“记事本”命令，然后在记事本编辑状态下，创建一个新文件，开始编写 VR-X3D 源程序。注意，VR-X3D 源程序的文件名格式为“文件名.扩展名”，并且在 VR-X3D 文件中要求文件的扩展名必须以“*.x3d”或“*.x3dv”结尾，否则 VR-X3D 的浏览器无法识别。用记事本编辑器编辑 VR-X3D 源程序文件，可以简单、方便、快速地对软件项目进行设计、调试和运行，非常适合练习和小型软件项目开发。

利用记事本编辑器可以对 VR-X3D 源程序进行创建、编写、修改和保存，还可以进行查找、复制、粘贴以及打印等。使用记事本编辑器可以完成 VR-X3D 的中小型软件项目开发、设计、编码、调试和运行工作，但对大型软件项目的开发编程效率较低。

1.3.2 X3D-Edit 3.2 专用编辑器

X3D-Edit 3.2 编辑器可以提供简化的、无误的 X3D 文件创作和编辑方式。X3D-Edit 3.2 通过 XML 文件定制了上下文相关的工具提示，提供了 X3D 每个节点和属性的概要，以便程序员对场景图进行创作和编辑。

X3D-Edit 3.2 专用编辑器编写 VR-X3D 源程序文件具有高效、方便、快捷且灵活等特点，可根据需要输出不同格式的文件供浏览器浏览，适用于中大型软件项目的开发和编程。利用 XML 和 Java 的优势，相同的 XML、DTD 文件可以在不同的 VR-X3D 应用中使用。X3D-Edit 3.2 中的工具提示为 X3D-Edit 3.2 提供了上下文敏感的支持，可对每个 VR-X3D 节点（元素）和域（属性）进行描述、开发和设计，此工具可以提示通过自动的 XML 转换工具转换为 VR-X3D 开发设计的网页文档，而且此工具提示将整合到 VR-X3D Schema 中。

X3D-Edit 3.2 编辑器的特点如下：

- 具有直观的用户界面。
- 建立符合规范的节点文件，节点总是放置在合适的位置。
- 验证 VR-X3D 场景是否符合 VR-X3D 概貌或核心（Core）概貌。
- 自动转换 VR-X3D 场景到*.x3dv 和*.wrl 文件，并启动浏览器自动查看结果。
- 提供 VRML97 文件的导入与转换。
- 提供大量的 VR-X3D 场景范例。

- 提供每个元素和属性的弹出式工具提示，该提示包括中文在内的多国语言，有助于帮助用户了解 VR-X3D/VRML 场景图如何建立和运作。
- 使用 Java 保证的平台通用性。
- 使用扩展样式表 XSL 自动转换，扩展样式表包括 X3dToVrml97.xsl（VRML97 向后兼容性）、X3dToHtml.xsl（标签集打印样式）、X3dWrap.xsl/X3dUnwrap.xsl（包裹标签的附加/移除）。
- 支持 DIS-Java-VRML 工作组及 DIS-Java-VRML 扩展节点程序设计测试和评估。
- 支持 GeoVRML 节点和 GeoVRML 1.0 概貌。
- 支持起草中的 H-Anim 2001 人性化动画标准和替身的 Humanoid Animation 人性化动画节点的编辑。同时也支持 H-Anim 1.1 概貌。
- 支持新提议的 KeySensor 节点和 StringSensor 节点。
- 支持提议的 Non-Uniform Rational B-Spline(NURBS) Surface 扩展节点的评估和测试。
- 可以使用标签和图标的场景图打印。

1. X3D-Edit 3.2 专用编辑器安装

X3D-Edit 3.2 可以在多种操作系统中运行，包括 Windows、Linux、Mac OS X PPC、Solaris 等。用户根据软件项目开发与设计需求可以选用相应的 VR-X3D 运行环境，本书以最常用的 Windows 运行环境为例进行讲解。

在 Windows 运行环境下安装 VR-X3D 系统需要安装 Xj3D 浏览器或 BS Contact VRML/X3D 8.0 浏览器，需要的环境条件包括 Java 虚拟机安装环境、Xeena 1.2EA XML 编辑工具环境，最后安装 X3D-Edit 3.2 专用编辑器来开发 VR-X3D 源程序。其中，Java 虚拟机安装环境、Xeena 1.2EA XML 编辑工具安装环境可随 X3D-Edit 3.2 专用编辑器的安装自动完成配置，X3D-Edit 3.2 专用编辑器的安装步骤如下。

（1）X3D-Edit 3.2 专用编辑器的下载。在 https://www.web3d.org 网站下载 X3D-Edit 3.2 专用编辑器。

（2）X3D-Edit 3.2 专用编辑器安装。

1）双击图标，开始自动安装，安装程序开始做安装的准备工作。

2）在完成安装准备工作后，在显示的安装画面中选择“中文简体”选项，单击 OK 按钮，继续安装。

3）显示 X3D-Edit 3.2 专用编辑器全部的安装过程，包括简介、选择安装文件夹、选择快捷键文件夹、预安装摘要、正在安装以及安装完毕等信息。单击“下一步”按钮即可推进安装步骤，具体如下。

- 在显示 X3D-Edit 3.2 专用编辑器简介时单击“下一步”按钮继续安装。
- 显示 X3D-Edit 3.2 专用编辑器安装画面，请注意，在安装和使用 X3D-Edit 3.2 专用编辑器之前，必须接受许可协议，选择本人接受许可协议条款，单击“下一步”按钮继续安装。
- 显示选择安装文件夹，可以选择默认路径和文件夹（C:\），也可以选择指定路径和文件夹，单击“下一步”按钮继续安装。

- 显示预安装摘要，包括产品名、安装文件夹、快捷文件夹、安装目标的磁盘空间信息等。如果想返回上一级菜单进行相应修改，单击“上一步”按钮，如果不需要改动，单击“安装”按钮开始安装 X3D-Edit 3.2 专用编辑器。
- 显示正在安装 X3D-Edit 3.2 专用编辑器。安装 Java 运行环境、Xeena 1.2EA XML 编辑工具、X3D-Edit 3.2 专用编辑器等，直到完成整个程序的安装。
- 在完成全部 X3D-Edit 3.2 专用编辑器的安装工作后，显示安装完毕，单击“完成”按钮，结束全部安装工作。

在完成 X3D-Edit 3.2 专用编辑器安装工作后，需要启动 X3D-Edit 3.2 专用编辑器来编写 X3D 源程序，并进行相应软件项目的开发与设计。

X3D-Edit 3.2 专用编辑器的启动步骤如下：

- 进入 C:\WINNT\Profiles\All Users\Start Menu\Programs\X3D Extensible 3D Graphics\X3D-Edit3.2 目录下，找到 X3D-Edit-Chinese 快捷文件，即图标，也可以把它放在桌面上。
- 双击图标，即可运行 X3D-Edit 3.2 专用编辑器，进行编程和 VR-X3D 虚拟现实项目的开发与设计。

2. X3D-Edit 3.2 专用编辑器的使用

在正确安装 X3D-Edit 3.2 专用编辑器的情况下，双击 runX3dEditWin.bat 文件，可以启动 X3D-Edit 3.2 专用编辑器。X3D-Edit 3.2 专用编辑器主界面如图 1-4 所示。

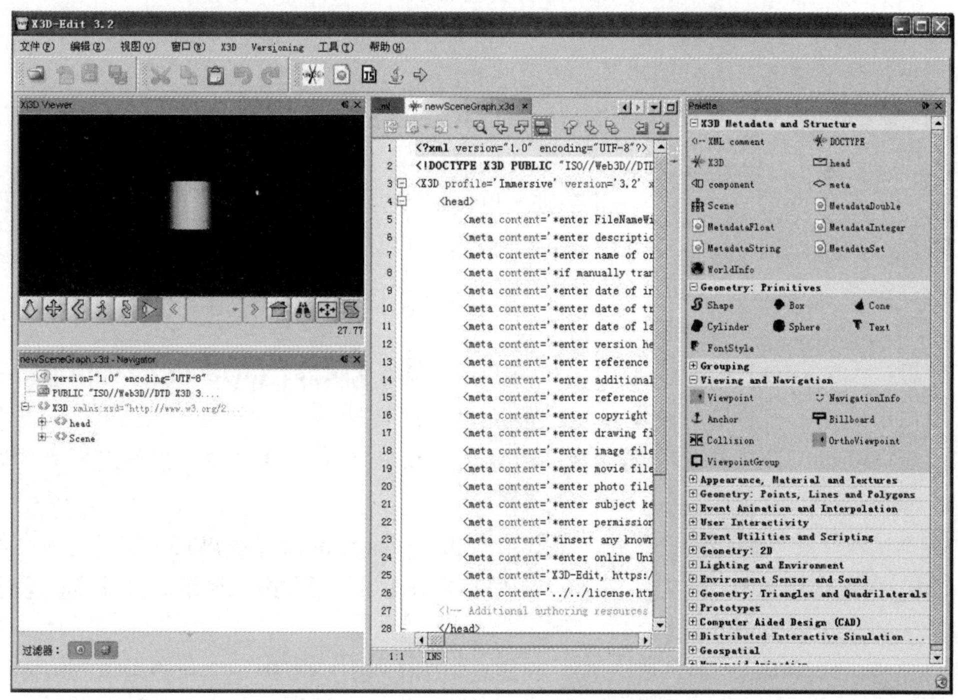

图 1-4　X3D-Edit 3.2 专用编辑器主界面

X3D-Edit 3.2 专用编辑器主界面由标题栏、菜单栏、工具栏、节点功能窗口、浏览器窗口、程序编辑窗口以及信息窗口等组成。

（1）标题栏。标题栏位于整个 X3D-Edit 3.2 专用编辑器界面的第一行，显示 X3D-Edit 3.2 场景图编辑器名称和版本。

（2）菜单栏。菜单栏位于 X3D-Edit 3.2 专用编辑器的界面第二行，包括文件、编辑、视图、窗口、X3D、Versioning、工具和帮助。

“文件”菜单包含创建一个新文件、打开一个已存在文件、存储一个文件等命令；“编辑”菜单包含复制、剪切、删除以及查询等命令；“视图”菜单包含 Toolbars、显示行号、显示编辑器工具栏等命令；“窗口”菜单包含 Xj3dViewer、Output、Favorites 等命令；X3D 菜单包含 Examples、Quality Assurance、Conversions 命令；Versioning 菜单包含 CVS、Mercurial、Subversion 等命令；“工具”菜单包含 Java Platforms、Templates、Plugins 等命令；“帮助”菜单包含相关帮助信息等命令。

（3）工具栏。工具栏位于 X3D-Edit 3.2 专用编辑器主界面的第三行，主要包括文件的新建、打开、存盘、Save All、查找、删除、剪切、复制、new X3D scene 以及选项等常用快捷工具。

（4）节点功能窗口。节点功能窗口位于 X3D-Edit 3.2 专用编辑器主界面的右侧，包括所有节点（all nodes）、新节点（new nodes）、二维几何节点（Geometry 2D）、Immersive profile、Interactive profile、Interchange profile、GeoSpatia l1.1、DIS protocol、H-Anim 2.0 节点等。节点功能窗口包括 X3D 目前支持的所有特性节点，是标签操作方式。单击相应的标签将在下方显示相应的节点，凡是不可添加的节点均以灰色显示。

（5）浏览器窗口。浏览器窗口位于 X3D-Edit 3.2 专用编辑器主界面的左上方，在编程的同时可以查看编辑效果，随时调整各节点程序的功能。

（6）程序编辑窗口。程序编辑窗口位于 X3D-Edit 3.2 专用编辑器主界面的中部，用来显示和编辑所设计的 X3D 程序，它是一个多文档窗口。启动 X3D-Edit 3.2 专用编辑器时，就会自动打开一个新的 X3D 源文件，在此基础上可以编写 X3D 源程序。

（7）信息窗口：运行 VR-X3D 程序时，在此窗口显示相关文字和信息。

还可以根据需要增加一些必要的窗口，进行各种编辑工作，以提高开发效率。

3. X3D-Edit 3.2 专用编辑器的使用

开发设计 VR-X3D 程序推荐使用 X3D-Edit 3.2 专用编辑器。X3D-Edit 3.2 专用编辑器可以多文档窗口形式显示和编辑所开发和设计的 X3D 程序文件。

启动 X3D-Edit 3.2 专用编辑器后会调用默认的 newScene.x3d 文件，也可选择“文件”→“新建”命令重新创建。

单击“文件”→“另存为”命令，将默认的 newScene.x3d 保存为*.x3d 格式的新文件，如 px3d1.x3d，并指定到 X3D 的文件夹中，如“D:\X3d 实例源程序\”目录下。注意，系统一开始使用默认的文件名 Untitled-0.x3d。

编写完成后使用 Xj3D 浏览器或 BS Contact VRML/X3D 8.0 浏览器可查看 X3D-Edit 3.2 专用编辑器编写的各种格式的文件，如*.x3d、*.x3dv 以及*.wrl 格式文件。

1.3.3 VR-X3D 浏览器的安装和运行

VR-X3D 浏览器主要分为三种，分别为独立应用程序、插件式应用程序和 Java 技术的 X3D 浏览器，这些浏览器都可用来浏览 X3D 文件中的内容，本书以 Xj3D 浏览器和 BSContact VRML/X3D 8.0 浏览器为例进行讲解。

1. Xj3D 浏览器的安装

Xj3D 浏览器是一种源代码开放，与 X3D-Edit 3.2 编辑器匹配的，无版权纠纷的专业的 X3D 浏览器。Xj3D 可以浏览*.x3d 文件、*.x3dv 文件、*.wrl 文件等，它是 X3D-Edit 3.2 编辑器首选开发工具。可以通过网址 https://www.web3d.org 下载 Xj3D 浏览器。

获取 Xj3D 浏览器安装程序后，双击 Xj3D-2-M1-DEV-20090518-windows.jar 或 Xj3D-2-M1-DEV-20090518-windows-full.exe 文件，开始自动安装，按提示要求即可正确安装 Xj3D 浏览器，步骤如下。

（1）双击 Xj3D 安装图标 安装 Xj3D2.0 版运行程序。选择 Y 按钮，开始安装 Xj3D 浏览器。

（2）释放 Xj3D 程序并开始安装程序。显示安装 Java2 运行环境，注意在此外如果操作系统中没有安装过 Java2 运行环境，则跟随指标直接安装 Java2 运行环境，如果操作系统中已经安装了 Java2 运行环境，则可继续安装 Xj3D 浏览器，具体如下。

- 在安装过程中如果操作系统中没有安装过 Java2 运行环境，系统会自动显示自定义安装，用户可以根据需要勾选安装 Java2 运行环境、其他语言支持、其他字体和媒体支持等选项，并单击“下一步”按钮开始安装 Java2 运行环境程序、注册产品、安装程序等。显示完成 Java2 运行环境程序安装，单击“完成”按钮。
- 在安装过程中如果操作系统中已经安装过 Java2 运行环境，系统会自动显示 Java2 运行环境维护，可以单击“修改”按钮，并单击“下一步”按钮继续安装。

（3）接下来开始安装 Xj3D 浏览程序，单击 Next 按钮继续安装 Xj3D 浏览程序。

（4）显示 Xj3D 浏览器程序许可协议信息，选择“本人接受许可协议条款”，单击 Next 按钮继续安装。

（5）显示 Xj3D 安装路径和文件夹，可以选择默认路径和文件夹（C:\Program Files\Xj3D），也可以选择指定路径和文件。单击“下一步”按钮继续安装。

（6）选择 Next 按钮，继续安装。

（7）选择一般用户或所有用户。本书选择默认的一般用户。单击 Next 按钮继续安装，自动安装 Xj3D 程序包。

（8）完成全部 Xj3D 浏览器程序的安装工作，单击 Done 按钮结束全部安装工作。

2. 启动 Xj3D 浏览器

在正确安装 Xj3D 浏览器后，可通过创建桌面快捷方式或执行“开始”→“所有程序”→Xj3DBrowser 命令运行 Xj3D 浏览器。以快捷方式为例，在桌面上双击图标，启动 Xj3D 浏览器，然后运行 X3D 程序。如图 1-5 所示。

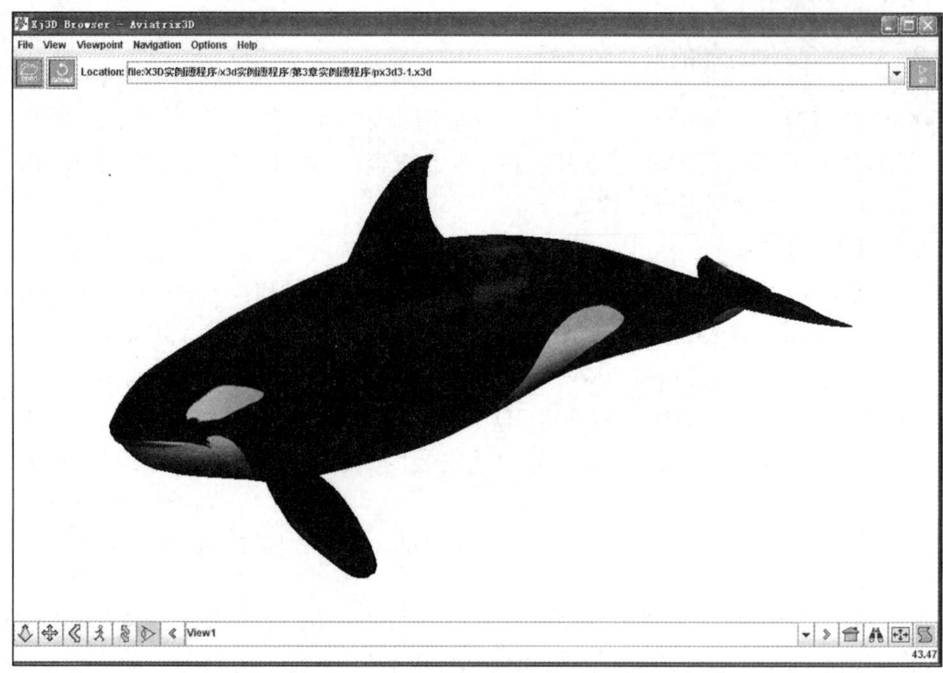

图 1-5　在 Xj3D 浏览器中运行 X3D 程序

1.3.4　BS Contact VRML/X3D 8.0 浏览器的安装和使用

搜索 BS Contact VRML/X3D 8.0 浏览器，在相关网站下载安装文件。获取 BS Contact VRML/X3D 8.0 浏览器安装程序后，双击 BS Contact VRML/X3D 8.0 图标，开始自动安装，按提示要求正确安装 BS Contact VRML/X3D 8.0 浏览器即可，具体步骤如下。

（1）双击 BS_Contact_Installer.exe 图标，开始安装 BS Contact VRML/X3D 8.0 浏览器，首先读取程序包内容，释放安装程序。

（2）显示欢迎使用 BS Contact VRML/X3D 8.0 浏览器安装向导，单击 Next 按钮，继续安装。

（3）显示是否同意（接受）条款（协议/声明）。如果不接受条款就退出安装程序，如果接受条款，单击 Yes 按钮继续安装。

（4）显示注意信息：在安装 BS Contact VRML/X3D 8.0 浏览器前，请关闭所有网络 IE 或 Netscape 浏览器。单击 Next 按钮，继续安装。

（5）选择路径和文件安装 BS Contact VRML/X3D 8.0 浏览器，默认路径为 C:\Program Files\Bitmanagement Software\BS Contact VRML X3D。单击 Next 按钮继续安装。

（6）按指定路径安装 BS Contact VRML/X3D 8.0 浏览器，显示安装进程的百分比，最后完成安装工作。

（7）显示完成全部安装工作后单击 Finish 按钮。

BS Contact VRML/X3D 8.0 浏览器安装完成后，双击“*.x3d”或“*.x3dv”程序，可以运行和浏览 X3D 文件，如图 1-6 所示。

图 1-6　在 BS Contact VRML/X3D 8.0 浏览器中运行 X3D 程序

本章小结

虚拟现实技术是综合利用计算机图形学、光电成像技术、传感技术、计算机仿真、人工智能等多种技术，创建一个逼真的，具有视、听、触、嗅、味等多种感知的计算机系统。人们借助各种交互设备沉浸于虚拟环境之中，与虚拟环境中的实体进行交互，产生等同于真实物理环境的体验和感受。近年来，在虚拟现实技术的基础上又发展出增强现实技术，通过跟踪用户的位置和姿态，把计算机生成的虚拟物体或其他信息准确地叠加到真实场景的指定位置，实现虚实结合、实时互动。虚拟现实和增强现实技术还可广泛应用于军事、先进制造、城市规划、地理信息系统、医学生物、教育培训、文化娱乐、影视等领域，并有望产生巨大的经济效益和社会效益。

第 2 章　VR-X3D 元数据与结构

本章主要介绍了虚拟现实技术中 VR-X3D 的元数据与结构，主要包括 VR-X3D 节点、XML 标签、VR-X3D 文档类型声明、head（头文件）标签节点、component（组件）标签节点、meta（metadata，元数据）节点以及 Scene（场景）节点等。VR-X3D 节点是 VR-X3D 文件中最高一级的 XML 节点，主要包含概貌（Profile）、版本（Version）、命名空间（xmlns:xsd）等信息。head 标签节点包括 component、metadata 或任意作者自定的标签。head 标签节点是 VR-X3D 标签的第一个子对象，必须放在场景的开头。如果想使用指定概貌的集合范围之外的节点，可以在头文件中加入组件语句，用以描述场景之外的其他信息。此外，也可以在头文件元素中加入 meta 子元素描述说明，表示文档的作者、说明、创作日期或著作权等相关信息。而 Scene 节点是包含所有 VR-X3D 场景语法结构的根节点。根据此根节点增加需要的节点和子节点以创建三维立体场景和造型，在每个文件中只允许有一个 Scene 根节点。

这里统一注解下本章以及后续章节中出现的节点、标签、元素以及元数据的概念。节点是构成虚拟现实建模语言（VRML）的最基本的组成部分，程序中的每一个部分都可以称为一个节点，标签是用来标注节点的节点，表示一段代码的开始和结束，有时标签和节点可表达相同的意思，有些用户习惯于称呼节点为标签，而节点更适合书面表达，所以两个词既可以单独使用也可以联合使用，意思相同，如某节点设计或某标签节点设计，除此之外，标签节点也可特指一些用在文件头/尾的特殊节点；元素表示一种小范围的定义，含有完整信息的节点称为一个元素；元数据也称为用数据解释数据，用以对相关信息进行描述，在本章及后续章节中会频繁出现，为了方便读者阅读，经常会以 metadata 或简写 meta 形式出现，表示需要在此加入信息描述。特此做统一注解，后文中将不再解释。

- VR-X3D 节点设计
- head 标签节点设计
- component 标签节点设计
- meta 节点设计
- Scene 根节点设计
- WorldInfo 节点设计

2.1 VR-X3D 节点

VR-X3D 节点设计包括 VR-X3D 节点与 Scene 节点的语法和定义。任何 VR-X3D 场景或造型都从 VR-X3D 节点与 Scene 根节点开始，并在此基础上开发和设计软件项目所需要的各种场景和造型。其中 VR-X3D 与 XML 术语关联，VR-X3D 节点（nodes）通常被表示为 XML 元素(element)。VR-X3D 节点中的域(field)则被表示为 XML 中的属性(attributes)，例如 name= "value"（域名 = "值"）字符串。

VR-X3D 场景图文件是最高一级的 VR-X3D/XML 节点。VR-X3D 节点语法定义中，VR-X3D 标签包含一个场景（Scene）节点，而此节点是三维场景图的根节点。如何选择或添加一个 Scene 节点一般可以通过编辑各种三维立体场景和造型来实现。VR-X3D 节点的语法包括域名、域值、域数据类型以及存储/访问类型等。VR-X3D 节点的语法定义如下。

```
<VR-X3D    域名（属性名）    域值（属性值）        域数据类型        存储/访问类型
    Profile             [Full|
                        Immersive|
                        Interactive|
                        Interchange|
                        Core|
                        MPEG4Interactive]
    Version             3.2                        SFString
    xmlns:xsd           http://www.w3d.org/2001/XMLSchema-instance
    xsd:noNamespace
    SchemaLocation      http://www.w3d.org/specifications/VR-X3D-3.2.xsd>
</VR-X3D>
```

VR-X3D 节点包含概貌（Profile）、版本（Version）、xmlns:xsd 以及 xsd:noNamespace SchemaLocation 共 4 个域。其中，Profile 又包含几个域值：Full、Immersive、Interactive、Interchange、Core、MPEG4Interactive，其默认值为 Full。

在 VR-X3D 场景中，Full 概貌包括 VR-X3D/2000x 规格中的所有节点；Immersive 概貌支持加入 GeoSpatial 地理信息；Interchange 概貌负责相应的基本场景内核（Core），并符合输出的设计效果；Interactive 概貌或 MPEG4Interactive 概貌负责相应的 KeySensor 类的交互。

VR-X3D Version 3.2 对应 VR-X3D/VRML2000x，表示字符数据，总是使用固定值，其域数据类型为单值字符串类型（SFString）。

xmlns:xsd 表示 XML 命名空间的概要定义，其中 xmlns 是 XML namespace 的缩写；xsd 是 XML Schema Definition 的缩写。

xsd:noNamespaceSchemaLocation 表示 VR-X3D 概要定义的 VR-X3D 文本有效 URL，其中 URL 是 Uniform Resource Locator 的缩写，称为统一资源定位码（器），是指标有通信协议的字符串（如 HTTP、FTP、GOPHER），通过其基本访问机制的表述来标识资源。

2.1.1 语法格式

在每一个 VR-X3D 文件中，文件头必须位于 VR-X3D 文件的第一行。VR-X3D 文件是采用 UTF-8 编码字符集，以 XML 技术编写的文件。每一个 VR-X3D 文件的第一行应该有 XML 的声明语法格式（文档头）表示。

在 VR-X3D 文件中使用 XML 语法格式声明如下：

```
<?xml version="1.0" encoding="UTF-8"?>
```

语法说明：

（1）声明从“<?xml”开始，到“?>”结束。

（2）version 属性指明编写文档的 XML 的版本号，该项是必需项，通常设置为 1.0。

（3）encoding 属性是可选项，表示使用的编码字符集。省略该属性时，使用默认的编码字符集，即 Unicode 码，在 VR-X3D 中使用国际 UTF-8 编码字符集。

UTF-8 的全称是 UCS Transform Format，UCS 是 Universal Character Set 的缩写。国际 UTF-8 字符集包含任何计算机键盘上能够找到的字符，应用更为广泛的 ASCII 字符集是 UTF-8 字符集的子集，因此使用 UTF-8 书写和阅读 VR-X3D 文件很方便。UTF-8 支持多种语言字符集，由国际标准化组织 ISO 10646-1:1993 标准定义。

2.1.2 文档类型声明

VR-X3D 文档类型声明用来在文档中详细地说明文档信息，必须出现在文档的第一个元素前，文档类型采用 DTD 格式。<!DOCTYPE…>用于指定 VR-X3D 文件所采用的 DTD，文档类型声明对于确定一个文档的有效性、良好结构性是非常重要的。VR-X3D 文档类型声明（内部 DTD 的书写格式）如下：

```
<!DOCTYPE VR-X3D PUBLIC "ISO//Web3D//DTD VR-X3D 3.2//EN"
 "http://www.web3d.org/specifications/VR-X3D-3.2.dtd">
```

DTD 分为外部 DTD 和内部 DTD 两种类型，外部 DTD 存放在一个扩展名为 DTD 的独立文件中，内部 DTD 和它描述的 XML 文档存放在一起，XML 文档通过文档类型声明来引用外部 DTD 和定义内部 DTD。VR-X3D 使用内部 DTD 的书写格式为<!DOCTYPE 根元素名[内部 DTD 定义…]>。VR-X3D 使用外部 DTD 的书写格式为<!DOCTYPE 根元素名 SYSTEM DTD 文件的 URI>。

URI 是 Uniform Resource Identifier 的缩写，称为统一资源标识符，泛指所有以字符串标识的资源，其范围涵盖了 URL 和 URN。URL 在前文已有说明，此处不再赘述。URN 是 Uniform Resource Name 的缩写，称为统一资源名称，用来标识由专门机构负责的全球唯一的资源。

2.1.3 主程序概貌

主程序概貌涵盖了组件、说明以及场景中的各个节点等信息。主程序概貌用来指定 VR-X3D 文档所采用的概貌属性。概貌中定义了一系列内建节点及其组件的集合，VR-X3D 文档中所使用的节点必须在指定概貌的集合范围之内。概貌的属性值可以是 Core、Interchange、Interactive、MPEG4Interactive、Immersive 及 Full 几类。VR-X3D 主程序概貌如下：

```
<VR-X3D profile='Immersive' version='3.2'
xmlns:xsd='http://www.w3.org/2001/XMLSchema-instance'
xsd:noNamespaceSchemaLocation='http://www.web3d.org/specifications/VR-X3D-3.2.xsd'>
</VR-X3D>
```

VR-X3D 根文档标签中包含概貌信息和概貌验证，在 VR-X3D 根标签中，XML 概貌和 VR-X3D 命名空间也可以用来执行 XML 概貌验证。主程序概貌又包含头元素和场景主体，头元素又包含组件和说明信息，在场景中创建各种需要的节点。

2.2 head 标签节点

head 标签节点也称为头文件，包括 component、metadata 或任意作者自定义的标签。head 标签节点是 VR-X3D 标签的第一个子对象，必须放在场景的开头，在 HTML 网页中与<head>标签匹配。它主要用以描述场景之外的其他信息，如果想要使用指定概貌的集合范围之外的节点，可以在头文件标签中加入 component 语句（2.3 节将介绍），表示额外使用某组件及支援等级中的节点。另外，还可以在 head 元素中加入 meta 子元素描述说明来标注文档的作者、说明、创作日期或著作权等的相关信息。head 标签节点语法的定义如下：

```
<head>
    <meta 子元素描述说明 />
        ⋮
    <meta 子元素描述说明/>
</head>
```

head 标签节点语法结构如图 2-1 所示。

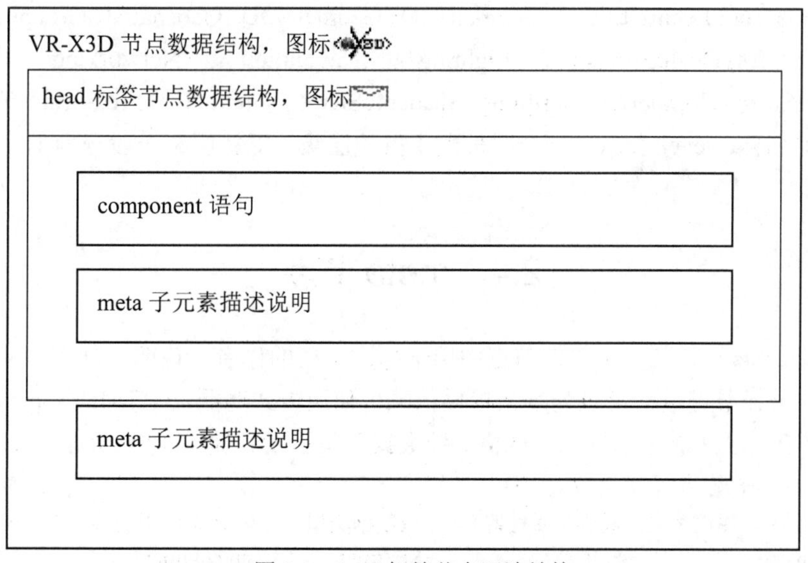

图 2-1 head 标签节点语法结构

2.3 component 标签节点

component 标签节点是指场景中需要额外使用超出给定的 VR-X3D 概貌功能。component 标签是 head 标签中首选的子标签，即先增加一个 head 标签，然后根据设计需求增加组件标签。component 标签节点的语法定义如下：

```
<component
name    [Core | CADGeometry |
        CubeMapTexturing | DIS |
        EnvironmentalEffects |
        EnvironmentalSensor |
        EventUtilities |
        Geometry2D | Geometry3D |
        Geospatial | Grouping |
        H-Anim | Interpolation |
        KeyDeviceSensor |
        Lighting | Navigation |
        Networking | NURBS |
        PointingDeviceSensor |
        Rendering | Scripting |
        Shaders | Shape | Sound |
        Text | Texturing |
        Texturing3D | Time]
level   [1|2|3|4]
/>
```

component 标签节点包含两个域，一个是 name（名字），另一个是 level（支持层级）。其中 name 中涵盖了 Core、CADGeometry、CubeMapTexturing、DIS、EnvironmentalEffects、EnvironmentalSensor、EventUtilities、Geometry2D、Geometry3D、Geospatial、Grouping、H-Anim、Interpolation、KeyDeviceSensor、Lighting、Navigation、Networking、NURBS、PointingDeviceSensor、Rendering、Scripting、Shaders、Shape、Sound、Text、Texturing、Texturing3D、Time 等组件的名称，level 表示每一个组件所支持的层级，支持层级一般分为 1、2、3、4 共 4 个等级。

2.4 meta 节点

meta（metadata）节点在头文件节点中用于标注文档的作者、说明、创作日期或著作权等的相关信息。meta 节点数据可以为场景提供信息，使用方式与网页 HTML 的 meta 标签相同。VR-X3D 所有节点语法均包括域名、域值、域数据类型以及存储/访问类型等，以后不再赘述。meta（metadata）子节点语法定义如下：

```
<meta   域名（属性名）  域值（属性值）  域数据类型  存储/访问类型
        name           Full           SFString    InputOutput
        content
        xml:lang
        dir            [ltr|rtl]
        http-equiv
        scheme
/>
```

meta 子节点包含 name（名字）、content（内容）、xml:lang（语言）、dir、http-equiv、scheme 等域。

name 域：其域数值类型为单值字符串类型，该属性是可选项，在此输入元数据属性的名称。

content 域：在此输入元数据的属性值，值得注意的是，必须提供属性值才可以用来描述节点。

xml:lang 域：表示字符数据的语言编码，该属性是可选项。

dir 域：表示从左到右或从右到左的文本的排列方向，域值可选择[ltr|rtl]，其中，ltr=left-to-right（从左至右），rtl=right-to-left（从右至左）。该属性是可选项。

http-equiv 域：表示 HTTP 服务器可能用来回应 HTTP headers，该属性是可选项。

scheme 域：允许软件开发者为用户提供更多的上下文内容以正确地解释元数据信息，该属性是可选项。

meta 节点包含 MetadataDouble 节点、Metadata Float 节点、MetadataInteger 节点、MetadataString 节点和 MetadataSet 节点，具本如下：

（1）MetadataDouble 双精度浮点数节点。MetadataDouble 双精度浮点数节点可以为其父节点提供信息，此 metadata 节点的更进一步信息可以由附带 containerField 为 metadata 的子 metadata 节点提供。IS 标签先于任何 Metadata 标签，Metadata 标签先于其他子标签。MetadataDouble 双精度浮点数节点语法定义如下：

```
<MetadataDouble
DEF                 ID
USE                 IDREF
name                          SFString       InputOutput
value                         MFDouble       InputOutput
reference                     SFString       InputOutput
containerField      "metadata"
/>
```

MetadataDouble 双精度浮点数节点包含 DEF（定义节点）、USE（使用节点）、name（名字）、value（值）、reference（参考）、containerField（容器域）域。

DEF 域：DEF 域可以为节点定义一个名字，并给该节点定义了唯一的 ID，这样在其他节点中就可以引用这个节点。用 DEF 为节点命名时，使用有意义的描述性名称可以规范文件，提高文件可读性。

USE 域：USE 域可以用来引用 DEF 定义的节点 ID，在引用 DEF 定义的节点名字的同时忽略其他的属性和子对象。因此 USE 是引用其他的节点对象而不是复制节点，可以提高性能和编码效率。

name 域：其域数据类型为单值字符串类型，访问类型是输入/输出类型，该属性是可选项，在此处输入 metadata 元数据的属性名。

value 域：其域数据类型为多值双精度浮点类型，该属性是可选项，访问类型是输入/输出类型，此处输入 metadata 元数据的属性值。

reference 域：其域数据类型为单值字符串类型，访问类型是输入/输出类型，该属性是可选项，作为元数据标准或特定元数据值定义的参考。

containerField 域：是 field 标签的前缀，表示子节点和父节点的关系。如果作为 MetadataSet

元数据集的一部分，则设置 containerField="value"，否则只作为父元数据节点自身提供元数据时，使用默认值 metadata。containerField 属性只有在 VR-X3D 场景用 XML 编码时才使用。

（2）MetadataFloat 单精度浮点数节点。MetadataFloat 单精度浮点数节点可以为其父节点提供信息，此 metadata 节点的更进一步信息可以由附带 containerField 为 metadata 的子 metadata 节点提供。IS 标签先于任何 metadata 标签，metadata 标签先于其他子标签。MetadataFloat 单精度浮点数节点语法定义如下：

```
<MetadataFloat
DEF                 ID
USE                 IDREF
name                                SFString      InputOutput
value                               MFFloat       InputOutput
reference                           SFString      InputOutput
containerField      "metadata"
/>
```

MetadataFloat 单精度浮点数节点包含 DEF（定义节点）、USE（使用节点）、name（名字）、value（值）、reference（参考）、containerField（容器域）域。

value（值）域的域数据类型为多值单精度浮点类型，该属性是可选项，访问类型是输入/输出类型，此处输入 metadata 元数据的属性值。

MetadataFloat 单精度浮点数节点的其他“域”详细说明与 MetadataDouble 双精度浮点数节点相同，此处不再赘述。

（3）MetadataInteger 整数节点。MetadataInteger 整数节点可以为其父节点提供信息，此 metadata 节点的更进一步的信息可以由附带 containerField 为 metadata 的子 metadata 节点提供。IS 标签先于任何 metadata 标签，metadata 标签先于其他子标签。MetadataInteger 整数节点语法定义如下：

```
<MetadataInteger
DEF                 ID
USE                 IDREF
name                                SFString      InputOutput
value                               MFInt32       InputOutput
reference                           SFString      InputOutput
containerField      "metadata"
/>
```

MetadataInteger 整数节点包含、DEF（定义节点）、USE（使用节点）、name（名字）、value（值）、reference（参考）、containerField（容器域）域。

value 域的域数据类型为多值整数类型，该属性是可选项，访问类型是输入/输出类型，此处输入 metadata 元数据的属性值。

MetadataInteger 整数节点的其他“域”详细说明与 MetadataDouble 双精度浮点数节点相同，此处不再赘述。

（4）MetadataString 节点。MetadataString 节点可以为其父节点提供信息，此 metadata 节点的更进一步信息可以由附带 containerField 为 metadata 的子 metadata 节点提供。IS 标签先于任何 metadata 标签，metadata 标签先于其他子标签。MetadataString 节点语法定义如下：

```
<MetadataString
DEF              ID
USE              IDREF
name                            SFString      InputOutput
value                           MFString      InputOutput
reference                       SFString      InputOutput
containerField   "metadata"
/>
```

MetadataString 节点包含 DEF（定义节点）、USE（使用节点）、name（名字）、value（值）、reference（参考）、containerField（容器域）域。

value 域的域数据类型为多值字符串类型，该属性是可选项，访问类型是输入/输出类型，此处输入 metadata 元数据的属性值。

MetadataString 节点的其他“域”详细说明与 MetadataDouble 双精度浮点数节点相同，此处不再赘述。

（5）MetadataSet 集中了一系列的附带 containerField 为 value 的 metadata 节点，这些子 metadata 节点可以共同为其父节点提供信息。此 MetadataSet 节点的更进一步信息可以由附带 containerField 为 metadata 的子 metadata 节点提供。IS 标签先于任何 metadata 标签，metadata 标签先于其他子标签。MetadataSet 节点语法定义如下：

```
<MetadataSet
DEF              ID
USE              IDREF
name                            SFString      InputOutput
reference                       SFString      InputOutput
containerField   "metadata"
/>
```

MetadataSet 节点包含 DEF（定义节点）、USE（使用节点）、name（名字）、reference（参考）、containerField（容器域）域。MetadataSet 节点的“域”详细说明与 MetadataDouble 双精度浮点数节点相同，此处不再赘述。

2.5 Scene 节点

Scene（场景）节点是包含所有 VR-X3D 场景语法定义的根节点。可以此根节点增加需要的节点和子节点用以创建场景，而且在每个文件里只允许有一个 Scene 根节点。Scene fields（场景域）体现了 Script 节点 Browser 类的功能，浏览器对这个节点 fields 的支持还在实验性阶段。用 Inline 内联节点引用场景中的 Scene 根节点会产生相同效果的值。

Scene（场景）节点设计包括 Scene 节点定义和 Scene 节点语法结构。Scene（场景）节点语法定义如下：

```
<Scene>
    <!-- Scene graph nodes are added here -->
</Scene>
```

Scene（场景）根节点语法结构如图 2-2 所示。

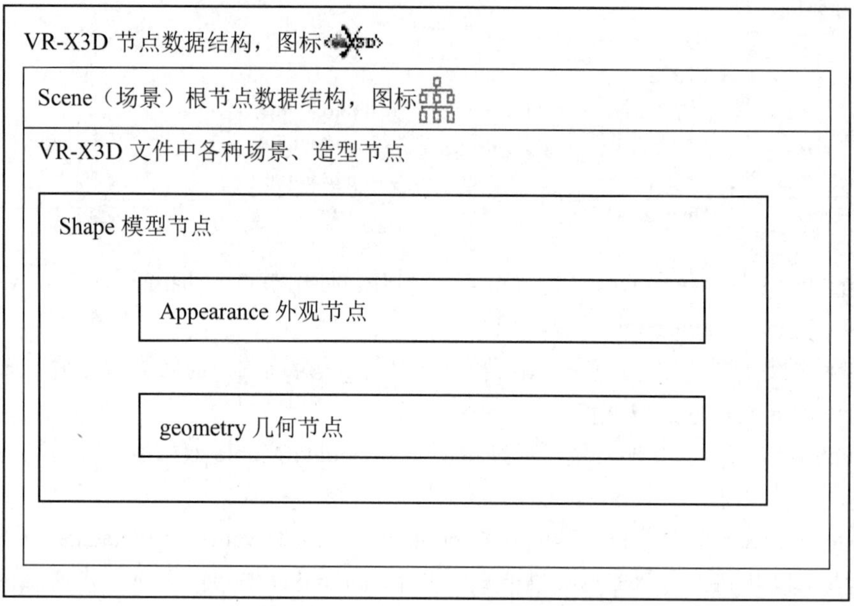

VR-X3D 节点数据结构，图标

Scene（场景）根节点数据结构，图标

VR-X3D 文件中各种场景、造型节点

Shape 模型节点

Appearance 外观节点

geometry 几何节点

图 2-2 Scene（场景）节点语法结构

2.6 VR-X3D 文件注释

VR-X3D 文件在编写 VR-X3D 源代码注释时，为了使源代码结构更合理、更清晰、层次感更强，经常需要在源程序中添加注释信息。VR-X3D 文档允许程序员在源代码中的任何位置进行注释说明，以进一步增加源程序的可读性，符合软件开发要求。在 VR-X3D 文档中加入注释的方式与 XML 的语法相同，具体如下：

```
<Scene>
    <!-- Scene graph nodes are added here -->
</Scene>
```

VR-X3D 文件注释部分以“<!--”开头，以“-->”结束，文件注释信息既可以是一行，也可以是多行，但不允许嵌套。同时，字符串“--”“<”“>”不能出现在注释中。以上述 Scene 节点语法定义为例，其中<!-- Scene graph nodes are added here -->即为一个注释。

浏览器在浏览 VR-X3D 文件时将跳过注释部分的所有内容、空格和空行。

一个 VR-X3D 元数据与结构其源程序实例框架主要由 VR-X3D 节点、head 头文件节点、component 组件标签节点、meta 节点、Scene 场景节点以及几何节点等构成。VR-X3D 文件实例源程序框架展示如下：

```
<?xml version="1.0" encoding="UTF-8"?>
<!DOCTYPE VR-X3D PUBLIC "ISO//Web3D//DTD VR-X3D 3.2//EN"
"http://www.web3d.org/specifications/VR-X3D-3.2.dtd">
<VR-X3D profile='Immersive' version='3.2' xmlns:xsd='http://www.w3.org/2001/XMLSchema-instance'
xsd:noNamespaceSchemaLocation='http://www.web3d.org/specifications/VR-X3D-3.2.xsd'>
    <head>
```

```
    <meta content='*enter FileNameWithNoAbbreviations.VR-X3D here*' name='title'/>
    <meta content='*enter description here, short-sentence summaries preferred*' name='description'/>
    <meta content='*enter name of original author here*' name='creator'/>
    <meta content='*if manually translating VRML-to-VR-X3D, enter name of person translating here*'
    name='translator'/>
    <meta content='*enter date of initial version here*' name='created'/>
    <meta content='*enter date of translation here*' name='translated'/>
    <meta content='*enter date of latest revision here*' name='modified'/>
    <meta content='*enter version here, if any*' name='version'/>
    <meta content='*enter reference citation or relative/online url here*' name='reference'/>
    <meta content='*enter additional url/bibliographic reference information here*' name='reference'/>
    <meta content='*enter reference resource here if required to support function, delivery, or
    coherence of content*' name='requires'/>
    <meta content='*enter copyright information here* Example: Copyright (c) Web3D Consortium
    Inc. 2008' name='rights'/>
    <meta content='*enter drawing filename/url here*' name='drawing'/>
    <meta content='*enter image filename/url here*' name='image'/>
    <meta content='*enter movie filename/url here*' name='MovingImage'/>
    <meta content='*enter photo filename/url here*' name='photo'/>
    <meta content='*enter subject keywords here*' name='subject'/>
    <meta content='*enter permission statements or url here*' name='accessRights'/>
    <meta content='*insert any known warnings, bugs or errors here*' name='warning'/>
    <meta content='*enter online Uniform Resource Identifier (URI) or Uniform Resource Locator
     (URL) address for this file here*' name='identifier'/>
    <meta content='VR-X3D-Edit, https://savage.nps.edu/VR-X3D-Edit' name='generator'/>
    <meta content='../../license.html' name='license'/>
  </head>
  <Scene>
    <!-- Scene graph nodes are added here -->
  </Scene>
</VR-X3D>
```

2.7 WorldInfo 信息化节点

WorldInfo 信息化节点可以提供 VR-X3D 程序的标题和认证信息。标题信息可以表达程序的意义，而认证信息则可以提供软件开发者、完成时间、版本、版权等信息。WorldInfo 信息化节点有利于软件开发规范化、信息化以及工程化。在软件的开发中应该经常使用 WorldInfo 信息化节点与文件注释，使开发者与读者都能流畅地阅读和理解 VR-X3D 程序。WorldInfo 信息化节点语法定义了一个用于确定信息化的属性名和域值，利用 WorldInfo 信息化节点的域名、域值、域的数据类型以及事件的存储/访问类型可以创建一个效果更加理想的 VR-X3D 信息化节点效果。WorldInfo 信息化节点语法定义如下：

```
<WorldInfo
DEF              ID
USE              IDREF
title                          SFString     initializeOnly
info                           MFString     initializeOnly
containerField   children
class
/>
```

WorldInfo 信息化节点包含 DEF、USE、title、info、containerField 以及 class 域；域数据类型包括 SFString 域和 MFstring 域，其中 SFString 域包含一个用双引号括起来的字符串，MFString 域是一个含有零个或多个单值的多值域字符串；事件的存储/访问类型为 initializeOnly（初始化类型）。

DEF 域：DEF 域可以为节点定义一个名字，并给该节点定义了唯一的 ID，这样在其他节点中就可以引用这个节点。用 DEF 为节点命名时，使用有意义的描述性名称可以规范文件，提高文件可读性。

USE 域：USE 域可以用来引用 DEF 定义的节点 ID，在引用 DEF 定义的节点名字的同时忽略其他的属性和子对象。因此 USE 是引用其他的节点对象而不是复制节点，可以提高性能和编码效率。

title 域：定义了一个用于展示 VR-X3D 场景的标题，默认值为空字符串。

info 域：定义了 VR-X3D 场景中有关该程序的相关信息，如版本号、作者、日期等信息。

containerField 域：容器域是 field 域标签的前缀，表示子节点和父节点的关系。该容器域名称为 children，可包含如 geometry Box、children Group、proxy Shape 等几何节点。containerField 属性只有在 VR-X3D 场景用 XML 编码时才使用。

class 域：是用空格分开的类的列表，用于 XML 样式表。只有 VR-X3D 场景用 XML 编码时才支持 class 属性。

本章小结

本章重点介绍了 VR-X3D 虚拟现实技术应用中程序文件的编写格式，主要阐述了 VR-X3D 文档书写格式，其中包括 head 头文件节点、component 组件标签节点、meta 节点以及 Scene 场景节点等。如果想使用指定概貌 profile 的集合范围之外的节点，也可以在头文件中加入组件语句，用以描述场景之外的其他信息。大家可以根据设计需要增加相应的节点和子节点来创建 3D 虚拟现实场景和造型设计，特别需要注意的是，每个文件里只允许有一个 Scene 根节点。

第 3 章 VR-X3D 三维立体几何节点设计

VR-X3D 三维立体几何节点设计主要应用于创建 VR 基本 3D 立体场景和造型的开发与设计中，它包含基本立体几何节点如 Sphere 球体节点、Box 盒子节点、Cone 圆锥体节点、Cylinder 圆柱体节点以及 Text 文本造型节点等。利用 VR-X3D 立体几何节点创建的造型具有编程简洁、快速、方便，有利于浏览器的快速浏览，软件编程和运行的效率高等特点。本文重点介绍 VR-X3D 三维立体几何节点设计语法及定义，并结合实例源程序以便于读者更好地理解软件开发与设计全过程。在 VR-X3D 三维立体网页编程语言中，VR-X3D 文件是由各种各样的节点组成的，节点是 VR-X3D 的内核，节点之间既可以并列也可以层层嵌套。节点在 VR-X3D 文件中起着主导作用，它贯穿于第二代三维立体网络程序设计语言 VR-X3D 编程语言始终。可以说，如果没有节点，VR-X3D 文件也就不存在了。理解和掌握 VR-X3D 编程语言的节点是至关重要的，因为它是 VR-X3D 编程设计的灵魂，是 VR-X3D 编程的精髓，VR-X3D 三维立体空间造型就是由许许多多节点构成并创建的。VR-X3D 三维立体几何节点设计主要由 shape 模型节点、三维立体造型节点以及相关几何节点组成。

- Shape 节点设计
- Sphere 节点设计
- Box 节点设计
- Cone 节点设计
- Cylinder 节点设计
- Text 节点设计

3.1 Shape 节点设计

在 VR-X3D 文件 Scene（场景）根节点中，可以使用 Shape 节点添加三维立体场景和造型，Shape 模型节点包含两个子节点，分别为 Appearance 外观节点与 geometry 几何造型节点。Appearance 外观子节点定义了物体造型的外观，包括纹理映像、纹理坐标变换以及外观的材料节点；geometry 几何造型子节点定义了立体空间物体的几何造型，如 Box 节点、Cone 节点、Cylinder 节点和 Sphere 节点等原始的几何结构，利用 geometry 节点创建各种几何造型，可以使三维立体空间场景和造型更具真实感。

Shape 节点设计

Shape 模型节点可以在 VR-X3D 节点与 Scene 场景根节点的基础上设计场景与造型。Scene 场景节点表示 VR-X3D 场景语法结构的根节点。Shape 模型节点是建立在 Scene 场景根节点之下的模型节点，在 Shape 模型节点下，可以创建外观子节点和几何造型子节点，对三维立体空间场景和造型进行外观和几何体描述。

3.1.1 语法定义

Shape 模型节点可以定义 VR-X3D 立体空间造型所需要的几何尺寸、材料、纹理和外观特征等，这些特征可以用于定义 VR-X3D 虚拟空间中的造型。Shape 节点是 VR-X3D 的内核节点，VR-X3D 的所有立体空间造型均使用 Shape 节点创建，所以 Shape 节点在 VR-X3D 文件中显得尤为重要。

Shape 模型节点可以放在 VR-X3D 文件中任何组节点下，包含 Appearance 子节点和 geometry 子节点。Shape 模型节点语法定义如下：

```
<Shape
    DEF             ID
    USE             IDREF
    bboxCenter      0 0 0       SFVec3f     initializeOnly
    bboxSize        -1 -1 -1    SFVec3f     initializeOnly
    containerField  children
    class
/>
```

Shape 模型节点图标为 ，包含域名、域值、域数据类型以及存储/访问类型等，节点中数据内容包含在一对尖括号中，用“</>”表示。Shape 模型节点包含 DEF、USE、bboxCenter、bboxSize、containerField 以及 class 域。

3.1.2 源程序实例

本实例利用 VR-X3D 虚拟现实程序设计语言进行设计、编码和调试，并结合现代软件开发思想，采用编程、自动测试、简单设计以及先测试后设计开发理念，全面融合结构化、组件化和模块化的设计思想，使软件开发设计层次清晰、结构合理，从而充分利用虚拟现实语言的各种简单节点来创建生动、逼真的三维立体图书造型。本书配套源代码资源中的“VR-X3D 实例源程序\第 3 章实例源程序”目录下提供了 VR-X3D 源程序 px3d3-1.x3d。

【实例 3-1】利用 Shape 空间物体造型模型节点、背景节点、基本几何节点、坐标变换节点等，在三维立体空间背景下，创建一个图书的造型。简单几何节点将在下面详细讲述，虚拟现实图书造型三维立体场景设计 VR-X3D 文件 px3d3-1.x3d 源程序如下：

```
<Scene>
<Background DEF="_1" skyColor='1 1 1'></Background>
<Viewpoint description="viewpoint1" orientation="0 1 0 0.524" position="2.5    0.25 5"/>
        <Transform DEF="_2" rotation='0 0 0 0'>
            <Shape DEF="_3">
                <Appearance>
                    <ImageTexture url='"zjztp1.jpg"'>
                    </ImageTexture>
```

```
                </Appearance>
                <Box containerField="geometry" DEF="_4" size='2.3 3 0.01'>
                </Box>
            </Shape>
        </Transform>
        <Transform rotation='0 0 0 0' translation='0 0 0'>
            <Shape>
                <Appearance>
                    <Material ambientIntensity='0.1' diffuseColor='0.98 0.98 0.98' shininess='0.15'
                        specularColor='0.8 0.8 0.8'>
                    </Material>
                </Appearance>
                <Box containerField="geometry" size='2.3 3 0.001'>
                </Box>
            </Shape>
        </Transform>
        <Transform rotation='0 0 0 0' translation='0 0 -0.1'>
            <Shape>
                <Appearance>
                    <Material ambientIntensity='0.1' diffuseColor='0.98 0.98 0.98' shininess='0.15'
                        specularColor='0.8 0.8 0.8'>
                    </Material>
                </Appearance>
                <Box containerField="geometry" size='2.3 3 0.2'>
                </Box>
            </Shape>
        </Transform>
</Scene>
```

在 VR-X3D 源文件中的 Scene 场景根节点下添加 Background 背景节点和 Shape 模型节点，背景节点的颜色取白色以突出三维立体几何造型的显示效果。利用坐标变换节点和三维立体几何节点创建三维立体图书造型。

运行 VR-X3D 虚拟现实图书三维立体造型设计程序。首先启动 BS Contact VRML/X3D 8.0 浏览器，然后在浏览器中，选择 Open 选项，打开“VR-X3D 实例源程序\第 3 章实例源程序\px3d3-1.x3d”，即可运行 VR-X3D 虚拟现实图书三维立体造型场景程序，Shape 模型节点源程序运行结果如图 3-1 所示。

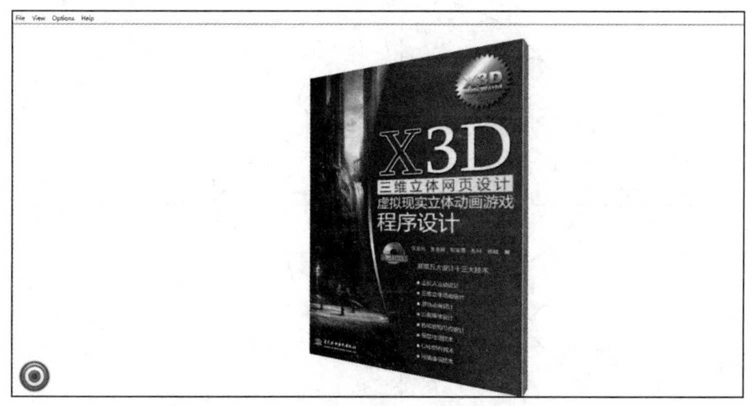

图 3-1　VR-X3D 虚拟现实图书 Shape 模型节点源程序运行结果

3.2 Sphere 节点设计

Sphere 节点也称为球体节点，描述了如何创建球体的几何造型。可以通过设置球体半径大小来改变球体的大小。Sphere 球体节点是一个几何节点，可以用来创建一个三维立体球，并且根据开发与设计需求为 Sphere 球体节点粘贴纹理、设置各种颜色以及透明度等。Sphere 球体节点是 Shape 模型节点下 geometry 几何节点域中的一个子节点，Appearance 外观和 Material 材料节点用于描述 Sphere 球体节点的纹理材质、颜色、发光效果、明暗、光的反射以及透明度等。

3.2.1 算法分析

VR-X3D 虚拟现实 Sphere 球体表面映射算法分析与实现如下所述。

接下来介绍球体表面坐标算法。设球体的球心坐标为 $M_0(X_0,Y_0,Z_0)$，已知球体半径为 R，如果 $M(X,Y,Z)$为球体表面上任意一点，则有$|M_0M|=R$。

得到球体表面通用坐标方程如下：

$$(X-X_0)^2+(Y-Y_0)^2+(Z-Z_0)^2=R^2 \tag{3-1}$$

当球体的球心坐标为 $M_0(0,0,0)$时，得到球体表面特殊坐标方程为

$$X^2+Y^2+Z^2=R^2 \tag{3-2}$$

对三维球体坐标进行进一步细化，将球体在 XY 平面进行极限分割，形成无数截面，截面圆的半径为 r，球心到截面的距离为 d，所得截面圆的半径取值范围为$[0,R]$。半径 r 计算公式如下：

$$r=\sqrt{R^2-d^2} \qquad r\in[-R,+R] \tag{3-3}$$

把复杂三维运算简化为二维运算。得到三维球体坐标简化公式，其中 X、Y 为截面圆上的坐标，球心到截面的距离为 d，r 为截面圆半径，Z 为球体的三维坐标，为一个常量，取值范围为$[-R,+R]$，R 为球体半径，如图 3-2 所示，计算公式如下：

$$\begin{cases} X^2+Y^2=r^2 & r\in[-R,+R] \\ Z=d & d\in[-R,+R] \end{cases} \tag{3-4}$$

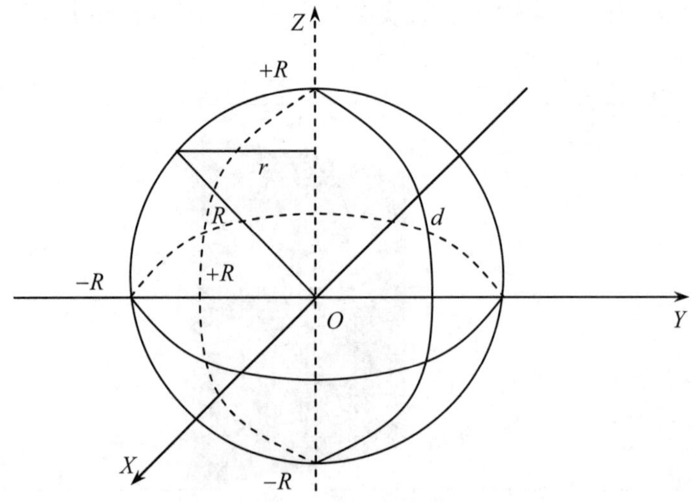

图 3-2 球体算法分析与现实

3.2.2 语法定义

Sphere 节点设计

Sphere 球体节点语法定义了一个三维立体球体的属性和域值，通过节点的域名、域值、域数据类型以及事件的存储/访问权限的定义来描述一个三维立体空间球体造型。主要利用球体半径（radius）和实心（solid）参数创建（设置）VR-X3D 球体文件。Sphere 球体节点语法定义如下：

```
<Sphere
    DEF              ID
    USE              IDREF
    radius           1            SFFloat      initializeOnly
    solid            true         SFBool       initializeOnly
    containerField   geometry
    class
/>
```

Sphere 球体节点图标为●，包含域名、域值、域数据类型以及存储/访问类型等，节点中数据内容包含在一对尖括号中，用“</>”表示。域数据类型中的 SFFloat 域是单值单精度浮点数，SFBool 域是一个单值布尔量，取值范围为[true | false]。事件的存储/访问类型为 initializeOnly（初始化类型）。Sphere 球体节点包含 DEF、USE、radius、solid、containerField 以及 class 域。

3.2.3 源程序实例

本实例在 Shape 模型节点中，利用 geometry 子节点下的 Sphere 球体节点创建三维立体球造型。实例源程序使用 VR-X3D 节点、背景节点、Shape 模型节点以及 Sphere 球体节点进行设计和开发。本书配套源代码资源中的“VR-X3D 实例源程序\第 3 章实例源程序”目录下提供了 VR-X3D 源程序 px3d3-2.x3d。

【实例 3-2】在 VR-X3D 三维立体空间场景环境下，利用背景节点、Shape 空间物体造型模型节点、Appearance 外观子节点和 Material 外观材料节点以及 Sphere 球体节点，创建一个三维立体球造型。虚拟现实 Sphere 球体节点立体场景设计 VR-X3D 文件 px3d3-2.x3d 源程序如下：

```
<Scene>
    <Background skyColor="0.98 0.98 0.98"/>
    <Shape>
      <Appearance>
        <Material ambientIntensity="0.1" diffuseColor="0.8 0.2 0.2"
          shininess="0.2" specularColor="0.8 0.8 0.8" transparency="0.0"/>
      </Appearance>
      <Sphere radius="2.5"/>
    </Shape>
  </Scene>
```

在 VR-X3D 源文件中的 Scene（场景根）节点下添加 Background 背景节点和 Shape 模型节点，背景节点的颜色取白色，以突出三维立体几何造型的显示效果。利用基本三维立体几何节点，即球体节点在创建一个灰色的球体造型。

运行 VR-X3D 虚拟现实三维立体球造型设计程序。首先，启动 BS Contact VRML/X3D 8.0 浏览器，也可以双击“px3d3-2.x3d 程序”，打开“VR-X3D 实例源程序\第 3 章实例源程序\px3d3-2.x3d”，即可运行虚拟现实三维立体球造型场景程序，Sphere 球节点源程序运行结果如图 3-3 所示。

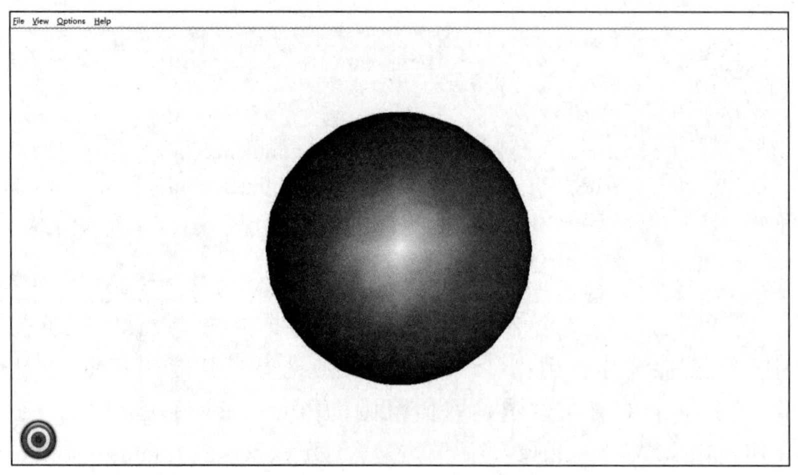

图 3-3　VR-X3D 虚拟现实 Sphere 球节点源程序运行结果

3.3　Box 节点设计

Box 节点是一个三维立体基本几何节点，用来创建立方体、长方体以及立体平面造型，也称为 Box 立方体节点，该节点一般作为 Shape 节点中 geometry 域的子节点。Box 立方体节点描述了一个立方体的几何造型，可以通过设置立方体长、宽和高尺寸大小，改变立方体的大小和长短。

3.3.1　语法定义

Box 立方体节点语法定义了一个三维空间立方体造型的属性名、域值、域数据类型、存储和访问类型，通过节点的域名、域值等来描述一个三维空间立方体造型。主要利用立方体 size（尺寸）大小（定义立方体的长、高和宽）和 solid 参数创建 VR-X3D 立方体造型。Box 立方体节点语法定义如下：

```
<Box
DEF             ID
USE             IDREF
size            2 2 2       SFVec3f     initializeOnly
solid           true        SFBool      initializeOnly
containerField  geometry
class
/>
```

Box 立方体节点图标为，包含域名、域值、域数据类型以及存储/访问类型等，节点中数据内容包含在一对尖括号中，用“</>”表示。域数据类型中的 SFVec3f 域定义了一个三维向量空间，一个 SFVec3f 域值包含有三个浮点数，数与数之间用空格分离，该值表示从原点到给定点的向量；SFBool 域是一个单值布尔量，取值范围为[true | false]。事件的存储/访问类型 initializeOnly（初始化类型）。Box 立方体节点包含 DEF、USE、size、solid、containerField、class 域。

3.3.2 源程序实例

本实例在 Shape 模型节点中，利用 geometry 几何子节点下的 Box 立方体节点创建三维空间立方体或长方体造型，使 VR-X3D 三维立体空间场景和造型更具真实感。本书配套源代码资源中的“VR-X3D 实例源程序\第 3 章实例源程序”目录下提供了 VR-X3D 源程序 px3d3-3.x3d。

【实例 3-3】在 VR-X3D 三维立体空间场景环境下，利用背景节点、视点节点、Shape 空间物体造型模型节点、Appearance 外观子节点、Material 外观材料节点以及 Box 立方体节点，创建一个三维空间 Box 长方体造型。Box 立方体节点立体场景设计 VR-X3D 文件 px3d3-3.x3d 源程序如下：

```
<Scene>
    <Background skyColor="0.98 0.98 0.98"/>
    <Viewpoint orientation="0 1 0 0.524" position="3 0 5"/>
    <Shape>
      <Appearance>
        <Material ambientIntensity="0.1" diffuseColor="0.2 0.8 0.2"
          shininess="0.2" specularColor="0.8 0.8 0.8" transparency="0.15"/>
      </Appearance>
      <Box size="2 2 2"/>
    </Shape>
  </Scene>
```

在 VR-X3D 源文件中的 Scene 场景根节点下添加 Background 背景节点、视点节点和 Shape 模型节点，背景节点的颜色取银白色以突出三维立体几何造型的显示效果。再利用基本三维立体几何节点，即立方体节点创建一个立方体造型，并根据设计需求设置立方体或长方体的尺寸大小，也可以设置 solid 域来绘制立体造型的不同表面。此外还增加了 Appearance 外观节点和 Material 材料节点，增强三维空间立方体造型的显示效果。

运行 VR-X3D 虚拟现实三维立方体造型设计程序。首先启动 BS Contact VRML/X3D 8.0 浏览器，然后打开“VR-X3D 实例源程序\第 3 章实例源程序\ px3d3-3.x3d”，即可运行虚拟现实三维空间立方体造型场景程序，Box 长方体节点源程序运行结果如图 3-4 所示。

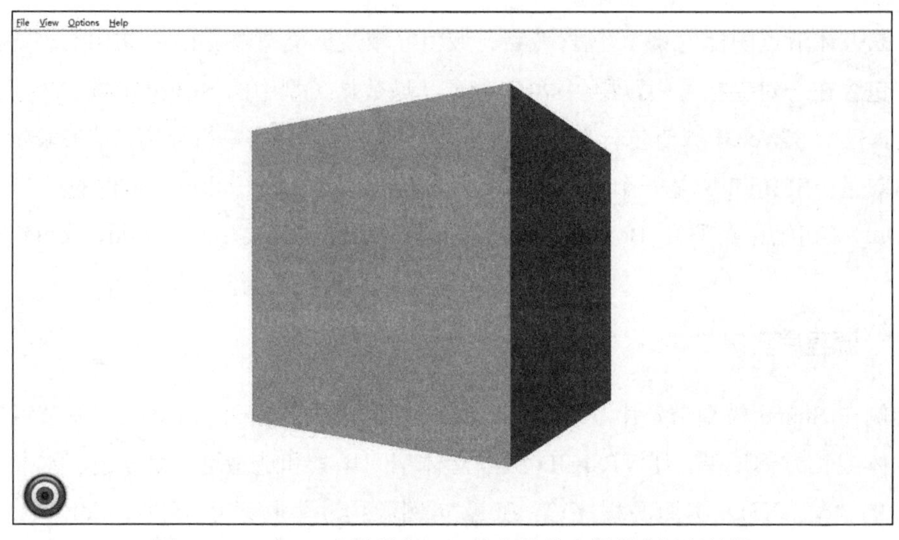

图 3-4　VR-X3D 虚拟现实 Box 长方体节点源程序运行结果

3.4　Cone 节点设计

Cone 节点是一个三维立体基本几何节点，用来在三维立体空间中创建一个圆锥体造型，也称为 Cone 圆锥体节点，根据开发与设计需求可以为 Cone 圆锥体节点粘贴纹理、设置各种颜色以及透明度等，使用户体验三维立体空间多种圆锥造型的浏览效果。Cone 圆锥体节点定义了一个圆锥体的原始造型，一般作为 Shape 节点中 geometry 的子节点。利用 Shape 节点中 Appearance 外观和 Material 材料子节点描述 Cone 圆锥体节点的纹理材质、颜色、发光效果、明暗、光的反射以及透明度等。为增强开发与设计的效果，可以通过设置圆锥体的半径大小、圆锥体高度等参数，改变圆锥体的尺寸大小。

3.4.1　语法定义

Cone 圆锥体节点语法定义了一个三维立体空间圆锥体造型的属性名和域值，通过节点的域名、域值、域数据类型以及事件的存储/访问权限的定义来描述一个三维立体空间圆锥体造型。主要通过设置 Cone 圆锥体节点中的高度（height）、圆锥底半径（bottomRadius）、侧面（side）、底面（bottom）以及实心（solid）参数创建 VR-X3D 圆锥体造型。Cone 圆锥体节点语法定义如下：

```
<Cone

    DEF             ID
    USE             IDREF
    height          2          SFFloat     initializeOnly
    bottomRadius    1          SFFloat     initializeOnly
    side            true       SFBool      initializeOnly
```

```
        bottom              true          SFBool        initializeOnly
        solid               true          SFBool        initializeOnly
        containerField      geometry
        class
/>
```

Cone 圆锥体节点图标为 ，包含域名、域值、域数据类型以及存储/访问类型等，节点中数据内容包含在一对尖括号中，用“</>”表示。域数据类型中的 SFFloat 域是单值单精度浮点数；SFBool 域是一个单值布尔量，取值范围为[true | false]。事件的存储/访问类型为 initializeOnly（初始化类型）。Cone 圆锥体节点包含 DEF、USE、height、bottomRadius、side、bottom、solid、containerField 以及 class 域。

3.4.2 源程序实例

本实例在 Shape 模型节点中，利用 geometry 几何子节点下的 Cone 圆锥体节点创建三维立体圆锥体造型，使用 Appearance 外观子节点和 Material 外观材料子节点使三维立体空间场景和造型更具真实感。本书配套源代码资源中的“VR-X3D 实例源程序\第 3 章实例源程序”目录下提供了 VR-X3D 源程序 px3d3-4.x3d。

【实例 3-4】在 VR-X3D 三维立体空间场景环境下，利用 Shape 空间物体造型模型节点、Appearance 外观子节点、Material 外观材料节点以及 Cone 圆锥体节点，创建一个蓝色三维立体圆锥体造型。Cone 圆锥体节点立体场景设计 VR-X3D 文件 px3d3-4.x3d 源程序如下：

```
<Scene>
    <Background skyColor="0.98 0.98 0.98"/>
    <Shape>
      <Appearance>
        <Material ambientIntensity="0.1" diffuseColor="0.2 0.2 0.8"
          shininess="0.15" specularColor="0.8 0.8 0.8" transparency="0"/>
      </Appearance>
      <Cone bottom="true" bottomRadius="1.5" height="3" side="true"/>
    </Shape>
  </Scene>
```

在 VR-X3D 源文件中的 Scene 场景根节点下添加 Background 背景节点和 Shape 模型节点，背景节点的颜色取白色以突出三维立体几何造型的显示效果。在 Shape 模型节点下增加 Appearance 外观节点和 Material 材料节点，以增强空间三维立体圆锥体的显示效果。在几何节点中创建 Cone 圆锥体节点，根据设计需求设置 Cone 圆锥体半径和高的尺寸大小，也可以设置 solid 域来绘制立体造型的不同表面。

运行 VR-X3D 虚拟现实三维 Cone 圆锥体造型设计程序。首先启动 BS Contact VRML/X3D 8.0 浏览器，选择 open 选项，然后打开“VR-X3D 实例源程序\第 3 章实例源程序\px3d3-4.x3d”，即可运行虚拟现实三维空间蓝色圆锥体造型场景程序，Cone 圆锥体节点源程序运行结果如图 3-5 所示。

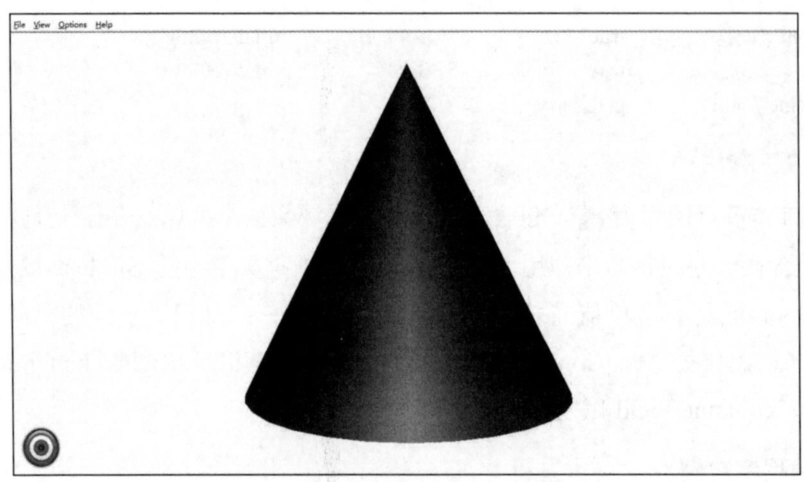

图 3-5　VR-X3D 虚拟现实 Cone 圆锥体节点源程序运行结果

3.5　Cylinder 节点设计

Cylinder 节点描述了一个圆柱体的三维几何造型，也称为 Cylinder 圆柱体节点，其可以根据圆柱体的半径大小、圆柱体高度来改变圆柱体的大小尺寸。Cylinder 圆柱体节点定义了一个圆柱体的原始造型，是 VR-X3D 基本几何造型节点，一般作为 Shape 节点中 geometry 节点的子节点。利用 Shape 节点中 Appearance 外观和 Material 材料子节点可以描述 Cylinder 圆柱体节点的纹理材质、颜色、发光效果、明暗、光的反射以及透明度等，增强开发与设计的效果。

3.5.1　算法分析

在虚拟现实立体空间建立三维坐标系(X,Y,Z)，将圆柱体的中心线作为虚拟空间三维坐标的中轴线，对圆柱体表面的算法进行分析和设计，如图 3-6 所示。

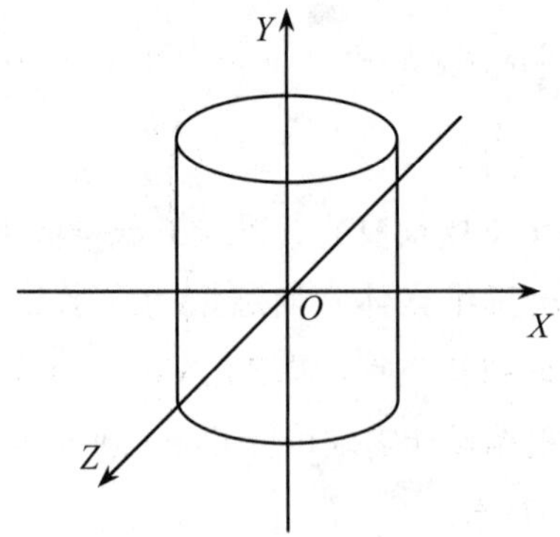

图 3-6　圆柱体三维坐标系

假设圆柱体的重心点在坐标原点(0,0,0)上，圆柱体与圆柱体表面构成三维立体空间造型。在三维立体坐标系中，设圆柱表面上任意一点(θ,γ,δ)在圆柱体表面上的投影坐标为(x,y,z)。设圆柱体中心点为O，圆柱体的半径为R，照片宽度为W，高度为H。运用空间解析几何的方法建立数学模型如下：

$$\begin{cases} x^2 + z^2 = R^2 \\ y = h \quad h \in [-H/2, H/2] \\ x/\theta = y/\gamma = z/\delta \end{cases} \tag{3-5}$$

求得圆柱体表面上的坐标为(x,y,z)。

$$\begin{cases} x = \pm R \cdot \theta / \sqrt{R^2 + \theta^2} \\ y = \pm R \cdot \gamma / \sqrt{R^2 + \theta^2} \\ z = \pm R \cdot \delta / \sqrt{R^2 + \theta^2} \end{cases} \tag{3-6}$$

3.5.2 语法定义

Cylinder 节点语法定义了一个三维立体空间圆柱体造型的属性名和域值，通过节点的域名、域值、域数据类型以及事件的存储/访问权限的定义来描述一个三维立体空间圆柱体造型。主要通过设置 Cylinder 圆柱体节点中的高度（height）、圆柱底半径（Radius）、侧面（side）、底面（bottom）以及实心（solid）参数创建 VR-X3D 三维立体圆柱体造型。Cylinder 圆柱体节点语法定义如下：

```
<Cylinder
    DEF             ID
    USE             IDREF
    height          2           SFFloat     initializeOnly
    radius          1           SFFloat     initializeOnly
    top             true        SFBool      initializeOnly
    side            true        SFBool      initializeOnly
    bottom          true        SFBool      initializeOnly
    solid           true        SFBool      initializeOnly
    containerField  geometry
    class
/>
```

Cylinder 圆柱体节点图标为，包含域名、域值、域数据类型以及存储/访问类型等，节点中数据内容包含在一对尖括号中，用“</>”表示。域数据类型中的 SFFloat 域是单值单精度浮点数；SFBool 域是一个单值布尔量，取值范围为[true | false]。事件的存储/访问类型为 initializeOnly（初始化类型）。Cylinder 圆柱体节点包含 DEF、USE、height、radius、top、side、bottom、solid、containerField 以及 class 域。

3.5.3 源程序实例

本实例在 Shape 模型节点中的 geometry 几何子节点下创建三维立体圆柱体造型，使用 Appearance 外观子节点和 Material 外观材料子节点使造型更具真实感。本书配套源代码资源中的“VR-X3D 实例源程序\第 3 章实例源程序”目录下提供了 VR-X3D 源程序 px3d3-5.x3d。

【实例 3-5】 在 VR-X3D 三维立体空间场景环境下，利用 Shape 空间物体造型模型节点、Appearance 外观子节点、Material 外观材料节点以及 Cylinder 圆柱体节点，创建一个三维立体黄色圆柱体造型。Cylinder 圆柱体节点立体场景设计 VR-X3D 文件 px3d3-5.x3d 源程序如下：

```
<Scene>
    <Background skyColor="0.98 0.98 0.98"/>
    <Shape>
      <Appearance>
        <Material ambientIntensity="0.1" diffuseColor="0.8 0.8 0.2"
          shininess="0.15" specularColor="0.8 0.8 0.8" transparency="0"/>
      </Appearance>
      <Cylinder height="3" radius="1.5"/>
    </Shape>
</Scene>
```

在 VR-X3D 源文件中的 Scene（场景根）节点下添加 Background 背景节点和 Shape 模型节点，背景节点的颜色取银白色以突出三维立体几何造型的显示效果。在 Shape 模型节点下增加 Appearance 外观节点和 Material 材料节点，以增强空间三维柱体的显示效果。在几何节点中创建 Cylinder 圆柱体节点，根据设计需求设置 Cylinder 圆柱体高和半径的尺寸大小，也可以设置 solid 域来绘制立体造型的不同表面。

运行 VR-X3D 虚拟现实三维 Cylinder 圆柱体造型程序。首先启动 BS Contact VRML/X3D 8.0 浏览器，选择 open 选项，然后打开“VR-X3D 实例源程序\第 3 章实例源程序\px3d3-5.x3d”，即可运行虚拟现实三维空间圆柱体造型场景程序，Cylinder 圆柱体节点源程序运行结果如图 3-7 所示。

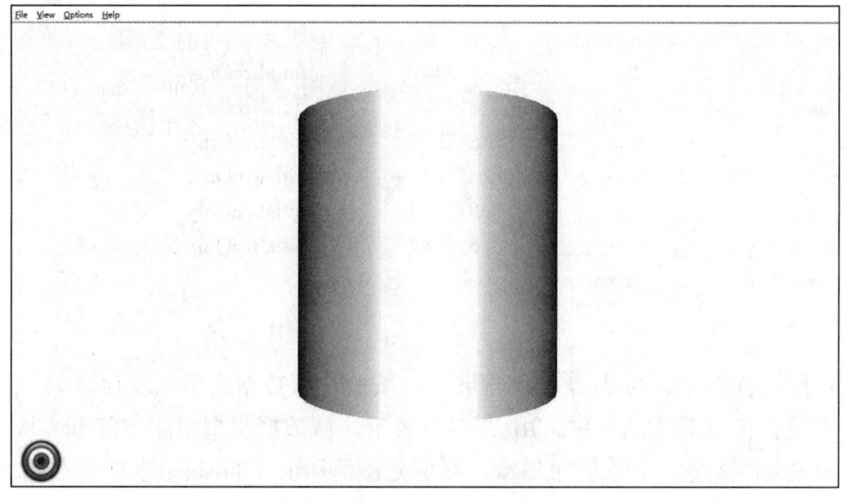

图 3-7　VR-X3D 虚拟现实 Cylinder 圆柱体节点源程序运行结果

3.6　Text 节点设计

Text 节点可以在 VR-X3D 空间中创建文本造型，其作用是描述文字几何造型并根据文字的文本内容创建一行或多行文本、定义文本造型的长度以及文本造型的外观特征等，也称为 Text 文本造型节点。Text 文本造型节点通常作为 Shape 节点中 geometry 几何子节点。Text 文本造型节点较为复杂，包含 string、length、maxExtent、lineBounds、textBounds 等域。

3.6.1 Text 节点语法定义

Text 节点语法定义了一个三维立体空间文本造型的属性名和域值，通过节点的域名、域值、域数据类型以及事件的存储/访问权限的定义来描述一个三维立体空间 Text 文本造型。主要通过设置 Text 文本造型节点中的文本内容（string）、文本长度（length）、文本最大有效长度（maxExtent）以及实心（solid）等参数创建 VR-X3D 三维立体文本造型。Text 文本造型节点语法定义如下：

```
<Text
    DEF             ID
    USE             IDREF
    string                        MFString     inputOutput
    length                        MFFloat      inputOutput
    maxExtent       0.0           SFFloat      inputOutput
    solid           true          SFBool       initializeOnly
    lineBounds                    MFVec2f      outputOnly
    textBounds                    SFVec2f      outputOnly
    containerField  geometry
    class
/>
```

Text 文本造型节图标为T，点包含域名、域值、域数据类型以及存储/访问类型等，节点中数据内容包含在一对尖括号中，用“</>”表示。域数据类型中的 SFFloat 域是单值单精度浮点数，MFFloat 域是多值单精度浮点数；SFBool 域是一个单值布尔量，取值范围为[true | false]；MFString 域是一个含有零个或多个单值的多值域，指定了零个或多个字符串；SFVec2f 域定义了一个二维矢量；MFVec2f 域是一个包含任意数量的二维矢量的多值域，指定了零组或多组二维矢量。事件的存储/访问类型包括 outputOnly（输出类型）、initializeOnly（初始化类型）以及 inputOutput（输入/输出类型）。Text 文本造型节点包含 DEF、USE、string、length、maxExtent、solid、lineBounds、textBounds、containerField 以及 class 域。

3.6.2 Text 节点源程序实例

Text 文本造型节点利用虚拟现实程序设计语言 VR-X3D 进行设计、编码和调试，创建生动、逼真的 Text 文本三维立体造型。在使用 VR-X3D 节点、背景节点以及 Text 文本造型节点进行设计和开发时，Text 文本造型节点在 Shape 模型节点中的 geometry 几何子节点下创建三维立体文本造型，使用 Appearance 外观子节点和 Material 外观材料子节点描述空间物体造型的颜色、材料漫反射、环境光反射、物体镜面反射、物体发光颜色、外观材料的亮度以及透明度等，使三维立体空间场景和造型更具真实感。本书配套源代码资源中的“VR-X3D 实例源程序\第 3 章实例源程序”目录下提供了 VR-X3D 源程序 px3d3-6.x3d。

【实例 3-6】在 VR-X3D 三维立体空间场景环境下，利用 Shape 空间物体造型模型节点、Appearance 外观子节点、Material 外观材料节点以及 Text 文本造型节点，创建一个三维立体文字造型。Text 文本造型节点立体场景设计 VR-X3D 文件 px3d3-6.x3d 如下：

```
<Scene>
    <Background skyAngle="1.571" skyColor="0.2 0.2 1.0&#10;1.0 1.0 1.0"/>
    <Shape>
      <Appearance>
        <Material ambientIntensity="0.1" diffuseColor="0.8 0.2 0.2"
          shininess="0.18" specularColor="0.2 0.2 0.2" transparency="0"/>
      </Appearance>
      <Text length="18.0,18.0" maxExtent="18.0" string="&quot;VR-X3D Program Scene&quot;,
          &#10;&quot;    Text FontStyle    &quot;&#10;&quot;Welcome!&quot;">
        <FontStyle family="&quot;SANS&quot;"
          justify="&quot;MIDDLE&quot;,&quot;MIDDLE&quot;" size="2.0" style="BOLDITALIC"/>
      </Text>
    </Shape>
  </Scene>
```

在 VR-X3D 源文件中的 Scene（场景根）节点下添加 Background 背景节点和 Shape 模型节点，背景节点的颜色取白色以突出三维立体几何文字造型的显示效果。利用基本三维立体 Text 文本造型节点创建一个淡蓝色背景下的文字造型，此外增加了 Appearance 外观节点和 Material 材料节点，对物体造型的外观颜色、物体发光颜色、外观材料的亮度以及透明度进行设计，增强三维空间文字造型的显示效果。

运行 VR-X3D 虚拟现实三维 Text 文本造型节点程序。首先启动 BS Contact VRML/X3D 8.0 浏览器，选择 open 选项，然后打开“VR-X3D 实例源程序\第 3 章实例源程序\px3d3-6.x3d”，即可运行虚拟现实三维 Text 文本造型场景。在三维立体空间背景下，显示三行文本文字的效果图，可以改变每行文本的长度以及字符串最大有效长度等来观察运行效果。Text 文本造型节点源程序运行结果如图 3-8 所示。

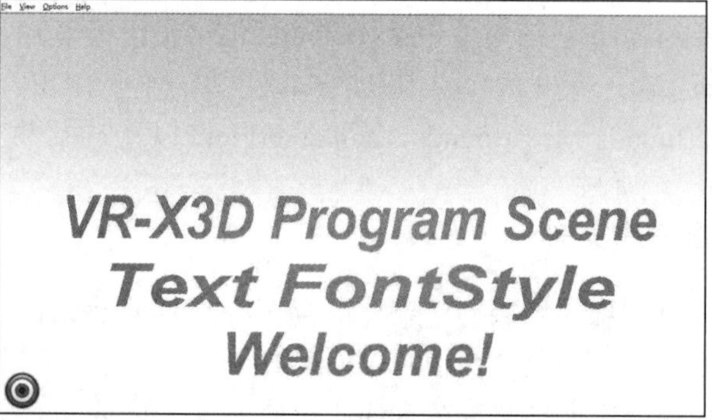

图 3-8　VR-X3D 虚拟现实 Text 文本造型节点源程序运行结果

3.6.3　FontStyle 节点语法定义

FontStyle 节点是 Text 文本节点的子节点，用来控制文本造型的外观特征，也称为 FontStyle 文本外观点节，通过设定 FontStyle 节点可以改变由 Text 节点创建的文本造型的外观、字体、字形、风格和尺寸大小等。FontStyle 文本外观节点在 Text 文本节点创建文字时使用，对文字的外观进行设计，FontStyle 文本外观节点包含 family、style、justify、size、spacing、language、 horizontal、leftToRight 以及 topToBottom 等域（属性）。

FontStyle 文本外观节点语法定义了一个三维立体空间文本外观的属性名和域值，通过节点的域名、域值、域数据类型以及事件的存储/访问权限的定义来描述一个效果更加理想的三维立体空间文字造型。主要通过设置 FontStyle 文本外观节点中的 family（字体）、style（文本风格）、justify（摆放方式）、size（文字大小）、spacing（文字间距）、language（语言）、horizontal（文本排列方式）等参数创建 VR-X3D 三维立体文本外观造型。FontStyle 文本外观节点语法定义如下：

```
<FontStyle
    DEF             ID
    USE             IDREF
    family          SERIF                  MFString    initializeOnly
    style           "PLAIN"
                    [PLAIN|BOLD|ITALIC|
                    BOLDITALIC]            SFString    initializeOnly
    justify         BEGIN                  MFString    initializeOnly
    size            1.0                    SFFloat     initializeOnly
    spacing         1.0                    SFFloat     initializeOnly
    language                               SFString
    horizontal      true                   SFBool      initializeOnly
    leftToRight     true                   SFBool      initializeOnly
    topToBottom     true                   SFBool      initializeOnly
    containerField  fontStyle
    class
/>
```

FontStyle 文本外观节点的图标为 ，包含域名、域值、域数据类型以及存储/访问类型等，节点中数据内容包含在一对尖括号中，用“</>”表示。域数据类型中的 SFFloat 域是单值单精度浮点数；SFBool 域是一个单值布尔量，取值范围为[true | false]；SFString 域是单值字符串类型；MFString 域是一个含有零个或多个单值的多值域，指定了零个或多个字符串。事件的存储/访问类型为 initializeOnly（初始化类型）。FontStyle 文本外观节点包含 DEF、USE、family、style、justify、size、spacing、language、horizontal、leftToRight、topToBottom、containerField 以及 class 域。

3.6.4 FontStyle 节点源程序实例

FontStyle 文本外观节点是 Text 文本造型节点的子节点，而 Text 文本造型节点又是在 Shape 模型节点中的 geometry 几何子节点下的节点，可使用 Appearance 外观子节点和 Material 外观材料子节点描述空间物体造型的颜色、材料漫反射、环境光反射、物体镜面反射、物体发光颜色、外观材料的亮度以及透明度等，使三维立体空间场景和文字造型更生动和鲜活，具有真实感受。

本实例使用 VR-X3D 节点、背景节点、Text 文本造型节点以及 FontStyle 文本外观节点对文本进行设计和开发。FontStyle 文本外观节点在创建生动、逼真的文本三维立体造型的同时可以进行 family（字体）、style（文本风格）、justify（摆放方式）、size（文字大小）、spacing（文字间距）、language（语言）、horizontal（文本排列方式）等参数设置。在“VR-X3D

实例源程序\第 3 章实例源程序”目录下，提供了 VR-X3D 源程序 px3d3-7.x3d。

【实例 3-7】在 VR-X3D 三维立体空间场景环境下，利用 Shape 空间物体造型模型节点、Appearance 外观子节点和 Material 外观材料节点、Text 文本造型节点以及 FontStyle 文本外观节点等，显示文本造型。FontStyle 文本外观节点立体文字场景设计 VR-X3D 文件 px3d3-7.x3d“源程序”展示如下：

```
<Scene>
        <Background skyAngle="1.571" skyColor="0.2 0.2 1.0 1.0 1.0 1.0"/>
        <Shape>
          <!--Add a single geometry node here-->
            <Material ambientIntensity="0.1" diffuseColor="0.95 0.2 0.95"
          shininess="0.18" specularColor="0.2 0.2 0.2" transparency="0"/>
            <Text length='20' maxExtent='20' solid='false' string='"VR-X3D 虚拟现实技术 ","VR-X3D
                  虚拟现实游戏设计" ,"VR-X3D 虚拟现实人工智能技术"'>
                <FontStyle justify='"MIDDLE" "MIDDLE"' style='BOLDITALIC'   size="2.0"/>
            </Text>
        </Shape>
    </Scene>
```

在 VR-X3D 源文件中的 Scene（场景根）节点下添加 Background 背景节点和 Shape 模型节点，背景节点的颜色取淡蓝色以突出三维立体几何文字造型的显示效果。利用基本三维立体 Text 文本造型节点和 FontStyle 文本外观节点共同创建一个淡蓝色背景下的文字造型，此外增加了 Appearance 外观节点和 Material 材料节点，对物体造型的外观颜色、物体发光颜色、外观材料的亮度以及透明度进行设计，增强三维空间文字造型的显示效果。

运行 VR-X3D 虚拟现实三维 Text 文本造型和 FontStyle 文本外观节点程序。首先启动 BS Contact VRML/X3D 8.0 浏览器，选择 open 选项，然后打开“VR-X3D 实例源程序\第 3 章实例源程序\px3d3-7.x3d”，即可运行虚拟现实三维 Text 文本造型和 FontStyle 文本外观节点场景程序，在三维立体空间背景下，显示三行文本文字的效果图，BOLDITALIC 表示既加粗又倾斜的字体，并且文本造型位于 *X*、*Y* 轴的中心点上。Text 文本造型节点和 FontStyle 文本外观节点源程序运行结果如图 3-9 所示。

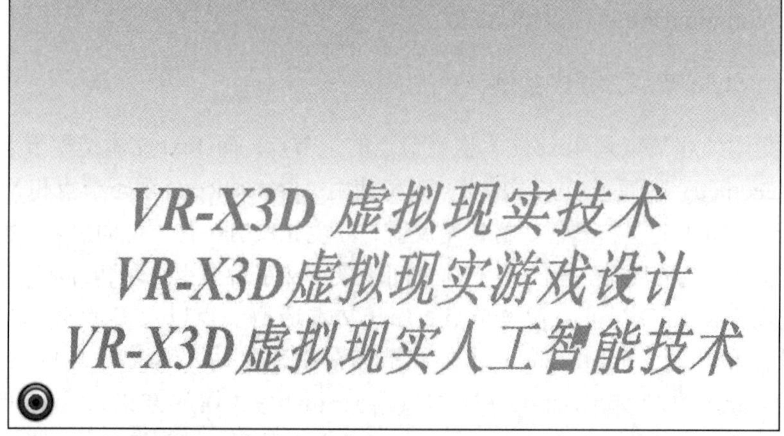

图 3-9　VR-X3D 虚拟现实 Text 文本造型节点和 FontStyle 文本外观节点源程序运行结果

本章小结

本章重点介绍 Shape 模型节点语法定义和设计，通过实例强调模型节点在设计中的重要性。本章的 VR-X3D 几何节点设计主要针对 Sphere 球体节点设计、Box 立方体节点设计、Cone 圆锥体节点设计、Cylinder 圆柱体节点设计以及 Text 文本节点设计等进行详细的阐述，并结合源程序实例进行剖析。

第 4 章　VR-X3D 编组节点设计

VR-X3D 编组节点三维立体设计可以将所有“节点”包含其中，对整体对象造型可以创建 VR-X3D 立体空间的复杂造型。在编组节点中，“节点”可以是基本节点、子节点或者组节点本身。组节点的种类很多，有 Transform 空间坐标变换节点，Group 编组节点，StaticGroup 静态组节点，Inline 内联节点，Switch 开关节点、Billboard 节点、Anchor 锚节点以及 LOD 细节层次节点等。

- Transform 节点设计
- group 节点设计
- StaticGroup 节点设计
- Inline 节点设计
- Switch 节点设计
- Billboard 节点设计
- Anchor 节点设计
- LOD 节点设计

4.1　Transform 节点设计

Transform 节点也称为空间坐标变换节点，是一个可以包含其他节点的组节点。该节点的方位确定方法为，+*X* 指屏幕的正右方；+*Y* 指屏幕的正上方；+*Z* 指屏幕正对浏览者方向，设定+*Y* 为正上方以保持场景的兼容性和浏览器的正常浏览。Transform 空间坐标变换节点可在 VR-X3D 立体空间创建一个新的空间坐标系。程序中的每一个 Transform 空间变换节点都创建一个相对已有坐标系的局部坐标系统，该节点所包含的空间物体造型都是在这个局部坐标系统上建立的。利用 Transform 节点，可以在 VR-X3D 场景中创建多个局部坐标，而这些坐标系可随意平移定位、旋转和缩放，使坐标系上的造型可以实现平移定位、旋转和缩放。

4.1.1　语法定义

Transform 节点设计

Transform 空间坐标变换节点是组节点，定义一个相对于已有坐标系的局部坐标系。该节点可以在立体空间指定一个物体造型的位置，还可以对其进行位置定位、旋转和缩放等操作。通过 Transform 空间坐标变换节点与 VR-X3D 基本几何造型节点、点节点、线节点、面节点、海拔栅格节点以及挤出造型等复杂节点联合使用可以创建复杂三维立体空间造型和场景。Transform 空间坐标变换节点语法定义了用于确定坐标变换的属性名和域值，通过节点的域名、域值、域数据类型以及事件的存储/访问权限的定义来描述一个效果更加理想和复杂的三维立体空间造型。Transform 空间坐标变换节点语法定义如下：

```
<Transform
    DEF                 ID
    USE                 IDREF
    translation         0 0 0       SFVec3f       inputOutput
    rotation            0 0 1 0     SFRotation    inputOutput
    center              0 0 0       SFVec3f       inputOutput
    scale               1 1 1       SFVec3f       inputOutput
    scaleOrientation    0 0 1 0     SFRotation    inputOutput
    bboxCenter          0 0 0       SFVec3f       initializeOnly
    bboxSize            -1 -1 -1    SFVec3f       initializeOnly
    containerField      children
    class
/>
```

Transform 空间坐标变换节图标为，点包含域名、域值、域数据类型以及存储/访问类型等，节点中数据内容包含在一对尖括号中，用“</>”表示。域数据类型中的 SFVec3f 域定义了一个三维矢量空间；SFRotation 域指定了一个任意的旋转。事件的存储/访问类型包括 initializeOnly（初始化类型）以及 inputOutput（输入/输出类型）。Transform 空间坐标变换组节点包含 DEF、USE、translation、rotation、center、scale、scaleOrientation、bboxCenter、bboxSize、containerField 以及 class 域。

4.1.2 源程序实例

利用 Transform 空间坐标变换节点在三维立体坐标系 *X*、*Y*、*Z* 轴上实现任意位置的移动或定位效果。在 VR-X3D 场景中，如果有多个造型而不进行移动处理，则这些造型将在坐标原点重合，这是设计者不希望看到的。使用 Transform 空间坐标变换节点，可以实现 VR-X3D 场景中各个造型的有机结合，达到设计者理想的效果，最终创建生动、逼真的 Transform 空间坐标变换组合的三维立体造型。本书配套源代码资源中的“VR-X3D 实例源程序\第 4 章实例源程序”目录下，提供 VR-X3D 源程序 px3d4-1.x3d。

【实例 4-1】利用 Shape 空间物体造型模型节点、Appearance 外观子节点和 Material 外观材料节点、Transform 空间坐标变换节点以及几何节点，在三维立体空间背景下，创建一个复杂三维立体复合造型。虚拟现实 Transform 空间坐标变换节点复杂三维立体场景设计 VR-X3D 文件 px3d4-1.x3d 源程序如下：

```
<Scene>
    <Background skyColor="0.98 0.98 0.98"/>
    <!-- 卡通鱼身设计-->
    <Transform scale="1.2 1 0.9"   >
    <Shape>
      <Appearance>
```

```
        <Material ambientIntensity="0.1" diffuseColor="0 0.7 1"
          shininess="0.2" specularColor="0.8 0.8 0.8" transparency="0"/>
      </Appearance>
      <Sphere radius="1.5"/>
    </Shape>
    </Transform>
<!-- 卡通鱼尾设计-->
    <Transform translation="2 -0.05 0"   rotation="0 0 1 1.571" scale="1 0.8 0.8">
    <Shape>
      <Appearance>
        <Material ambientIntensity="0.1" diffuseColor="0 0.7 1"
          shininess="0.2" specularColor="0.8 0.8 0.8" transparency="0"/>
      </Appearance>
      <Cone bottom="true" bottomRadius="0.7" height="1" side="true"/>
    </Shape>
    </Transform>
<!-- 卡通鱼左眼睛设计-->
    <Transform   DEF="fash-1" translation="-1 0.1 1" >
    <Shape>
      <Appearance>
        <Material ambientIntensity="0.1" diffuseColor="1 1 1"
          shininess="0.2" specularColor="0.8 0.8 0.8" transparency="0"/>
      </Appearance>
      <Sphere radius="0.15"/>
    </Shape>
    </Transform>
    <Transform    DEF="fash-2"   translation="-1.08 0.1 1.1" >
    <Shape>
      <Appearance>
        <Material ambientIntensity="0.1" diffuseColor="0 0 0"
          shininess="0.2" specularColor="0.8 0.8 0.8" transparency="0"/>
      </Appearance>
      <Sphere radius="0.05"/>
    </Shape>
    </Transform>
<!-- 卡通鱼右眼睛设计-->
    <Transform   translation="-1 0.1 -1" >
    <Shape>
      <Appearance>
        <Material ambientIntensity="0.1" diffuseColor="1 1 1"
          shininess="0.2" specularColor="0.8 0.8 0.8" transparency="0"/>
      </Appearance>
      <Sphere radius="0.15"/>
    </Shape>
    </Transform>
    <Transform   translation="-1.08 0.1 -1.1" >
    <Shape>
      <Appearance>
```

```
            <Material ambientIntensity="0.1" diffuseColor="0 0 0"
              shininess="0.2" specularColor="0.8 0.8 0.8" transparency="0"/>
          </Appearance>
          <Sphere radius="0.05"/>
        </Shape>
        </Transform>
    <!--卡通鱼嘴设计 -->
        <Transform    translation="-1.6 -0.6 0" scale="1 0.5 1" rotation="0 0 1 0.524">
        <Shape>
          <Appearance>
            <Material ambientIntensity="0.1" diffuseColor="1 1 0"
              shininess="0.2" specularColor="0.8 0.8 0.8" transparency="0"/>
          </Appearance>
          <Sphere radius="0.2"/>
        </Shape>
        </Transform>
        <Transform    translation="-1.6 -0.55 0" scale="1 0.5 1" rotation="0 0 1 2.818">
        <Shape>
          <Appearance>
            <Material ambientIntensity="0.1" diffuseColor="1 1 0"
              shininess="0.2" specularColor="0.8 0.8 0.8" transparency="0"/>
          </Appearance>
          <Sphere radius="0.2"/>
        </Shape>
        </Transform>
      </Scene>
```

运行 VR-X3D 虚拟现实 Transform 空间坐标变换节点复杂三维立体造型设计程序。首先启动 BS Contact VRML/X3D 8.0 浏览器，选择 open 选项，然后打开“VR-X3D 实例源程序\第 4 章实例源程序\px3d4-1.x3d”，即可运行程序创建一个组合的复杂三维立体空间造型场景。Transform 空间坐标变换节点复杂三维立体造型源程序运行结果如图 4-1 所示。

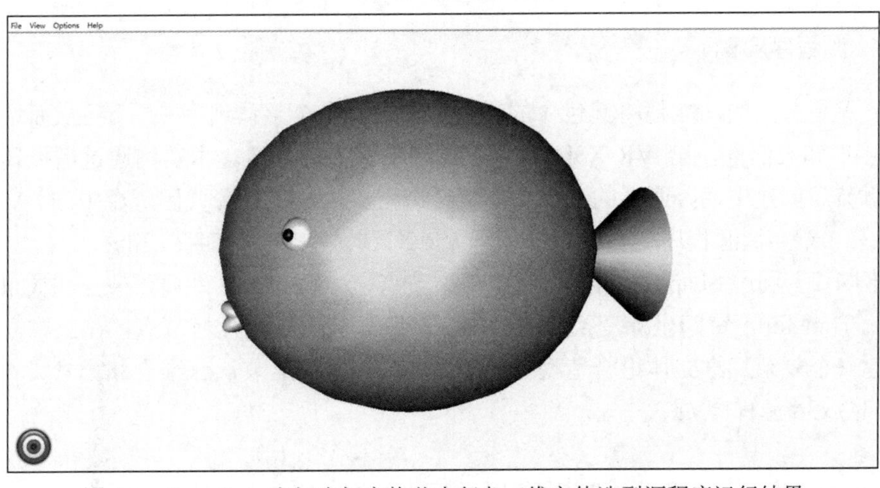

图 4-1　Transform 空间坐标变换节点复杂三维立体造型源程序运行结果

4.2 Group 节点

Group 节点用来编组各种不同的几何节点造型，使其成为一个整体造型，也称为 Group 编组节点。Group 编组节点通常作为 Shape 模型节点的父节点。Group 编组节点是将多个节点进行组合创建较复杂的立体空间造型的，其中 Group 编组节点的 children 域可以包含任意个节点，同时该节点是组节点中最基本的节点。我们可以把 Group 编组节点中所包含的全部节点视为一个整体，当作一个完整的空间造型来对待。编程中如果利用 DEF（重定义节点名）对 Group 编组节点命名，则可以使用 USE（重用节点）在相同的文件中重复使用这一节点，从而增强程序设计的可重用性和灵活性。

4.2.1 语法定义

Group 编组节点语法定义了用于确定编组节点的属性名和域值，通过节点的域名、域值、域数据类型以及事件的存储/访问权限的定义描述一个效果更加理想，具有一定整体感的三维立体空间造型。Group 组节点语法定义如下：

```
<Group
    DEF                 ID
    USE                 IDREF
    bboxCenter          0 0 0       SFVec3f       initializeOnly
    bboxSize            -1 -1 -1    SFVec3f       initializeOnly
    containerField      children
    class
/>
```

Group 编组节点的图标为▢，包含域名、域值、域数据类型以及存储/访问类型等，节点中数据内容包含在一对尖括号中，用“</>”表示。域数据类型为 SFVec3f 域，定义了一个三维矢量空间。事件的存储/访问类型为 initializeOnly（初始化类型）。Group 编组节点包含 DEF、USE、bboxCenter、bboxSize、containerField 以及 class 域。

4.2.2 源程序实例

Group 编组节点的功能是将其包含的所有节点当作一个整体造型来看待，从而增强程序设计的可重用性和灵活性，给 VR-X3D 程序设计带来更大的方便。本实例通过虚拟现实语言的 Group 编组节点创建生动、逼真的三维立体组合造型。本书配套源代码资源中的“VR-X3D 实例源程序\第 4 章实例源程序”目录下提供了 VR-X3D 源程序 px3d4-2.x3d。

【实例 4-2】利用 Shape 空间物体造型模型节点、Appearance 外观子节点和 Material 外观材料节点、Transform 空间坐标变换节点、Group 编组节点以及几何节点，在三维立体空间背景下，创建一个复杂三维立体组合造型。虚拟现实 Group 编组节点三维立体场景设计 VR-X3D 文件 px3d4-2.x3d 源程序如下：

```
<Scene>
    <Background DEF="_Background" skyColor="0.98 0.98 0.98"/>
    <Viewpoint DEF="1_Viewpoint" jump='false' orientation='0 1 0 0'
```

```
        position='12 0 10' description="View1"></Viewpoint>
    <Group DEF='group1'>
        <!-- 笔杆设计-->
        <Transform translation="12 0.5 0 ">
          <Shape>
          <Appearance>
            <Material ambientIntensity="0.1" diffuseColor="0.2 0.8 0.2"
              shininess="0.15" specularColor="0.8 0.8 0.8" transparency="0"/>
          </Appearance>
          <Cylinder height="5" radius="0.2"/>
          </Shape>
        </Transform>
      <!-- 笔尖设计-->
        <Transform rotation="1 0 0 3.141" translation="12 -2.24 0">
        <Shape>
          <Appearance>
            <Material ambientIntensity="0.1" diffuseColor="0 0 0"
              shininess="0.15" specularColor="0.8 0.8 0.8" transparency="0"/>
          </Appearance>
          <Cone bottom="true" bottomRadius="0.21" height="0.5" side="true"/>
        </Shape>
        </Transform>
    <!--  笔帽设计 -->
        <Transform rotation="0 0 1 0" translation="12 3 0">
        <Shape>
          <Appearance>
            <Material ambientIntensity="0.1" diffuseColor="0.8 0.8 0.8 "
              shininess="0.2" specularColor="0.0 0.8 0.8" transparency="0"/>
          </Appearance>
          <Cylinder height="0.3" radius="0.23"/>
        </Shape>
        </Transform>
        <Transform rotation="0 0 0 3.471" translation="11.52 2.5 0">
        <Shape>
          <Appearance>
            <Material ambientIntensity="0.1" diffuseColor="0.2 0.8 1.2 "
              shininess="0.2" specularColor="0.8 0.8 0.8" transparency="0"/>
          </Appearance>
          <Box size="0.05 1.5 0.2"/>
        </Shape>
        </Transform>
        <Transform translation="12 3.3 0 ">
        <Shape>
          <Appearance>
            <Material ambientIntensity="0.1" diffuseColor="0.2 0.8 1.2"
```

```
                shininess="0.2" specularColor="0.8 0.8 0.8" transparency="0"/>
            </Appearance>
            <Sphere radius="0.2"/>
          </Shape>
          </Transform>
          <Transform rotation="0 0 1 1.571" translation="11.7 3 0">
            <Shape>
          <Appearance>
                <Material ambientIntensity="0.1" diffuseColor="1.2 1.2 1.0"
                  shininess="0.15" specularColor="0.8 0.8 0.8" transparency="0"/>
            </Appearance>
            <Cylinder height="0.3" radius="0.1"/>
          </Shape>
          </Transform>
        </Group>
          <Transform rotation="0 0 0 0" translation="3 0 0">
                <Group USE='group1'/>
          </Transform>
          <Transform rotation="0 0 0 0" translation="-3 0 0">
                <Group USE='group1'/>
      </Transform>
  </Scene>
```

在 Scene（场景根）节点下添加 Background 背景节点、Group 编组节点、Transform 空间坐标变换节点和 Shape 模型节点，背景节点的颜色取白色以突出三维立体几何造型的显示效果。利用 Group 编组节点创建复杂组合三维立体场景和造型，此外增加了 Appearance 外观节点和 Material 材料节点，对物体造型的外观颜色、物体发光颜色、外观材料的亮度以及透明度进行设计，以增强空间三维立体复杂造型的效果。

运行虚拟现实 Group 编组节点三维立体造型设计程序。首先启动 BS Contact VRML/X3D 8.0 浏览器，选择 open 选项，然后打开“VR-X3D 实例源程序\第 4 章实例源程序\px3d4-2.x3d”，即可运行程序创建一个组合的三维立体造型场景。Group 编组节点源程序运行结果如图 4-2 所示。

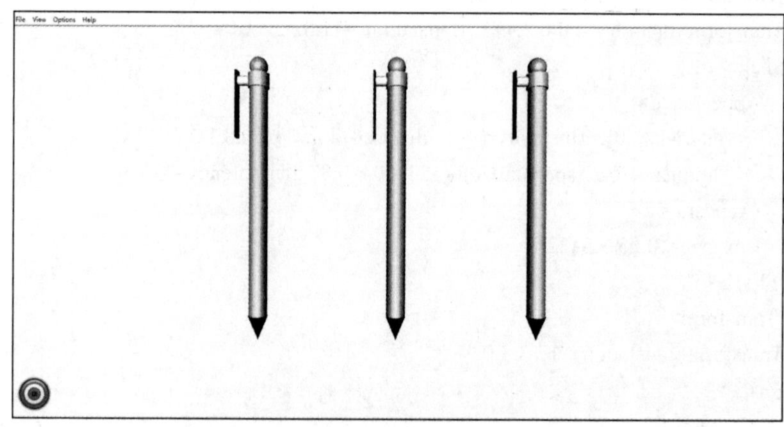

图 4-2　Group 编组节点源程序运行结果

4.3 StaticGroup 节点设计

StaticGroup 是一个可以包含其他节点的静态组节点，也称为 StaticGroup 静态组节点。将 StaticGroup 静态组节点中所包含的全部节点视为一个整体，当作一个完整的空间造型来对待，从而增强程序设计的可重用性和灵活性。StaticGroup 节点是方便浏览器优化的场景。StaticGroup 静态组节点通常作为 Shape 模型节点的上一级节点，可以用 Appearance 外观和 Material 材料节点描述几何节点的纹理材质、颜色、发光效果、明暗、光的反射以及透明度等。

4.3.1 语法定义

StaticGroup 静态组节点语法定义了用于确定编组节点的属性名和域值，通过节点的域名、域值、域数据类型以及事件的存储/访问权限的定义来描述一个效果更加理想，具有一定整体感的三维立体空间造型。StaticGroup 静态组节点是把多个节点进行组合创建较复杂的立体空间造型，StaticGroup 静态组节点的 children 域可以包含任意个节点。StaticGroup 静态组的子节点不会改动，不发送和接收事件，也不包含可引用的节点。我们通常把 StaticGroup 静态组节点中所包含的全部节点视为一个整体，当作一个完整的空间造型来对待。StaticGroup 静态组节点语法定义如下：

```
<StaticGroup
      DEF               ID
      USE               IDREF
      bboxCenter        0 0 0       SFVec3f       initializeOnly
      bboxSize          -1 -1 -1    SFVec3f       initializeOnly
      containerField    children
      class
/>
```

StaticGroup 静态组节点的图标为▢，包含域名、域值、域数据类型以及存储/访问类型等，节点中数据内容包含在一对尖括号中，用“</>”表示。域数据类型描述为 SFVec3f 域，定义了一个三维矢量空间。事件的存储/访问类型为 initializeOnly（初始化类型）。StaticGroup 静态组节点包含 DEF、USE、bboxCenter、bboxSize、containerField 以及 class 域。

4.3.2 源程序实例

本实例利用虚拟现实程序设计语言 VR-X3D 进行设计、编码和调试，通过 StaticGroup 静态组节点实现立体空间复杂物体造型。StaticGroup 静态组节点的功能是将其包含的所有节点当作一个整体造型来看待，以静态组节点表现出来，从而增强程序设计的可重用性和灵活性，给 VR-X3D 程序设计带来更大的方便。本实例使用 VR-X3D 节点、背景节点、坐标变换节点、StaticGroup 静态组节点以及几何节点进行设计和开发。本书配套源代码资源中的“VR-X3D 实例源程序\第 4 章实例源程序”目录下提供了 VR-X3D 源程序 px3d4-3.x3d。

【实例 4-3】利用 Shape 空间物体造型模型节点、Appearance 外观子节点和 Material 外观材料节点、Transform 空间坐标变换节点、StaticGroup 静态组节点以及几何节点，在三维立体空间背景下创建一个复杂三维立体组合造型。虚拟现实 StaticGroup 静态组节点三维立体场景设计 VR-X3D 文件 px3d4-3.x3d 源程序如下：

```
<Scene>
    <Background skyColor="1 1 1"/>
    <StaticGroup DEF='StaticGroup1'>
    <!--窗户框设计-->
        <Transform scale='1 0.8 1' translation='0 2 0'>
            <Shape DEF="sp">
                <Appearance>
                    <Material ambientIntensity='0.4' diffuseColor='0.5 0.5 0.7' shininess='0.2'
                        specularColor='0.8 0.8 0.9' transparency='0'>
                    </Material>
                </Appearance>
                <Box size='5 0.3 0.1'>
                </Box>
            </Shape>
        </Transform>
        <Transform rotation='0 0 1 1.571' scale='1 1 1' translation='-2.35 -0.6 0' >
            <Shape USE="sp"/>
        </Transform>
        <Transform rotation='0 0 1 1.571' scale='1 1 1' translation='0 -0.6 0' >
            <Shape USE="sp"/>
        </Transform>
        <Transform rotation='0 0 1 1.571' scale='1 1 1' translation='2.35 -0.6 0' >
            <Shape USE="sp"/>
        </Transform>
        <Transform rotation='0 0 0 0' scale='1 1 1' translation='0 -3.25 0' >
            <Shape USE="sp"/>
        </Transform>
        <!-- 玻璃设计 -->
        <Transform scale='1 0.8 1' translation='0 -0.5 0'>
            <Shape DEF="sp">
                <Appearance>
                    <Material ambientIntensity='0.1' diffuseColor='0.2 0.8 0.2' shininess='0.15'
                        specularColor='0.8 0.8 0.8' transparency='0.6'>
                    </Material>
                </Appearance>
                <Box size='5 6.5 0.05'>
                </Box>
            </Shape>
        </Transform>
    </StaticGroup>
</Scene>
```

在 Scene（场景根）节点下添加 Background 背景节点、StaticGroup 静态组节点、Transform 空间坐标变换节点和 Shape 模型节点，背景节点的颜色取白色以突出三维立体几何造型的显示效果。利用 StaticGroup 静态组节点创建复杂组合三维立体场景和造型，此外增加了 Appearance 外观节点和 Material 材料节点，对物体造型的外观颜色、物体发光颜色、外观材料的亮度以及透明度进行设计，以增强空间三维立体复杂造型的效果。

运行虚拟现实 StaticGroup 静态组节点三维立体造型设计程序。首先启动 BS Contact VRML/X3D 8.0 浏览器，双击“VR-X3D 实例源程序\第 4 章实例源程序\px3d4-3.x3d”，即可运行程序创建一个组合的三维立体造型场景。StaticGroup 静态组节点源程序运行结果如图 4-3 所示。

图 4-3　StaticGroup 静态组节点源程序运行结果

4.4　Inline 节点设计

Inline 节点设计

在 VR-X3D 程序设计编写 VR-X3D 源程序时，由于创建的节点通常造型复杂，导致 VR-X3D 源程序过大或过长，给程序编写和调试带来诸多不便，因此需要将一个很大的 VR-X3D 源程序拆成几个小程序，采用结构化、模块化、层次化思想，提高软件设计质量，进而设计出层次清晰、结构合理的软件项目。Inline 节点也称为内联节点，可以使 VR-X3D 程序设计模块化，有利于组成复杂且庞大的 VR-X3D 立体空间静态或动态场景。Inline 嵌入节点是一个组节点，通常可以包含在其他组节点之下。Inline 内联节点允许从其他网站中引入 VR-X3D 程序，因此在开发编程时可以实现任务分工和协作，不同开发组在自己的计算机上完成自己的工作，然后把 VR-X3D 程序放在网络上由一个人负责从各个网站上嵌入 VR-X3D 文件进行调试或运行，从而完成三维立体虚拟现实空间场景和造型的创建。

4.4.1　语法定义

Inline 内联节点语法定义了用于确定内联节点的属性名和域值，通过节点的域名、域值、域数据类型以及事件的存储/访问权限的定义来描述一个效果更加理想，具有结构化、模块化、组件化整体感的三维立体空间造型。Inline 内联节点可以通过 url 读取外部文件中的节点。值得注意的是，路由参数值不可以连接到 Inline 场景，如果需要路由可以使用 ExternProtoDeclare 和 ProtoInstance。Inline 内联节点语法定义如下：

```
<Inline
    DEF                 ID
    USE                 IDREF
    load                true            SFBool          inputOutput
    url                                 MFString        inputOutput
    bboxCenter          0 0 0           SFVec3f         initializeOnly
    bboxSize            -1 -1 -1        SFVec3f         initializeOnly
    containerField      children
    class
/>
```

Inline 内联节点图标为，包含域名、域值、域数据类型以及存储/访问类型等，节点中数据内容包含在一对尖括号中，用“</>”表示。域数据类型中的 SFVec3f 域定义了一个三维矢量空间；SFBool 域是一个单值布尔量；MFString 域是一个含有零个或多个单值的多值域字符串。事件的存储/访问类型包括 inputOutput（输入/输出类型）以及 initializeOnly（初始化类型）。Inline 内联节点包含 DEF、USE、load、url、bboxCenter、bboxSize、containerField 以及 class 域。

4.4.2 源程序实例

本实例利用虚拟现实程序设计语言 VR-X3D 进行设计、编码和调试，使用 Inline 内联节点进行三维立体造型设计时采用现代软件开发的编程思想，采用绝对编程、自动测试、简单设计以及先测试后设计开发理念并融合结构化、组件化和模块化的设计思想，使软件开发设计层次清晰、结构合理，进而创建出生动、逼真的三维立体组合造型。Inline 内联节点可以通过 url 读取外部文件中的节点，从而增强程序设计的可重用性和灵活性，给 VR-X3D 程序设计带来更大的方便。本书配套源代码资源中的“VR-X3D 实例源程序\第 4 章实例源程序”目录下提供了 VR-X3D 源程序 px3d4-4.x3d。

【实例 4-4】利用 Transform 空间坐标变换节点、Shape 空间物体造型模型节点、Appearance 外观子节点和 Material 外观材料节点、Inline 内联以及几何节点，在三维立体空间背景下，创建一个层次清晰、结构合理的复杂三维立体组合造型。利用 Inline 内联节点嵌入一个复杂的三维立体场景 VR-X3D 文件 px3d4-4.x3d 源程序如下：

```
<Scene>
    <!-- Scene graph nodes are added here -->
        <Background skyColor="1 1 1"/>
          <Transform translation="0 0 0" scale="0.8 0.6 0.8 ">
            <Shape>
              <Appearance>
                <Material ambientIntensity="0.1" diffuseColor="1 0 0"
                  shininess="0.15" specularColor="0.8 0.8 0.8"/>
```

```
            </Appearance>
            <Sphere radius="3"/>
          </Shape>
        </Transform>
        <Transform translation="0 0 0" scale="0.5 1 0.5">
          <Shape DEF="sp">
            <Appearance>
              <Material ambientIntensity="0.4" diffuseColor="0.5 0.5 0.7"
                shininess="0.2" specularColor="0.8 0.8 0.9"/>
            </Appearance>
            <Cylinder bottom="true" height="3.8" radius="1" side="true" top="true"/>
          </Shape>
        </Transform>
      <Transform   scale='0.06 1.8 0.06' translation='0 0 0' >
                <Shape USE="sp"/>
      </Transform>
      <Transform translation="0 -2.15 0" scale="0.5 1 0.5">
          <Shape >
            <Appearance>
              <Material ambientIntensity="0.4" diffuseColor="0.3 0.2 0"
                shininess="0.2" specularColor="0.7 0.7 0.6"/>
            </Appearance>
            <Cylinder bottom="true" height="0.5" radius="1" side="true" top="true"/>
          </Shape>
        </Transform>
        <Transform rotation="0 0 1 0" scale="0.5 0.5 0.5" translation="5 0    0">
          <Inline url="px3d4-4-1.x3d"/>
        </Transform>
      <Transform rotation="0 0 1 0" scale="0.5 0.5 0.5" translation="-5 0    0">
      <Inline url=""px3d4-4-1.x3d "/>
    </Transform>
  </Scene>
```

在 VR-X3D 源文件中添加 Background 背景节点、Transform 空间坐标变换节点、Inline 内联节点和 Shape 模型节点，背景节点的颜色取浅灰白色以突出三维立体几何造型的显示效果。利用 Inline 内联节点实现组件化、模块化的设计效果，此外增加了 Appearance 外观节点和 Material 材料节点，对物体造型的外观颜色、物体发光颜色、外观材料的亮度以及透明度进行设计。

运行虚拟现实 Inline 内联节点三维立体造型设计程序。首先启动 BS Contact VRML/X3D 8.0 浏览器，然后打开“VR-X3D 实例源程序\第 4 章实例源程序\ px3d4-4.x3d”，即可运行程序创建一个模块化和组件化的三维立体空间造型场景。在场景中利用 Inline 内联节点嵌入立体造型源程序运行结果如图 4-4 所示。

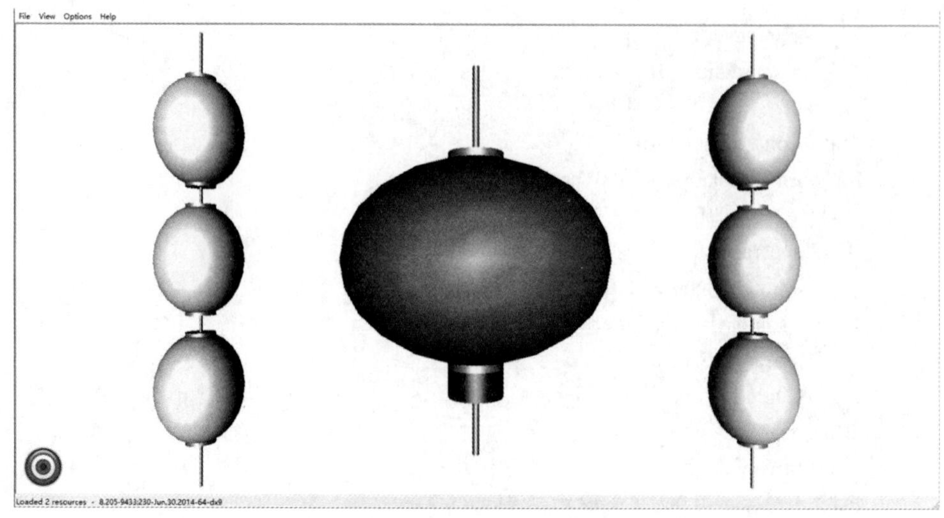

图 4-4　利用 Inline 内联节点嵌入立体造型源程序运行结果

4.5　Switch 开关节点

Switch 开关节点在 VR-X3D 三维立体程序设计中可作为选择开关。该节点也是一个组节点，属于选择型组节点。在这个节点中可以创建不同的子节点，但同一时刻只能选择一个子节点，从而增加了 VR-X3D 程序的交互性，使用户有更大的选择权。Switch 开关节点可以包含多个节点，通常把各种几何体临时放在 Switch 节点下的未选定的子节点中，以进行开发与测试。Switch 开关节点通常作为 Shape 模型节点的父节点。

4.5.1　语法定义

Switch 开关节点语法定义了用于确定开关节点的属性名和域值，通过节点的域名、域值、域数据类型以及事件的存储/访问权限的定义来描述一个效果更加理想，方便软件开发、设计及调试的三维立体空间场景造型。Switch 开关节点是一个组节点，在同一时间内可能只显示一个选定的子节点，也可能一个也不显示。Switch 开关节点可以包含多个节点，其将包含的节点改名为 children 而不是原来的 choice，目的是统一所有 GroupingNodeType 节点的命名规则，不管是否被选中，所有的子节点都持续地发送/接收事件。Shape 模型节点下的各种几何体可以放在 Switch 节点的未选定的子节点中，以进行隐藏测试。Switch 开关节点语法定义如下：

```
<Switch
DEF             ID
USE             IDREF
whichChoice     -1          SFInt32     inputOutput
bboxCenter      0 0 0       SFVec3f     initializeOnly
bboxSize        -1 -1 -1    SFVec3f     initializeOnly
containerField  children
class
/>
```

Switch 开关节点图标为▣，包含域名、域值、域数据类型以及存储/访问类型等，节点中数据内容包含在一对尖括号中，用“</>”表示。域数据类型中的 SFVec3f 域定义了一个三维矢量空间；SFInt32 域是一个单值含有 32 位的整数。事件的存储/访问类型包括 initializeOnly（初始化类型）以及 inputOutput（输入/输出类型）。Switch 开关节点包含 DEF、USE、whichChoice、bboxCenter、bboxSize、containerField 以及 class 域。

4.5.2 源程序实例

本实例利用虚拟现实语言的 Switch 开关节点创建生动、逼真的三维立体组合造型。本书配套源代码资源中的“VR-X3D 实例源程序\第 4 章实例源程序”目录下提供了 VR-X3D 源程序 px3d4-5.x3d。

【实例 4-5】利用 Shape 空间物体造型模型节点、Appearance 外观子节点和 Material 外观材料节点、Transform 空间坐标变换节点、Switch 开关节点以及几何节点，在三维立体空间背景下创建一个开关组合程序，设计 3 种不同的文本显示方式。使用 Switch 开关节点，可以方便地通过控制选择开关使程序控制更加方便、灵活。当 whichChoice 域值为 0 时，表示显示球形几何造型和文本内容。Switch 开关节点三维立体场景设计 VR-X3D 文件 px3d4-5.x3d 源程序如下：

```
<Scene>
    <!-- Scene graph nodes are added here -->
    <Background skyColor="1 1 1"/>
        <Transform translation='0 2 0'>
            <Shape>
                <Appearance>
                    <Material diffuseColor="1 0 0"/>
                </Appearance>
                <Text string='VR-X3D 虚拟现实技术，开关节点设计'>
                    <FontStyle justify='"MIDDLE" "MIDDLE"' />
                </Text>
            </Shape>
        </Transform>
        <Switch bboxCenter="0 0 0" bboxSize="-1 -1 -1"
      containerField="children" whichChoice="1">
            <Shape>
                <Appearance>
                    <Material diffuseColor="1 0 1"/>
                </Appearance>
                <Text string='0：第 1 个文本：VR-X3D  虚拟现实程序设计'>
                    <FontStyle justify='"MIDDLE" "MIDDLE"'/>
                </Text>
            </Shape>
            <Shape>
                <Appearance>
                    <Material diffuseColor="0 1 1"/>
```

```
                </Appearance>
                <Text string='1：第 2 个文本：X3DV 虚拟现实程序设计'>
                    <FontStyle justify='"MIDDLE" "MIDDLE"'/>
                </Text>
            </Shape>
            <Shape>
                <Appearance>
                    <Material diffuseColor="0 0 1"/>
                </Appearance>
                <Text string='2：第 2 个文本：VRML  虚拟现实程序设计'>
                    <FontStyle justify='"MIDDLE" "MIDDLE"'/>
                </Text>
            </Shape>
        </Switch>
</Scene>
```

在 Scene（场景根）节点下添加 Background 背景节点、Switch 开关节点和 Shape 模型节点，背景节点的颜色取白色以突出三维立体几何造型的显示效果。利用 Switch 开关节点实现程序的动态调试与设计效果，此外增加了 Appearance 外观节点和 Material 材料节点，对物体造型的外观颜色、物体发光颜色、外观材料的亮度以及透明度进行设计。

运行虚拟现实 Switch 开关节点三维立体造型设计程序。首先启动 BS Contact VRML/X3D 8.0 浏览器，选择 open 选项，然后打开“VR-X3D 实例源程序\第 4 章实例源程序\px3d4-5.x3d”，即可运行程序创建一个存在动态隐藏测试的三维立体造型场景。利用 Switch 开关节点调试源程序运行结果如图 4-5 所示。

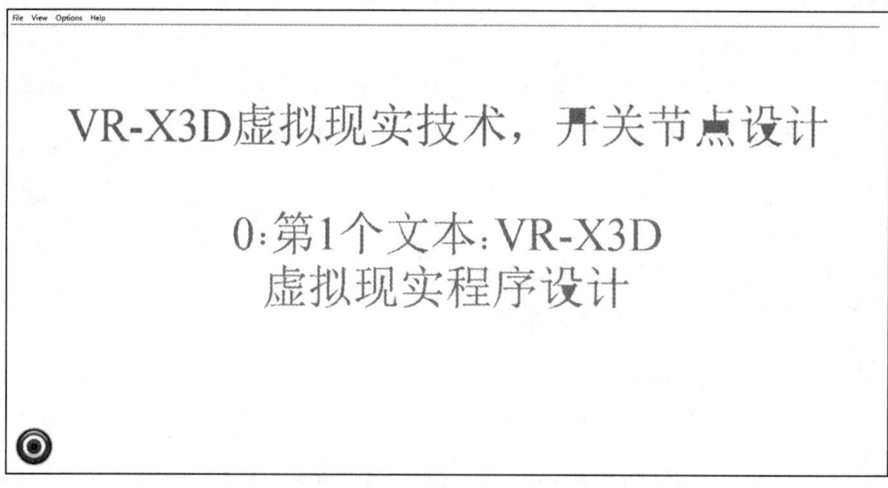

图 4-5　利用 Switch 开关节点调试源程序运行结果

4.6　Billboard 节点设计

在 X3D 三维立体程序设计中，利用 Billboard 节点可以对广告、警示牌、海报节点进行设计编程，用于在 X3D 场景中为企、事业单位，公司，部门做广告宣传、路标指示、警示提示、海报宣传等。编程人员在全局坐标系之下创建一个局部坐标系并选定一个旋转轴后，不管观察者如何行走或旋转，这个节点下的子节点所构成的虚拟对象的正面会永远自动地面对观众。将 Billboard 节点和几何对象尽可能近地放置可以实现局部坐标系统中的位移。值得注意的是，在 Billboard 的子节点中可以嵌套 Transform 节点，但不要把 Viewpoint 节点放入 Billboard 节点中。

4.6.1 语法定义

Billboard 节点语法定义了用于确定广告、警示牌、海报节点的属性名和域值，利用节点的域名、域值、域数据类型以及事件的存储/访问权限的定义来描述一个效果更加理想的开发和设计效果。Billboard 节点是一个可以包含其他节点的组节点，该节点里的内容将沿指定轴旋转以保证画面始终面对用户，例如设置 axisOfRotation 为“0 / 0”将使画面完全对着用户视点。Billboard 节点语法定义如下：

```
<Billboard
    DEF                 ID
    USE                 IDREF
    axisOfRotation      0 1 0       SFVec3f       inputOutput
    bboxCenter          0 0 0       SFVec3f       initializeOnly
    bboxSize            -1 -1 -1    SFVec3f       initializeOnly
    containerField      children
    class
/>
```

Billboard 节点图标为▼，包含域名、域值、域数据类型以及存储/访问类型等，节点中数据内容包含在一对尖括号中，用“</>”表示。域数据类型为 SFVec3f 域，定义了一个三维矢量空间。事件的存储/访问类型包括 initializeOnly（初始化类型）以及 inputOutput（输入/输出类型）。Billboard 节点包含 DEF、USE、axisOfRotation、bboxCenter、bboxSize、containerField 以及 class 域。

4.6.2 源程序实例

Billboard 节点三维立体造型设计利用虚拟现实程序设计语言进行设计、编码和调试，创建出生动、逼真、鲜活的三维立体广告组合造型。本书配套源代码资源中的“VR-X3D 实例源程序\第 4 章实例源程序”目录下提供了 VR-X3D 源程序 px3d4-6.x3d。

【实例 4-6】 虚拟现实 VR-X3D 三维立体程序设计利用 Shape 空间物体造型模型节点、Appearance 外观子节点和 Material 外观材料节点、Transform 空间坐标变换节点、Billboard 节点以及几何节点，在三维立体空间背景下，创建一个开关广告、警示牌、海报程序。Billboard 节点三维立体场景设计 VR-X3D 文件 px3d4-6.x3d 源程序如下：

```
<Scene>
  <Background skyColor="0.98 0.98 0.98"/>
    <Transform translation="0 -1.5 0">
    <Billboard>
```

```
        <Shape>
          <Appearance>
            <Material/>
            <ImageTexture url="2.png"/>
          </Appearance>
          <Box size="4.5 3 0"/>
        </Shape>
    </Billboard>
    </Transform>
    <!—花丛 1 设计 -->
    <Transform translation="-1 -1.6 4">
    <Billboard>
        <Shape>
          <Appearance>
            <Material/>
            <ImageTexture url="22.png"/>
          </Appearance>
          <Box size="4.5 3 0"/>
        </Shape>
    </Billboard>
      </Transform>
    <!—花丛 2 设计 -->
    <Transform translation="5 -1.5 1">
    <Billboard>
        <Shape>
          <Appearance>
            <Material/>
            <ImageTexture url="11.png"/>
          </Appearance>
          <Box size="4.5 3 0"/>
        </Shape>
    </Billboard>

      </Transform>
      <!—花丛 3 设计 -->
      <Transform translation="4 -1.5 5">
      <Billboard>
        <Shape>
          <Appearance>
            <Material/>
            <ImageTexture url="111.png"/>
          </Appearance>
          <Box size="5 3 0"/>
```

```
        </Shape>
    </Billboard>
    </Transform>
    <!—果树设计 -->
    <Transform   translation="-5 -1.2 5">
    <Billboard DEF="Tree-888">
        <Shape>
          <Appearance>
            <Material/>
            <ImageTexture url="888.png"/>
          </Appearance>
          <Box size="4 5 0"/>
        </Shape>
    </Billboard>
    </Transform>
    <!—果树重用设计 -->
    <Transform translation="-5 -1.2 0">
        <Billboard USE="Tree-888"/>
    </Transform>
    <Transform translation="-5 -1.2 -5">
        <Billboard USE="Tree-888"/>
    </Transform>
    <Transform translation="5 -1.2 -5">
        <Billboard USE="Tree-888"/>
    </Transform>
    <Transform translation="0 -1.2 -5">
        <Billboard USE="Tree-888"/>
    </Transform>

      <!—地面场景设计 -->
      <Transform   translation="0 -3 0">
          <Shape>
              <Appearance >
                  <ImageTexture url="grass-1.jpg"/>
              </Appearance>
          <Box size="20 0.1 20"/>
          </Shape>
      </Transform>
  </Scene>
```

在 VR-X3D 三维立体程序设计源文件 Scene 场景根节点下添加 Background 背景节点、Billboard 节点和 Transform 空间坐标变换节点，背景节点的颜色取浅灰白色以突出三维立体几何造型的显示效果。利用 Billboard 节点实现程序的动态调试与设计效果，此外增加了 Appearance 外观节点和 Material 材料节点，对物体造型的外观颜色、物体发光颜色、外观材料的亮度以及透明度进行设计。

运行虚拟现实 Billboard 节点三维立体造型设计程序。首先启动 BS Contact VRML/X3D 8.0 浏览器，选择 open 选项，然后打开“VR-X3D 实例源程序\第 4 章实例源程序\px3d4-6.x3d”，即可运行程序创建三维立体造型场景。利用 Billboard 节点调试源程序运行结果如图 4-6 所示。

图 4-6　利用 Billboard 节点调试源程序运行结果

4.7　Anchor 节点设计

Anchor 节点能够实现 VR-X3D 虚拟现实网络程序设计中场景之间的调用和互动，实现三维立体场景之间的切换，也称为 Anchor 锚节点。它是 VR-X3D 的外部调用接口，可实现与 HTML 网页之间的调用以及与 3D 之间的调用等。Anchor 锚节点即超级链接组节点，它的作用是链接 X3D 三维立体空间中各个不同场景，使用超级链接功能可以实现网络上任何地域或文件之间的互联、交互及动态感知，使三维立体空间场景更加生动、鲜活。可以利用 Anchor 锚节点直接上网，实现真正意义上的网络世界。

4.7.1　语法定义

Anchor 锚节点语法定义了用于确定场景调用节点的属性名和域值，通过节点的域名、域值、域数据类型以及事件的存储/访问权限的定义来描述一个有效的场景交互调用设计。Anchor 锚节点是一个可以包含其他节点的组节点，当单击这个组节点中的任意一个几何对象时，浏览器便读取 url 域指定的调用内容，除此之外也可以在两个场景中相互调用场景。Anchor 锚节点语法定义如下：

```
<Anchor
    DEF                 ID
    USE                 IDREF
    description                         SFString        inputOutput
    url                                 MFString        inputOutput
```

```
        parameter                              MFString      inputOutput
        bboxCenter          0 0 0              SFVec3f       initializeOnly
        bboxSize            -1 -1 -1           SFVec3f       initializeOnly
        containerField      children
        class
/>
```

Anchor 锚节点图标为⚓，包含域名、域值、域数据类型以及存储/访问类型等，节点中数据内容包含在一对尖括号中，用“</>”表示。域数据类型中的 SFVec3f 域定义了一个三维矢量空间；SFString 域是一个单值字符串；MFString 域是一个含有零个或多个单值的多值域字符串。事件的存储/访问类型包括 initializeOnly（初始化类型）以及 inputOutput（输入/输出类型）。Anchor 锚节点包含 DEF、USE、description、url、parameter、bboxCenter、bboxSize、containerField 以及 class 域。

4.7.2 源程序实例

本实例通过虚拟现实程序设计语言进行设计、编码和调试，使用背景节点、空间坐标变换节点、Anchor 锚节点以及几何节点进行设计和开发，实现生动、逼真、鲜活的三维立体场景之间的动态调用与互动。本书配套源代码资源中“VR-X3D 实例源程序\第 4 章实例源程序”目录下提供了 VR-X3D 源程序 px3d4-7.x3d。

【实例 4-7】利用 Shape 空间物体造型模型节点、Appearance 外观子节点和 Material 外观材料节点、Transform 空间坐标变换节点、Anchor 锚节点以及几何节点，在三维立体空间背景下创建一个动态交互调用场景。Anchor 锚节点三维立体场景设计 X3D 文件 px3d4-7.x3d 源程序如下：

```
<Scene>
    <!-- Scene graph nodes are added here -->
        <Background skyColor="1 1 1"/>
        <Transform translation="0.5 3.25 0 ">
            <Shape>
              <Appearance>
                <Material ambientIntensity="0.1" diffuseColor="0.8 0.2 0.2"/>
                  </Appearance>
                <Text length="12.0" maxExtent="12.0" string="&quot;VR-X3D 欢迎大家：
                    网上学习和购物！ &quot;,&#10;&quot; ">
                    <FontStyle family="&quot;SANS&quot;"
                      justify="&quot;MIDDLE&quot;,&quot;MIDDLE&quot;"
                          size="1.2" style="BOLDITALIC"/>
                  </Text>
          </Shape>
        </Transform>
        <!-- VR-X3D 虚拟现实场景切换设计-->
        <Anchor url="./px3d4-7-1.x3d">
          <Transform translation='0.25 0 -0.1'   scale='1.1 1.1 1.1'>
              <Shape>
                  <Appearance>
```

```
                        <Material />
                        <ImageTexture url='IMG_0232.jpg' />
                    </Appearance>
                    <Box size='6.2 4.7 0.01' />
                </Shape>
            </Transform>
            <Transform rotation='0 0 1 0' scale='0.021 0.021 0.021' translation='1 1.25 -0.5'>
                <Inline url='phuakuang.x3d' />
            </Transform>
    </Anchor>
    <!-- VR-X3D 虚拟现实场景上网设计 1-->
    <Anchor url="http://www.chengshiwenhua.com/">
    <Transform translation='0.5 -3.0 -0.1' scale="0.5 0.5 0.5" rotation="1 0 0 -0.524">
        <Shape>
                <Appearance>
            <Material diffuseColor='0.0 0.2 1.0'>
            </Material>
                </Appearance>
              <Text containerField="geometry" string='"1. VR-X3D 欢迎使用 Internet 文化
                    学校"' solid='false' size="5" length="20">
                    <FontStyle containerField="fontStyle" family='"TYPEWRITER"' horizontal='true'
                        justify='"MIDDLE"' leftToRight='true' style="BOLD">
                </FontStyle>
              </Text>
        </Shape>
    </Transform>
</Anchor>
    <!-- VR-X3D 虚拟现实场景上网设计 2-->
    <Anchor url="https://www.blender.org/">
    <Transform translation='0.5 -3.5 -0.1' scale="0.5 0.5 0.5" rotation="1 0 0 -0.524">
        <Shape>
            <Appearance>
                <Material diffuseColor='1.0 1.0 0.2'>
                </Material>
            </Appearance>
            <Text containerField="geometry" string='"2.VR-X3D 欢迎使用 VR-Blender 网站"'
                solid='false' size="5" length="20">
                <FontStyle containerField="fontStyle" family='"TYPEWRITER"' horizontal='true'
                    justify='"MIDDLE"' leftToRight='true' style="BOLD">
                </FontStyle>
            </Text>
        </Shape>
    </Transform>
    </Anchor>
    <!-- VR-X3D 虚拟现实场景上网设计 3-->
    <Anchor url='"https://www.python.org/"'>
```

```
        <Transform translation='0.5 -4.0 -0.1' scale="0.5 0.5 0.5" rotation="1 0 0 -0.524">
            <Shape>
                <Appearance>
                    <Material diffuseColor='0.0 1.0 0.2'>
                    </Material>
                </Appearance>
                <Text containerField="geometry" string='"3. VR-X3D  欢迎使用 VR-Python 人工智能网站"'
                     solid='false' size="5" length="20">
                    <FontStyle containerField="fontStyle" family='"TYPEWRITER"' horizontal='true'
                       justify='"MIDDLE"' leftToRight='true' style="BOLD">
                    </FontStyle>
                </Text>
            </Shape>
        </Transform>
    </Anchor>
</Scene>
```

运行程序实现一个动态交互的三维立体空间场景调用。利用 Anchor 锚节点调用另一个源程序场景的运行结果如图 4-7 所示。

图 4-7　利用 Anchor 锚节点调用相框造型场景运行结果

本书配套源代码资源的“VR-X3D 实例源程序\第 4 章实例源程序”目录下，提供了被调用子程序（源程序）px3d4-7-1.x3d 供用户使用与浏览，代码如下：

```
<Scene>
    <!-- Scene graph nodes are added here -->
        <Anchor description="return main program" url="px3d4-7.x3d">
            <Background leftUrl='"13691.jpg"' rightUrl='"13692.jpg"'
                frontUrl='"m3698.jpg"' backUrl='"P3691.jpg"' topUrl='"blue.jpg"'
                bottomUrl='"GRASS.JPG"'/>
            <Shape>
                <Appearance>
                    <Material ambientIntensity='0.2' diffuseColor='0.6 0.5 0.2'
```

```
                emissiveColor='0.7 0.4 0.2' shininess='0.3' specularColor='0.8 0.6 0.2'
                transparency='0.0'>
            </Material>
        </Appearance>
        <Sphere containerField="geometry" radius='1.0'>
        </Sphere>
    </Shape>
  </Anchor>
</Scene>
```

当用户单击图 4-7 中的相框造型时，即可调出虚拟现实 Anchor 锚节点三维立体空间造型设计程序场景，单击此场景会自动跳转到一个由 Anchor 锚节点运行创建的动态交互三维立体空间场景中。利用 Anchor 锚节点调用源程序运行结果如图 4-8 所示。

图 4-8 利用 Anchor 锚节点调用源程序运行结果

4.8 LOD 节点设计

在 VR-X3D 世界中，视觉立体与空间造型是由浏览器中不同细节的远近空间造型实现的，当造型与浏览者较远时，造型的细节就会比较少，且比较粗糙；而造型与浏览者较近时，则会看到更加清晰的细节。同时在细节层次比较少时，浏览速度会很快，相反如果造型比较复杂，会直接影响浏览的速度，因此造型设计过程中应尽可能避免设计过于复杂的造型，以提高 VR-X3D 的浏览速度。

空间的细节层次控制是通过空间距离的远近来展现的，与现实世界中人们的自然感观极为相似。人们在现实世界中都有过这样的体验，当望向很远的地方时，只能隐约地看到一些物体的轮廓、形状和大小，然而走近时，就会清楚地看到整个物体的具体内容以及框架结构，再走近一些便会看到更加清晰明确的内容。

LOD（Level Of Detail）细节层次节点就是实现三维立体空间中细节层次控制的，LOD细节层次节点是分级型组节点，其可以对相同景物做出不同精细度的刻画。在开发三维空间造型时，造型越真实，相应的 VR-X3D 文件就越大，这样必然要影响浏览器的浏览速度，从而耗费大量的 CPU 时间造成延迟，而 LOD 细节层次节点恰好能够解决这一问题，可以对不同的景物做不同细致程度的刻画，比较近的景物用比较精细的描述，比较远的景物用比较粗糙的描述，分级程度完全根据浏览者与景物的相对距离而定。编程者通过 VR-X3D 所提供的的 LOD 细节层次节点，将各个不同的空间细节穿插起来，在不同的距离调用不同的细节空间造型，这样在创建 VR-X3D 虚拟现实空间造型时，就可以平衡浏览器速度和造型的真实性两者的关系了。

1. 语法定义

LOD 细节层次节点语法定义了用于确定场景细节层次节点的属性名和域值，利用 LOD 细节层次节点的域名、域值、域数据类型以及事件的存储/访问权限的定义来创建一个对不同的景物的不同细致程度的描述，通过分级程度控制提高浏览器的速度。LOD 细节层次节点根据浏览者视点移动的距离，自动切换使用不同层次的对象。LOD 细节层次节点的 range 值是由近到远的一系列数值，对应的子层次几何对象也越来越简单以获得更佳的性能，对应 n 个 range 值，必须有 n+1 个子层次对象，但浏览器只显示对应当前距离的子层次对象，但所有的子层次对象都持续地发送/接收事件。LOD 细节层次节点语法定义如下：

```
<LOD
    DEF                 ID
    USE                 IDREF
    forceTransitions    false        SFBool      initializeOnly
    center              0 0 0        SFVec3f     initializeOnly
    range               [0,∞]        MFFloat     initializeOnly
    bboxCenter          0 0 0        SFVec3f     initializeOnly
    bboxSize            -1 -1 -1     SFVec3f     initializeOnly
    level_changed       ""           SFInt32     outputOnly
    containerField      children
    class
/>
```

2. 描述

LOD 细节层次节点的图标为，包含域名、域值、域数据类型以及存储/访问类型等，节点中数据内容包含在一对尖括号中，用“</>”表示。域数据类型中的 SFBool 域是一个单值布尔量；SFVec3f 域定义了一个三维矢量空间；SFInt32 域是一个单值含有 32 位的整数；MFFloat 域是多值单精度浮点数。事件的存储/访问类型包括 outputOnly（输出类型）和 initializeOnly（初始化类型）。LOD 细节层次节点包含 DEF、USE、forceTransitions、center、range、bboxCenter、bboxSize、level_changed containerField 以及 class 域。

本章小结

本章主要介绍 Transform 空间坐标变换节点、Group 编组节点、StaticGroup 静态组节点、Inline 内联节点、Switch 开关节点、Billboard 节点、Anchor 锚节点以及 LOD 细节层次节点的语法定义和实例设计，通过实例让读者理解编组节点在 VR-X3D 设计中的各种功能及重要性，如利用 Transform 空间坐标变换节点和 Group 编组节点可以实现 3D 模型的组合和重建，使用 Inline 内联节点可以实现组件化、模块化设计，利用 Switch 开关节点可以对程序进行快速调试，使用 Billboard 节点可以实现花草、树木的快速创建，利用 Anchor 锚节点可以实现虚拟现实场景的快速切换等。

第 5 章　VR-X3D 复杂模型设计

VR-X3D 利用点、线、多边形、平面以及曲面等三维立体几何组件开发更加复杂的三维立体造型和场景。通常一个虚拟现实空间的内容是丰富多彩的，仅有一些基本造型是不能满足 VR-X3D 设计需要的，因此需要创建出更加复杂而多变的场景和造型来满足人们对虚拟现实空间环境的需求，使虚拟现实场景更加逼真、鲜活，具有真实感，而且更加趋近于现实生活中真实效果。VR-X3D 点、线、多边形几何组件包括 PointSet 节点、IndexedLineSet 节点、IndexedFaceSet 节点、LineSet 节点、ElevationGrid 节点以及 Extrusion 节点等。

- PointSet 节点设计
- IndexedLineSet 节点设计
- LineSet 节点设计
- IndexedFaceSet 节点设计
- ElevationGrid 节点设计
- Extrusion 节点设计

5.1　PointSet 节点设计

PointSet 节点也称为点节点，可以生成几何点造型，并为其定位、着色和创建复杂造型，作为 Shape 模型节点中 geometry 的子节点。PointSet 点节点包含了 Color 和 Coordinate 子节点，用以表现一系列三维色点，调整 Color 值或 Material emissiveColor 值可以设置线、点的颜色或背景色。通常在使用 geometry 或 Appearance 节点之前先插入一个 Shape 节点，使得浏览器在处理此场景内容时，可以用符合类型定义的原型 ProtoInstance 来替代。

5.1.1　语法定义

PointSet 点节点语法定义了用于确定点的属性名和域值，通过 PointSet 点节点的域名、域值、域数据类型以及事件的存储/访问权限的定义来描述一个效果更加理想的三维立体空间点造型。在利用 PointSet 点节点中的 Color 和 Coordinate 等子节点等参数创建 VR-X3D 三维立体空间点造型时，可以根据开发与设计需求来设定点的空间物体坐标和点的颜色，还可以利用 Appearance 外观和 Material 材料节点来描述 PointSet 点节点的纹理材质、颜色、发光效果、明暗以及透明度等。PointSet 点节点语法定义如下：

```
<PointSet
    DEF                 ID
    USE                 IDREF
    containerField      geometry
    *Color              NULL            SFNode      子节点
    *Coordinate         NULL            SFNode      子节点
    class
/>
```

PointSet 节点图标为⁘，包含域名、域值、域数据类型以及存储/访问类型等，节点中数据内容（架构）包含在一对尖括号中，用“</>”表示。域数据类型为 SFNode 域，含有一个单节点。PointSet 点节点包含 DEF、USE、containerField、Color、Coordinate 以及 class 域。其中*表示子节点。

5.1.2 源程序实例

本实例使用 VR-X3D 内核节点、背景节点、空间坐标变换节点以及几何节点进行设计和开发，以创建生动、逼真的 PointSet“点”三维立体造型。本书配套源代码资源的“VR-X3D 实例源程序\第 5 章实例源程序”目录下提供了 VR-X3D 源程序 px3d5-1.x3d。

【实例 5-1】 利用 Shape 空间物体造型模型节点、Appearance 外观子节点和 Material 外观材料节点、PointSet 点节点和其他几何节点，在三维立体空间背景下创建一个三维立体点造型。虚拟现实 PointSet 点节点三维立体场景设计 VR-X3D 文件 px3d5-1.x3d 源程序如下：

```
<Scene>
<!-- Scene graph nodes are added here -->
  <Transform translation="0.5 3.0 0 ">
      <Shape>
        <Appearance>
                <Material ambientIntensity="0.1" diffuseColor="0 1 0"/>
        </Appearance>
        <Text length="12.0" maxExtent="12.0" string="&quot;VR-X3D 模型
            “点”节点设计!!! &quot;,&#10;&quot; ">
                <FontStyle family="&quot;SANS&quot;" justify="&quot;MIDDLE&quot;,&quot;
                    MIDDLE&quot;" size="1.0" style="BOLDITALIC"/>
        </Text>
      </Shape>
  </Transform>
        <Background skyColor="1 1 1"/>
        <Shape>
            <Appearance>
                <Material diffuseColor="0.2 0.8 0.8"/>
            </Appearance>
            <PointSet>
                <Color containerField='color' color='0 0 0,0 0 0,0 0 0,0 0 0,0 0 0,0 0 0,
                  0 0 0,0 0 0,0 0 0,0 0 0,0 0 0,0 0 0,0 0 0,0 0 0,0 0 0,0 0 0,0 0 0,0 0 0,
```

```
            0 0 0,0 0 0,0 0 0,0 0 0,0 0 0,0 0 0,0 0 0'/>
          <Coordinate containerField='coord' point='0 0 0,0 0 -0.5,0 0 0.5,0 -0.5 0,0 0.5 0,
            -0.5 0 0,0.5 0 0,0 0 -1,0 0 1,0 -1 0,0 1 0,-1 0 0,1 0 0,0 0 -1.5,0 0 1.5,0
            -1.5 0,0 1.5 0,-1.5 0 0,1.5 0 0,0 0 -2,0 0 2,0 -2 0,0 2 0,-2 0 0,2 0 0'/>
        </PointSet>
      </Shape>
    </Scene>
```

在 Scene（场景根）节点下添加 Background 背景节点和 Shape 模型节点，背景节点的颜色取白色以突出三维立体几何造型的显示效果。利用 PointSet 点节点创建三维立体“点”造型，此外增加了 Appearance 外观节点和 Material 材料节点，对物体造型的外观颜色、物体发光颜色、外观材料的亮度以及透明度进行设计，以增强空间三维立体点造型的显示效果。

运行虚拟现实 PointSet 点节点三维立体造型设计程序，首先启动 BS Contact VRML/X3D 8.0 浏览器，选择 open 按钮，然后打开“VR-X3D 实例源程序\第 5 章实例源程序\px3d5-1.x3d”文件，即可实现虚拟现实 PointSet 点节点三维立体造型场景。在三维立体空间背景下，由于“点”是像素点，比较小，在图上看不清楚，而在 BS Contact VRML/X3D 8.0 浏览器上清晰可见。PointSet 点节点源程序运行结果如图 5-1 所示。

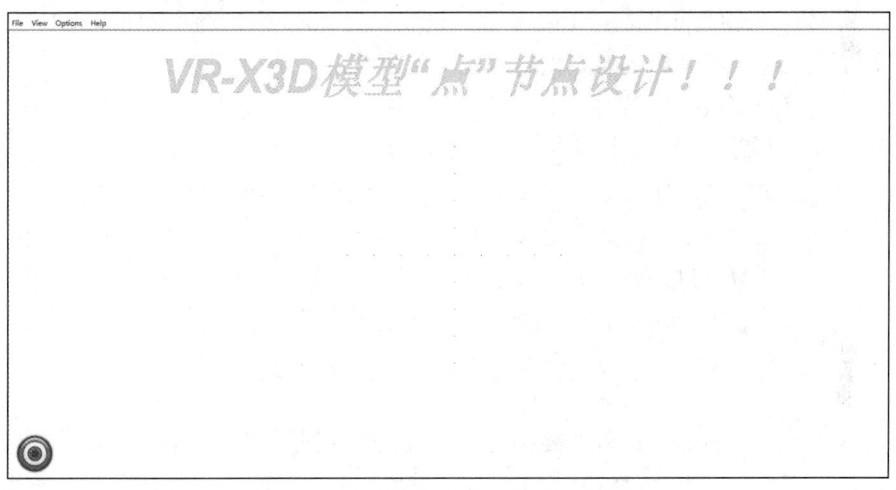

图 5-1　PointSet 点节点源程序运行结果

5.2　IndexedLineSet 节点设计

IndexedLineSet
节点设计

IndexedLineSet 节点也称为线节点，是一个三维立体线几何节点，该节点包括 Color 节点和 Coordinate 节点。通过调整 Color 值或 Material emissiveColor 值可以设置线、点的颜色或背景色。编程中使用 IndexedFaceSet 定义的 Coordinate points 编写时，index 值需要循环到初始顶点，以使每个多边形的轮廓闭合。通常在增加 geometry 或 Appearance 节点之前先插入一个 Shape 节点，使得浏览器在处理此场景内容时，可以用符合类型定义的原型 ProtoInstance 来替代。

VR-X3D 文件中的线是虚拟世界中两个端点之间的直线。要想确定一条直线，就必须指定这条线的起点和终点，剩下的事由 VR-X3D 浏览器解决。同样，也可以在 VR-X3D 中创建折线，将多个不同角度的直线在端点连接起来就成了折线。浏览器是按点的顺序来连接直线的，在列表前面的点先进行连接。

IndexedLineSet 线节点使用线来构造空间造型。将许多线集合在一起，并给每一条线一个索引（Index）。将索引 1 的点坐标和索引 2 的点坐标相连，索引 2 的点坐标与索引 3 的点坐标相连，依此类推，就形成了一个空间折线。IndexedLineSet 节点可以创建有关线的立体几何造型，包括直线和折线，该节点也常作为 Shape 模型节点中 geometry 子节点。

5.2.1 空间直线算法分析

空间两个平面相交产生的交线为空间直线。如果两个相交的平面方程分别为 $A_1x+B_1y+C_1z+D_1=0$ 和 $A_2x+B_2y+C_2z+D_2=0$，那么空间直线上的任意点的坐标应同时满足这两个平面的方程，即空间直线算法满足方程组。该方程组叫作空间直线的一般方程，即空间直线的算法，公式如下：

$$\begin{cases} A_1x+B_1y+C_1z+D_1=0 \\ A_2x+B_2y+C_2z+D_2=0 \end{cases} \tag{5-1}$$

通过空间中一条直线的平面有无限多个，只要在这无限多个平面中任意选取两个，把这两个平面方程联立起来，所形成的方程组就是空间直线的一般方程。

接下来介绍空间直线点向式算法。如果一个向量平行于一条直线，这个向量就叫作这条直线的方向向量。直线上任意一个向量都平行于该直线的方向向量。已知过空间一点可作一条直线平行于一条已知直线，当直线上一点 $M_0(x_0,y_0,z_0)$和它的一个方向向量 $s=\{m,n,p\}$为已知时，直线的方程就可以完全确定。由此可定义空间直线点向式方程：设点 $M(x,y,z)$是直线上的任意一点，那么向量 M_0M 与直线的方向向量 s 平行，两个向量的对应坐标成比例。其中，$M_0M=\{x-x_0,y-y_0,z-z_0\}$，$s=\{m,n,p\}$，空间直线点向式方程如下：

$$\frac{x-x_0}{m}=\frac{y-y_0}{n}=\frac{z-z_0}{p} \tag{5-2}$$

空间直线上点的坐标(x,y,z)和直线的任意一个方向向量 s 的坐标(m,n,p)叫作这直线的一组方向数。

空间直线上点的坐标(x,y,z)还可以用另一个变量 t（参数）的函数来表示，根据式（5-2）可得

$$\begin{aligned} x &= x_0+mt \\ y &= y_0+nt \\ z &= z_0+pt \end{aligned} \tag{5-3}$$

这个方程组被称为空间直线的参数方程，即空间直线的参数方程算法。

5.2.2 语法定义

IndexedLineSet 线节点指定了一个几何线节点，可以创建一个三维立体空间线造型，可以根据开发与设计需求设定空间物体线的坐标和颜色来确定此线造型，还可以利用 Appearance 外观节点和 Material 材料节点来描述 IndexedLineSet 线节点的纹理材质、颜色、发光效果、明

暗以及透明度等。

IndexedLineSet 线节点语法定义了用于确定线的属性名和域值，通过 IndexedLineSet 线节点的域名、域值、域数据类型以及事件的存储/访问权限的定义来描述一个效果更加理想的三维立体空间线造型。利用 IndexedLineSet 线节点中的 coordIndex、colorPerVertex、colorIndex、set_coordIndex、set_colorIndex 域等参数可以完成一个创建 VR-X3D 三维立体空间“线”造型的创建。IndexedLineSet 线节点语法定义如下：

```
<IndexedLineSet
      DEF                  ID
      USE                  IDREF
      coordIndex                          MFInt32        initializeOnly
      colorPerVertex       true           SFBool         initializeOnly
      colorIndex                          MFInt32        initializeOnly
      set_coordIndex                      MFInt32        inputOnly
      set_colorIndex                      MFInt32        initializeOnly
      containerField       geometry
      *Color               NULL           SFNode         子节点
      *Coordinate          NULL           SFNode         子节点
      class
/>
```

IndexedLineSet 线节点的图标为 ，包含域名、域值、域数据类型以及存储/访问类型等，节点中数据内容（架构）包含在一对尖括号中，用“</>”表示。域数据类型中的 MFInt32 域是一个多值含有 32 位的整数，SFBool 域是一个单值布尔量，取值范围的[true | false]；SFNode 域含有一个单节点。事件的存储/访问类型包括 inputOnly（输入类型）和 initializeOnly（初始化类型）。IndexedLineSet 线节点包含 DEF、USE、coordIndex、colorPerVertex、colorIndex、set_coordIndex、set_colorIndex、containerField、Color、Coordinate 以及 class 域，其中*表示子节点。

5.2.3 源程序实例

本实例使用 VR-X3D 内核节点、背景节点、空间坐标变换节点以及线节点进行设计和开发，以创建生动、逼真的 IndexedLineSet“线”三维立体方形线造型。本书配套源代码资源中的“VR-X3D 实例源程序\第 5 章实例源程序”目录下提供了 VR-X3D 源程序 px3d5-2.x3d。

【实例 5-2】 利用 Viewpoint 视点节点、Group 组节点、Shape 空间物体造型模型节点、Appearance 外观子节点、Material 外观材料节点、IndexedLineSet 线节点在三维立体空间背景下，创建一个三维立体线造型。虚拟现实 IndexedLineSet 线节点三维立体场景设计 VR-X3D 文件 px3d5-2.x3d 源程序如下：

```
<Scene>
    <!-- Scene graph nodes are added here -->
    <Background skyColor="1 1 1"/>
    <Viewpoint description='5m Viewpoint---1' position='1 1 5'/>
    <Viewpoint description='15m Viewpoint---2' position='1 1 15'/>
    <Group>
```

```
<Shape>
  <Appearance>
    <Material diffuseColor='0 0 0' emissiveColor='0 0.5 1'/>
  </Appearance>
    <IndexedLineSet coordIndex='0 1 2 3 0 -1，'>
    <Coordinate point='0 0 0,0 2 0,2 2 0,2 0 0,0 0 0,'/>
    </IndexedLineSet>
  </Shape>
 </Group>
</Scene>
```

VR-X3D 源文件中，在 Scene（场景根）节点下添加 Background 背景节点和 Shape 模型节点，背景节点的颜色取白色以突出三维立体几何线造型的显示效果。利用 IndexedLineSet 线节点创建三维立体线造型，此外增加了 Appearance 外观节点和 Material 材料节点，对物体造型的外观颜色、物体发光颜色、外观材料的亮度以及透明度进行设计，以增强空间三维立体线造型的显示效果。

运行虚拟现实 IndexedLineSet 线节点三维立体造型设计程序。首先启动 BS Contact XRML/X3D 8.0 浏览器，选择 open 选项，然后打开“VR-X3D 实例源程序\第 5 章实例源程序\px3d5-2.x3d”，即可运行程序创建一个三维立体线造型场景。IndexedLineSet 线节点源程序运行结果如图 5-2 所示。

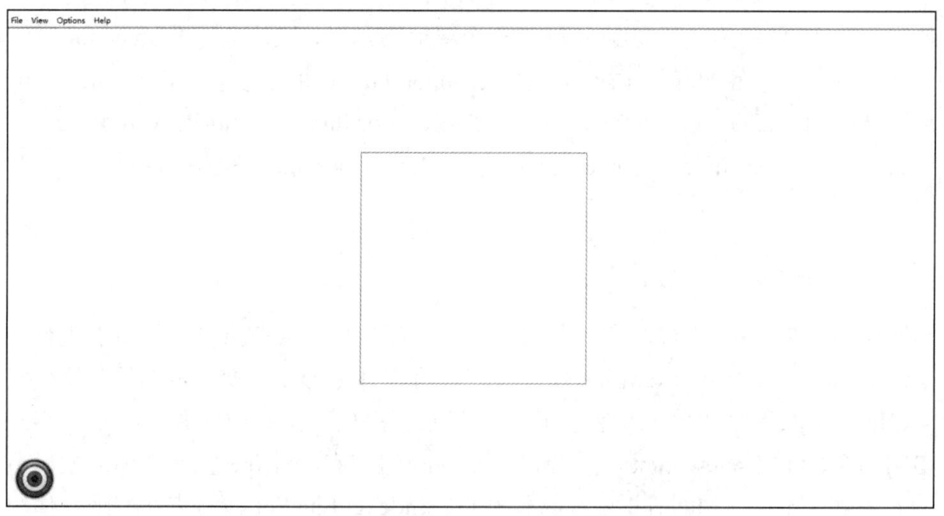

图 5-2 IndexedLineSet 线节点源程序运行结果

5.3 LineSet 节点设计

LineSet 节点是用来构造线这个空间造型的。此节点通过获取的 vertexCount[n]，即 Coordinate 中的顶点数量去分配每个线段，利用线的顶点数描述每个折线中使用 Coordinate 子节点域中的坐标点（顶点坐标）的多少。LineSet 节点描述了一个空间线的几何造型，根据线节点的顶点数、点的坐标位置确定线的方位。LineSet 线节点通常作为 Shape 节点中 geometry 子节点。

LineSet 节点是一个几何节点，此节点里包括 Color 节点和 Coordinate 节点。Color 值或 Material emissiveColor 值可以设置线或点的颜色。线不受光照的影响，不能做贴图，它们也不做碰撞检测。如果用原来给 IndexedFaceSet 定义的 Coordinate points 改写，index 值需要循环到初始顶点，以使每个多边形的轮廓闭合。还可以利用 Appearance 外观和 Material 材料节点来描述 LineSet 节点的纹理材质、颜色、发光效果、明暗以及透明度等。

LineSet 节点语法定义了用于确定线的属性名和域值，通过 LineSet 节点的域名、域值、域的数据类型以及事件的存储/访问权限的定义来描述一个效果更加理想的三维立体空间线造型。利用 LineSet 节点中的 vertexCount（顶点数）等参数创建 VR-X3D 三维立体空间线造型。LineSet 节点语法定义如下：

```
<LineSet
    DEF                ID
    USE                IDREF
    vertexCount                          MFInt32        initializeOnly
    containerField     geometry
    class
/>
```

LineSet 线节点的图标为╬，包含域名、域值、域数据类型以及存储/访问类型等，节点中数据内容（架构）包含在一对尖括号中，用“</>”表示。域数据类型为 MFInt32 域，是一个多值含有 32 位的整数。事件的存储/访问类型为 initializeOnly（初始化类型）。LineSet 线节点包含 DEF、USE、vertexCount、containerField 以及 class 域。

5.4 IndexedFaceSet 节点设计

IndexedFaceSet 节点设计

IndexedFaceSet 节点也被称为面节点，是一个三维立体几何面节点，表示一个由一组顶点构建的一系列平面多边形形成的 3D 立体造型，该节点可以包含 Color、Coordinate、Normal、TextureCoordinate 节点，其常作为 Shape 模型节点中 geometry 子节点。使用时通常在增加 geometry 或 Appearance 节点之前先插入一个 Shape 节点，浏览器在处理此场景内容时，可以用符合类型定义的原型 ProtoInstance 来替代。在 VR-X3D 文件中，IndexedFaceSet 节点可以创建面或立体几何造型，也可组成实体模型，并对其进行着色。

5.4.1 空间平面算法分析

空间平面算法分析涵盖空间平面点法式方程、平面的一般方程以及平面的截距式方程。

（1）空间平面点法式方程。如果一向量垂直于一个平面，这个向量就叫作该平面的法线向量，平面上的任意一个向量均与该平面的法线向量垂直。已知，过空间一点可以作而且只能作一个平面垂直于一个已知直线，所以当平面上一点 $M_0(x_0,y_0,z_0)$和它的一个法线向量 $n=\{A,B,C\}$

为已知时，平面的方程就确定了。设 $M(x,y,z)$是平面上的任意一点，那么向量 M_0M 必与平面的法线向量 n 垂直，即它们的数量积等于零。

根据 $n \cdot M_0M=0$，由于 $n=\{A,B,C\}$，$M_0M=\{x-x_0,y-y_0,z-z_0\}$，因此有

$$A(x-x_0)+B(y-y_0)+C(z-z_0)=0 \tag{5-4}$$

这就是平面上任意一个点 M 的坐标(x,y,z)所满足的方程，这样的方程叫作平面方程。由于该方程是由平面上的一点 $M_0(x_0,y_0,z_0)$及它的一个法线向量 $n=\{A,B,C\}$来确定的，因此把该方程叫作点法式方程。

（2）空间平面的一般方程。因为任意一个平面都可以用它上面的一点及法线向量来确定，所以任何一个平面都可以用三元一次方程来表示。设有三元一次方程

$$Ax+By+Cz+D=0 \tag{5-5}$$

任取满足该方程的一组数(x_0,y_0,z_0)，即 $Ax_0+By_0+Cz_0+D=0$，把上述两个等式相减得方程形式，还原为 $A(x-x_0)+B(y-y_0)+C(z-z_0)=0$。由此可知，任意一个三元一次方程的图形总是一个平面，该方程称为空间平面的一般方程算法。其中 x、y、z 的系数就是该平面的一个法线向量 n 的坐标，即 $n=\{A,B,C\}$。

（3）平面的截距式方程。一般地，如果一个平面与 x、y、z 三轴分别交于 $Px(a,0,0)$、$Py(0,b,0)$、$Pz(0,0,c)$三点，那么该平面的方程为

$$\frac{x}{a}+\frac{y}{b}+\frac{z}{c}=1 \tag{5-6}$$

这个方程叫作平面的截距式方程，而 a、b、c 分别被称作平面在 x、y、z 轴上的截距。

5.4.2 语法定义

IndexedFaceSet 面节点语法定义了用于确定面的属性名和域值，通过 IndexedFaceSet 面节点的域名、域值、域数据类型以及事件的存储/访问权限的定义来描述一个效果更加理想的三维立体空间面造型。利用 IndexedFaceSet 面节点中的 coordIndex、colorPerVertex、colorIndex、set_coordIndex、set_colorIndex 域等参数创建 VR-X3D 三维立体空间面造型。IndexedFaceSet 面节点定义了一个几何面节点，根据开发与设计需求设置空间物体面的点坐标和线的颜色来确定空间的面。还可以利用 Appearance 外观节点和 Material 材料节点来描述 IndexedFaceSet 面节点的纹理材质、颜色、发光效果、明暗以及透明度等。IndexedFaceSet 面节点语法定义如下：

```
<IndexedFaceSet
    DEF                 ID
    USE                 IDREF
    coordIndex                          MFInt32     initializeOnly
    ccw                 true            SFBool      initializeOnly
    convex              true            SFBool      initializeOnly
    solid               true            SFBool      initializeOnly
    creaseAngle         0               SFFloat     initializeOnly
    colorPerVertex      true            SFBool      initializeOnly
    colorIndex                          MFInt32     initializeOnly
    normalPerVertex     true            SFBool      initializeOnly
    normalIndex                         MFInt32     initializeOnly
```

```
        texCoordIndex                          MFInt32        initializeOnly
        set_coordIndex                         MFInt32        inputOnly
        set_colorIndex                         MFInt32        initializeOnly
        set_normalIndex                        MFInt32        inputOnly
        set_texCoordIndex                      MFInt32        inputOnly
        containerField        geometry
        *Color                NULL             SFNode         子节点
        *Coordinate           NULL             SFNode         子节点
        *Normal               NULL             SFNode         子节点
        *TextureCoordinate    NULL             SFNode         子节点
        class
/>
```

IndexedFaceSet 面节点的图标为▷，包含域名、域值、域数据类型以及存储/访问类型等，节点中数据内容（架构）包含在一对尖括号中，用“</>”表示。域数据类型中的 MFInt32 域是一个多值含有 32 位的整数；SFBool 域是一个单值布尔量，取值范围为[true | false]；SFNode 域含有一个单节点；SFFloat 域是单值单精度浮点数。事件的存储/访问类型包括 inputOnly（输入类型）和 initializeOnly（初始化类型）。IndexedFaceSet 面节点包含 DEF、USE、coordIndex、ccw、convex、solid、creaseAngle、colorPerVertex、colorIndex、normalPerVertex、normalIndex、set_coordIndex、set_colorIndex、Set_normalIndex、Set_textCoordIndex、containerField、Color、Coordinate、Normal、TextureCoordinate 以及 class 域，其中*表示子节点。

5.4.3 源程序实例

本实例利用虚拟现实语言的各种节点创建生动、逼真的由面组成的三维立体造型，使用 VR-X3D 内核节点、背景节点、空间坐标变换节点以及几何面节点进行设计和开发。本书配套源代码资源中的“VR-X3D 实例源程序\第 5 章实例源程序”目录下提供了 VR-X3D 源程序 px3d5-3.x3d。

【实例 5-3】利用 Shape 空间物体造型模型节点、Appearance 外观子节点和 Material 外观材料节点、IndexedFaceSet 面节点在三维立体空间背景下，创建一个由面组成的三维立体造型。虚拟现实 IndexedFaceSet 面三维立体场景设计 VR-X3D 文件 px3d5-3.x3d 源程序如下：

```
<Scene>
    <!-- Scene graph nodes are added here -->
    <Background skyColor="1 1 1"/>
    <Transform translation="0 -1 0 "   rotation='0 0 1 1.571'>
        <Shape>
            <Appearance>
                <Material ambientIntensity='0.4' diffuseColor='0.3 0.2 0.0'
                    shininess='0.2' specularColor='0.7 0.7 0.6'>
                </Material>
            </Appearance>
            <IndexedFaceSet coordIndex='0,1,2,0,
                -1,3,4,5,
                3,-1,6,7,
                8,6,-1,9,
```

```
                    10,11,9,-1
                    ' solid='false'>
                    <Coordinate point='0.0 3.0 0.0，3.0 0.0 0.0，0.0 0.0 3.0，0.0 -3.0 0.0，3.0 0.0 0.0，
                    0.0 0.0 3.0，0.0 3.0 0.0，3.0 0.0 0.0，0.0 0.0 -3.0，0.0 -3.0 0.0，3.0 0.0 0.0，0.0 0.0 -3.0'>
                    </Coordinate>
                </IndexedFaceSet>
            </Shape>
    </Transform>
    </Scene>
```

VR-X3D 源文件中，在 Scene（场景根）节点下添加 Background 背景节点和 Shape 模型节点，背景节点的颜色取白色以突出三维立体几何面造型的显示效果。利用 IndexedFaceSet 面节点创建一个由面组成的三维立体造型，此外增加了 Appearance 外观节点和 Material 材料节点，对物体造型的外观颜色、物体发光颜色、外观材料的亮度以及透明度进行设计，以增强空间三维立体面造型的显示效果。

运行虚拟现实 IndexedFaceSet 面节点三维立体造型设计程序。首先启动 BS Contact VRML/X3D 8.0 浏览器，然后打开“VR-X3D 实例源程序\第 5 章实例源程序\px3d5-3.x3d”，即可运行程序创建一个三维立体造型场景。IndexedFaceSet 面节点源程序运行结果如图 5-3 所示。

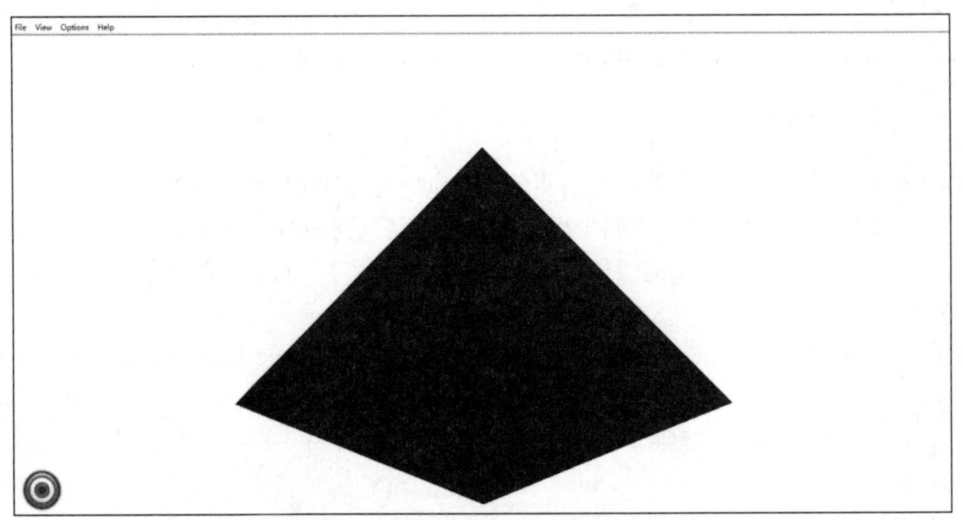

图 5-3　IndexedFaceSet 面节点源程序运行结果

5.5　ElevationGrid 节点设计

ElevationGrid 节点也称为海拔栅格节点，其将某一个地表区域分割成很多网格，定义网格的个数，然后定义网格的长和宽，最后定义网格的高度，从而创建该区域所需的海拔栅格几何造型，该节点通常作为造型节点的 geometry 的子节点。在 VR-X3D 网页场景设计中，可以利用海拔栅格节点创建高山、沙丘以及不规则地表等空间造型。设计时通常先在水平平面（*X-Z* 平面）上创建栅格，再在 *X-Z* 平面栅格上任选一点，然后改变这个点在 *Y* 轴方向上的高度值，增大该值就可形成高山，减少该值就形成低谷。也可选择任意多个点并改变这些点的高度，创

建出崎岖不平的山峦或峡谷等造型。

5.5.1 空间曲面算法分析

空间曲面算法分析针对复杂曲面进行设计，在空间解析几何中，曲面的概念是把任何曲面看作点的几何轨迹。在这种情况下，设如果曲面 S 与三元方程有如下关系：①曲面 S 上任意一点的坐标都满足该方程；②不在曲面 S 上的点的坐标都不满足该方程。那么该方程就叫作曲面 S 的方程，而曲面 S 就叫作该方程的图形。方程公式如下：

$$F(x,y,z)=0 \tag{5-7}$$

接下来介绍常见的曲面方程如球面方程的算法。设球心在点 $M_0(x_0,y_0,z_0)$，半径为 R 的球面方程为 $(x-x_0)^2+(y-y_0)^2+(z-z_0)^2=R^2$。如果球心在原点，那么 $x_0=y_0=z_0=0$，从而球面方程为 $x^2+y^2+z^2=R^2$。例如想知道方程 $x^2+y^2+z^2-2x+4y=0$ 表示怎样的曲面，可经过配方将原方程变为 $(x-1)^2+(y+2)^2+z^2=5$，即原方程表示球心在点 $M_0(1,-2,0)$、半径为 $R^2=5$ 的球面。

5.5.2 语法定义

ElevationGrid 节点语法定义了用于确定海拔栅格的属性名和域值，通过 ElevationGrid 节点的域名、域值、域数据类型以及事件的存储/访问权限的定义来描述一个效果更加理想的三维立体空间海拔栅格造型。利用 ElevationGrid 节点中的 xDimension、zDimension、xSpacing、zSpacing、height、ccw、colorPerVertex、normalPerVertex、solid 域等参数创建 VR-X3D 三维立体空间海拔栅格造型。在使用时通常会在增加 geometry 或 Appearance 节点之前先插入一个 Shape 节点。浏览器在处理此场景内容时，可以用符合类型定义的原型 ProtoInstance 来替代。ElevationGrid 是一个几何节点，可以创建一个具有不同高度的矩形网格组成的海拔面。通常应用于创建高山、沙丘以及不规则地表等立体几何造型。ElevationGrid 节点语法定义如下：

```
<ElevationGrid
    DEF              ID
    USE              IDREF
    xDimension       0          SFInt32     initializeOnly
    zDimension       0          SFInt32     initializeOnly
    xSpacing         1.0        SFFloat     initializeOnly
    zSpacing         1.0        SFFloat     initializeOnly
    height                      MFFloat     initializeOnly
    set_height       ""         MFFloat     inputOnly
    ccw              true       SFBool      initializeOnly
    creaseAngle      0          SFFloat     initializeOnly
    solid            true       SFBool      initializeOnly
    colorPerVertex   true       SFBool      initializeOnly
    normalPerVertex  true       SFBool      initializeOnly
    containerField   geometry
    *Color           NULL       SFNode      子节点
```

```
    *Normal              NULL        SFNode      子节点
    *TextureCoordinate   NULL        SFNode      子节点
    class
/>
```

ElevationGrid 节点的图标为，包含域名、域值、域数据类型以及存储/访问类型等，节点中数据内容（架构）包含在一对尖括号中，用“</>”表示。域数据类型中的 SFInt32 域是一个单值含有 32 位的整数；SFBool 域是一个单值布尔量，取值范围为[true | false]；MFFloat 域是多值单精度浮点数；SFNode 域含有一个单节点。事件的存储/访问类型包括 inputOnly（输入类型）以及 initializeOnly（初始化类型）。ElevationGrid 节点包含 DEF、USE、xDimension、zDimension、xSpacing、zSpacing、height、set_height、ccw、creaseAngle、Solid、colorPerVertex、normalPerVertex、containerField、Color、Normal、TextureCoordinate 以及 class 域，其中*表示子节点。

5.5.3 源程序实例

本实例使用 VR-X3D 内核节点、背景节点以及海拔栅格节点进行设计和开发，创建生动、逼真的海拔栅格三维立体造型。本书配套源代码资源中的“VR-X3D 实例源程序\第 5 章实例源程序”目录下提供了 VR-X3D 源程序 px3d5-4.x3d。

【实例 5-4】 利用 Shape 空间物体造型模型节点、Appearance 外观子节点和 Material 外观材料节点、ElevationGrid 海拔栅格节点在三维立体空间背景下，创建一个海拔栅格三维立体山脉造型。虚拟现实 ElevationGrid 海拔栅格节点三维立体场景设计 VR-X3D 文件 px3d5-4.x3d 源程序如下：

```
<Scene>
    <!-- Scene graph nodes are added here -->
    <Background skyColor="1 1 1"/>
    <Viewpoint description='Viewpoint-1' position='8 4 15'/>
    <Viewpoint description='Viewpoint-2' position='8 4 25'/>
    <Transform translation="0 0 -10" scale="2 1 2">
    <Shape>
      <Appearance>
        <ImageTexture url="mount.jpg"/>
      </Appearance>
      <ElevationGrid creaseAngle="5.0"
        height="0.0 0.0 0.0 0.0 0.0 0.0 0.0 0.0 0.0 0.0 0.0 0.0 0.0 2.5 0.5 0.0 0.0 0.0 0.0 0.0 0.5 0.5 3.0 1.0
                0.5 0.0 1.0 0.0 0.0 0.5 2.0 4.5 2.5 1.0 1.5 0.5 1.0 2.5 3.0 4.5 5.5 3.5 3.0 1.0 0.0 0.5 2.0 2.0 2.5
                3.5 4.0 2.0 0.5 0.0 0.0 0.0 0.5 1.5 1.0 2.0 3.0 1.5 0.0 0.0 0.0 0.0 0.0 0.0 0.0 2.0 1.5 0.5 0.0 0.0
                0.0 0.0 0.0 0.0 0.0 0.0 0.0"
        solid="false" xDimension="9" zDimension="9"/>
    </Shape>
    </Transform>
  </Scene>
```

在 Scene（场景根）节点下添加 Background 背景节点和 Shape 模型节点，背景节点的颜色取白色以突出三维立体山脉几何造型的显示效果。利用海拔栅格节点创建一个三维立体山脉造型，此外增加了 Appearance 外观节点和 Material 材料节点，对物体造型的外观颜色、物体发光颜色、外观材料的亮度以及透明度进行设计，以增强空间三维立体山脉造型的显示效果。

运行虚拟现实 ElevationGrid 海拔栅格节点三维立体造型设计程序。首先启动 BS Contact VRML/X3D 8.0 浏览器，选择 open 选项，然后打开“VR-X3D 实例源程序\第 5 章实例源程序\px3d5-4.x3d”，即可运行程序创建一个三维立体空间山脉造型场景。在立体背景空间下，使用 Shape 模型节点和海拔栅格节点，创建一个山脉造型，并进行平滑处理的效果如图 5-4 所示。

图 5-4 ElevationGrid 海拔栅格节点三维立体造型效果

5.6 Extrusion 节点设计

Extrusion 节点也称为挤出造型节点，该节点可以创建出用户需要的任意形状的立体空间造型。它像一个精密的车床或加工厂，只要给出产品的具体要求及参数就能生产出各种各样的零部件。因此通过 Extrusion 挤出造型节点就可以在 VR-X3D 虚拟现实世界中做出千姿百态的三维立体空间造型，因而 Extrusion 挤出造型节点是 VR-X3D 中最重要、最复杂，也是最有用的节点。

5.6.1 Extrusion 算法分析

在 VR-X3D 文件中，Extrusion 挤出造型节点用以创建挤出造型，创建挤出造型过程类似工业生产制造中的加工材料过程。我们可以想象，当流体流过一个金属板的模型孔时，会被按照模型孔设计的方向挤压成一个新的造型，这个过程就是挤出，如铁丝就是铁水通过挤压模型挤出来的。我们也可以这样理解，Extrusion 挤出造型节点就是更具变化的 Cylinder 圆柱体节点。Extrusion 挤出造型节点算法分析主要由 crossSection 域和 spine 域的域值设计决定。

crossSection 域控制断面形状，是一系列的二维轮廓线，可以组成圆形、正方形、三角形、菱形以及多边形等，如图 5-5 所示。

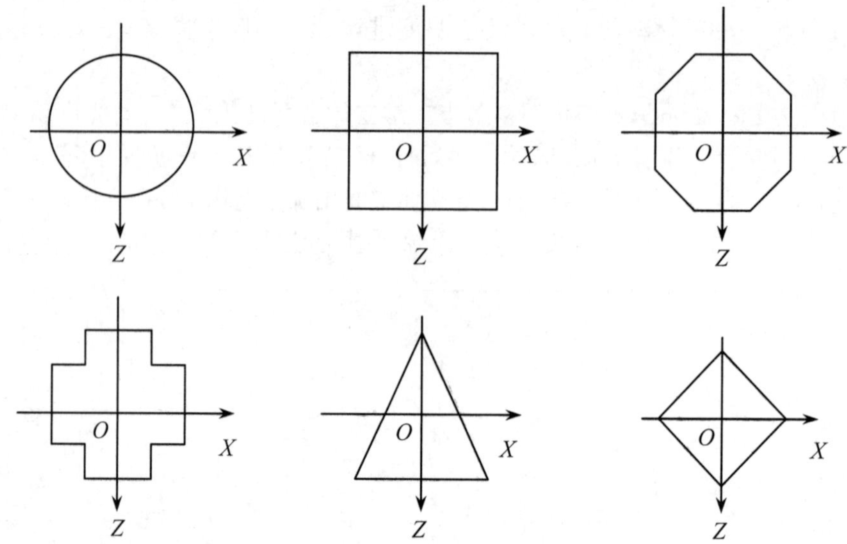

图 5-5　常见几种断面（X-Z 轴）形状

spine 域定义了一系列的三维路径，crossSection 域定义好的断面的几何中心沿此路径创建造型。spine 域定义的路径可以是直线路径、曲线路径、螺旋线路径以及封闭路径等，如图 5-6 所示。

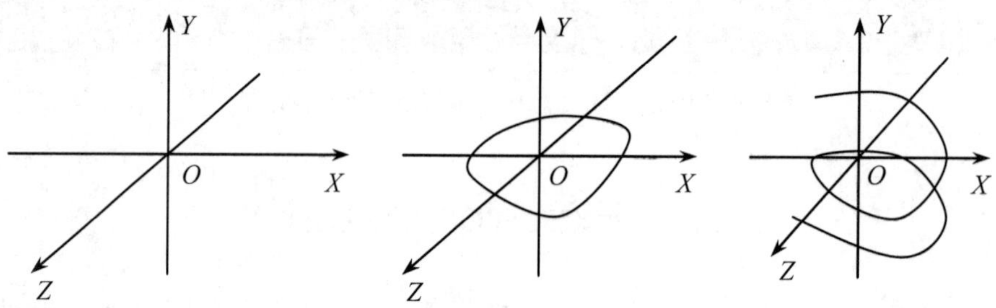

图 5-6　断面几何中心路径图

Shape 模型节点通常包含 Appearance 子节点和 geometry 子节点，Extrusion 挤出造型节点是 Shape 模型节点下 geometry 几何节点域中的一个子节点。而 Appearance 外观和 Material 材料节点用于描述 Sphere 球体节点的纹理材质、颜色、发光效果、明暗、光的反射以及透明度等。Extrusion 节点是一个三维立体几何挤出节点，该节点通过挤出过程创建了物体表面的几何形状。

5.6.2　语法定义

Extrusion 节点语法定义了用于确定挤出造型的属性名和域值，通过 Extrusion 挤出造型节点的域名、域值、域数据类型以及事件的存储/访问权限的定义来描述一个效果更加理想的三维立体空间挤出造型场景。利用 Extrusion 挤出造型节点中的 spine、crossSection、scale、orientation、beginCap、endCap、ccw、convex、creaseAngle、solid 域等参数创建 VR-X3D 三维立体空间挤出造型。Extrusion 挤出造型是一个几何节点，利用此节点可在局部坐标系统中，用指定的二维图形沿着一个三维线的路径拉伸出一个三维物体，也可在缩放旋转路径上不同部分的截面上建立复杂的形体。使用时通常在增加 geometry 或 Appearance 节点之前先插入一个 Shape 节点。Extrusion 挤出造型节点语法定义如下。

```
<Extrusion
    DEF                ID
    USE                IDREF
    spine          [0 0 0, 0 1 0]            MFVec3f       initializeOnly
    crossSection   [1 1, 1 -1, -1 -1, -1 1, 1 1]  MFVec2f   initializeOnly
    scale              [1 1]                 MFVec2f       initializeOnly
    orientation        0 0 1 0               MFRotation    initializeOnly
    beginCap           true                  SFBool        initializeOnly
    endCap             true                  SFBool        initializeOnly
    ccw                true                  SFBool        initializeOnly
    convex             true                  SFBool        initializeOnly
    creaseAngle        0.0                   SFFloat       initializeOnly
    solid              true                  SFBool        initializeOnly
    set_crossSection   ""                    MFVec2f       inputOnly
    set_orientation    ""                    MFRotation    inputOnly
    set_scale          ""                    MFVec2f       inputOnly
    set_spine          ""                    MFVec3f       inputOnly
    containerField     geometry
    class
/>
```

Extrusion 挤出造型节点的图标为，包含域名、域值、域数据类型以及存储/访问类型等，节点中数据内容（架构）包含在一对尖括号中，用“</>”表示。域数据类型中的 SFBool 域是一个单值布尔量，取值范围为[true | false]；MFVec2f 域是一个包含任意数量的二维矢量的多值域；MFVec3f 域是一个包含任意数量的三维矢量的多值域；MFRotation 域包含任意数量的旋转值；SFFloat 域是单值单精度浮点数。事件的存储/访问类型包括 inputOnly（输入类型）和 initializeOnly（初始化类型）。Extrusion 挤出造型节点包含 DEF、USE、spine、crossSection、scale、orientation、beginCap、endCap、ccw、convex、creaseAngle、solid、set_crossSection、set_orientation、set_scale、set_spine、containerField 以及 class 域。

5.6.3 源程序实例

本实例使用 VR-X3D 内核节点、背景节点以及复杂的挤出造型节点进行设计和开发，创建生动、逼真的挤出三维立体造型。本书配套源代码资源中的“VR-X3D 实例源程序\第 5 章实例源程序”目录下提供了 VR-X3D 源程序 px3d5-5.x3d。

【实例 5-5】利用 Background 背景节点、Shape 空间物体造型模型节点、Appearance 外观子节点和 Material 外观材料节点、Extrusion 挤出造型节点，在三维立体空间背景下创建一个三维立体挤压造型。虚拟现实 Extrusion 挤出造型节点三维立体场景设计 VR-X3D 文件 px3d5-5.x3d 源程序如下：

```
<Scene>
    <!-- Scene graph nodes are added here -->
    <Background skyColor="1 1 1"/>
    <!-- First position and rotate viewpoint into positive-X-Y-Z octant using a Transform -->
    <Transform rotation='0 1 0 0.758' translation='4 2 4'>
      <Viewpoint description='Extruded pyramid' orientation='1 0 0 -0.3' position='0 0 0'/>
    </Transform>
    <Shape>
      <Appearance>
        <Material diffuseColor='0.3 0.8 0.9'/>
      </Appearance>
      <Extrusion crossSection='1.00 0.00 0.92 -0.38
        0.71 -0.71 0.38 -0.92
        0.00 -1.00 -0.38 -0.92
        -0.71 -0.71 -0.92 -0.38
        -1.00 -0.00 -0.92 0.38
        -0.71 0.71 -0.38 0.92
        0.00 1.00 0.38 0.92
        0.71 0.71 0.92 0.38
        1.00 0.00 '
       scale='1 1 0.5 0.5' spine='0 0 0 0 1 0'/>
    </Shape>
 </Scene>
```

VR-X3D 源文件中，在 Scene（场景根）节点下添加 Background 背景节点和 Shape 模型节点，背景节点的颜色取白色以突出三维立体挤出造型的显示效果。利用三维立体挤出造型节点创建一个挤出造型，此外增加了 Appearance 外观节点和 Material 材料节点，对物体造型的外观颜色、物体发光颜色、外观材料的亮度以及透明度进行设计，以增强空间三维立体造型的显示效果。

运行虚拟现实 Extrusion 挤出造型节点三维立体造型设计程序，首先启动 BS Contact VRML/X3D 8.0 浏览器，选择 open 选项，然后打开“VR-X3D 实例源程序\第 5 章实例源程序\px3d5-5.x3d”，即可运行程序创建一个三维立体挤出造型。在立体背景空间下，使用 Shape 模型节点和挤出造型节点，创建一个挤出造型的效果如图 5-7 所示。

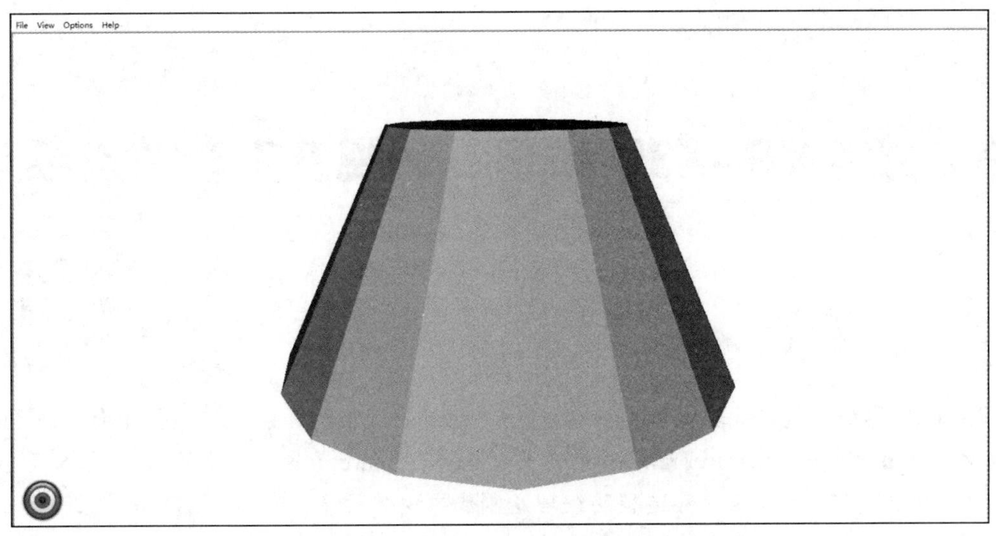

图 5-7 Extrusion 挤出造型节点三维立体造型效果

本章小结

本章主要介绍了 PointSet 节点、IndexedLineSet 节点、LineSet 节点、IndexedFaceSet 节点、ElevationGrid 节点以及 Extrusion 节点等的设计。希望读者通过学习并掌握这些节点设计方法可以创建 VR-X3D 虚拟三维空间中的复杂模型，也可以通过语法定义和实例设计来理解复杂节点在 VR-X3D 项目设计中的重要性，还可以借助 VR-Blender 虚拟现实引擎快速创建 3D 模型，并将其转换为 VR-X3D 模型设计。

第 6 章　VR-X3D 纹理、影视及声音节点设计

VR-X3D 影视播放、纹理组件主要包括 Appearance 节点、Material 节点、ImageTexture 节点、PixelTexture 节点、TextureTransform 节点、MovieTexture 节点、AudioClip 节点以及 Sound 节点，用于创建三维立体场景和造型的纹理绘制和影视播放等。利用 VR-X3D 纹理绘制节点创建的更加生动、逼真和鲜活的场景和造型，可以增强三维立体场景和造型渲染效果，也可以提高软件开发和编程效率。

- Appearance 节点设计
- ImageTexture 节点设计
- PixelTexture 节点设计
- TextureTransform 节点设计
- MovieTexture 节点设计
- Sound 节点设计

6.1　Appearance 节点设计

Shape 模型节点设计中涵盖的两个子节点分别为 Appearance 外观节点与 geometry 几何造型节点。Appearance 外观子节点定义了物体造型的外观，包括纹理映像、纹理坐标变换以及外观的材料节点，geometry 几何造型子节点定义了立体空间物体的几何造型，如 Box 节点、Cone 节点、Cylinder 节点和 Sphere 节点等原始的几何结构。

6.1.1　语法定义

Appearance 外观节点用来定义物体造型的外观属性，通常作为 Shape 节点的子节点。Appearance 外观节点指定几何物体造型的外观视觉效果，包含 Material 材料节点、Texture 纹理映像节点和 TextureTransform 纹理坐标变换节点。在增加 Appearance 或 geometry 节点之前需要先创建一个 Shape 节点。Appearance 外观节点语法定义如下：

```
<Appearance
    DEF                 ID
    USE                 IDREF
    material            NULL          SFNode
    texture             NULL          SFNode
    textureTransform    NULL          SFNode
    containerField      appearance
    class
/>
```

Appearance 外观节点的图标为，包含域名、域值、域数据类型以及存储/访问类型等，节点中数据内容包含在一对尖括号中，用一对“</>”表示。Appearance 外观节点包含 DEF、USE、material、texture、textureTransform、containerField 以及 class 域。

6.1.2 源程序实例

本实例使用 VR-X3D 内核节点、背景节点、Shape 节点、Appearance 外观子节点以及几何节点进行设计和开发，通过设计三维立体造型以及物体造型的外观属性等，使三维立体空间场景和造型更具真实感。本书配套源代码资源中的“VR-X3D 实例源程序\第 6 章实例源程序”目录下提供了 VR-X3D 源程序 px3d6-1.x3d。

【实例 6-1】利用 Shape 空间物体造型模型节点、Appearance 外观子节点、Box 节点、背景节点等，在三维立体空间背景下创建一个立方体贴图造型。Appearance 外观子节点三维立体场景设计 VR-X3D 文件 px3d6-1.x3d 源程序如下：

```
<Scene>
    <!-- Scene graph nodes are added here -->
    <Background skyColor="1 1 1"/>
    <Shape>
      <Appearance>
        <ImageTexture repeatS="true" repeatT="true" url="13698.jpg"/>
      </Appearance>
      <Box size="4 4 4"/>
    </Shape>
  </Scene>
```

VR-X3D 源文件中，在 Scene 场景根节点下添加 Background 背景节点、Shape 模型节点、Appearance 外观节点，背景节点的颜色取白色以突出三维立体几何造型的显示效果。

运行虚拟现实三维立体造型设计程序。首先启动 BS Contact VRML/X3D 8.0 浏览器，然后在浏览器中，选择 open 选项，打开“VR-X3D 实例源程序\第 6 章实例源程序\px3d6-1.x3d”，即可创建 VR-X3D 虚拟现实三维立体造型场景，Appearance 外观节点设计源程序运行结果如图 6-1 所示。

图 6-1 Appearance 外观节点设计源程序运行结果

6.2 Material 节点设计

Material 节点也称为外观材料节点，用以描述三维立体空间造型及外观。造型的外观设计包括造型的颜色、发光效果、明暗、光的反射以及透明度等。Material 外观材料节点可以用来指定造型外观材料的属性、颜色、光的反射、明暗效果及造型的透明度等，该节点还可以指定相关几何节点的表面材质属性，使立体空间造型的外观效果更加逼真、生动。Material 外观材料节点通常作为 Appearance 节点和 Shape 节点的子节点（域值）。

6.2.1 语法定义

Material 节点设计可以设定材料的漫反射颜色、环境光被该材料表面反射的数量、物体镜面反射光线的颜色以及发光物体产生光的颜色对空间造型颜色的影响。通过 Material 节点可以实现设置如黄金、白银、铜和铝等颜色以及塑料颜色，Material 外观材料节点高级颜色配比见表 6-1。

表 6-1 Material 外观材料节点高级颜色配比

颜色效果	材料的漫反射颜色（diffuseColor）	被表面反射的环境光（ambientIntensify）	物体镜面反射光线的颜色（specularColor）	外观材料的亮度（shininess）
黄金	0.3 0.2 0.0	0.4	0.7 0.7 0.6	0.2
白银	0.5 0.5 0.7	0.4	0.8 0.8 0.9	0.2
铜	0.4 0.2 0.0	0.28	0.8 0.4 0.0	0.1
铝	0.3 0.3 0.5	0.3	0.7 0.7 0.8	0.1
红塑料	0.8 0.2 0.2	0.1	0.8 0.8 0.8	0.15
绿塑料	0.2 0.8 0.2	0.1	0.8 0.8 0.8	0.15
蓝塑料	0.2 0.2 0.8	0.1	0.8 0.8 0.8	0.15

Material 外观材料节点语法定义如下：

```
<Material
      DEF                 ID
      USE                 IDREF
      diffuseColor        0.8 0.8 0.8      SFColor      inputOutput
      emissiveColor       0 0 0            SFColor      inputOutput
      specularColor       0 0 0            SFColor      inputOutput
      shininess           0.2              SFFloat      inputOutput
      ambientIntensity    0.2              SFFloat      inputOutput
      transparency        0                SFFloat      inputOutput
      containerField      material
      class
/>
```

Material 外观材料节点的图标为▌▌，包含域名、域值、域数据类型以及存储/访问类型等，节点中数据内容包含在一对尖括号中，用“</>”表示。Material 外观材料节点包含 DEF、USE、diffuseColor（材料的漫反射颜色）、emissiveColor（发光物体产生的光的颜色）、specularColor（物体镜面反射光线的颜色）、shininess（外观材料的亮度）、ambientItensify（被表面反射的环境光）、transparency（透明度）、containerField 以及 class 域。

6.2.2 源程序实例

本实例利用虚拟现实语言的各种节点创建一个生动、逼真的大红灯笼三维立体造型。本书配套源代码资源中的“VR-X3D 实例源程序\第 6 章实例源程序”目录下提供了 VR-X3D 源程序 px3d6-2.x3d。

【实例 6-2】利用 Shape 空间物体造型模型节点、Appearance 外观子节点和 Material 外观材料节点、空间坐标变换节点等，在三维立体空间背景下创建一个颜色为红色的三维大灯笼造型。虚拟现实大红灯笼三维立体场景设计 VR-X3D 文件 px3d6-2.x3d 源程序如下：

```
<Scene>
    <!-- Scene graph nodes are added here -->
    <Background skyColor="1 1 1"/>
      <Transform translation="0 0 0" scale="0.8 0.6 0.8 ">
      <Shape>
        <Appearance>
          <Material ambientIntensity="0.1" diffuseColor="1 0 0"
            shininess="0.15" specularColor="0.8 0.8 0.8"/>
        </Appearance>
        <Sphere radius="3"/>
      </Shape>
    </Transform>
    <Transform translation="0 0 0" scale="0.5 1 0.5">
      <Shape DEF="sp">
        <Appearance>
          <Material ambientIntensity="0.4" diffuseColor="0.5 0.5 0.7"
            shininess="0.2" specularColor="0.8 0.8 0.9"/>
```

```
            </Appearance>
            <Cylinder bottom="true" height="3.8" radius="1" side="true" top="true"/>
          </Shape>
      </Transform>
          <Transform    scale='0.06 1.8 0.06' translation='0 0 0' >
                <Shape USE="sp"/>
          </Transform>
          <Transform translation="0 -2.15 0" scale="0.5 1 0.5">
          <Shape >
            <Appearance>
              <Material ambientIntensity="0.4" diffuseColor="0.3 0.2 0"
                shininess="0.2" specularColor="0.7 0.7 0.6"/>
            </Appearance>
            <Cylinder bottom="true" height="0.5" radius="1" side="true" top="true"/>
          </Shape>
          </Transform>
    </Scene>
```

在 VR-X3D 源文件中，利用 Appearance 外观节点和 Material 外观材料节点设计，对物体造型的外观颜色、物体发光颜色、外观材料的亮度以及透明度进行设计，在 Scene（场景根）节点下添加 Background 背景节点和 Shape 模型节点，背景节点的颜色取白色以突出三维立体几何造型的显示效果。利用多种几何节点创建三维立体大红灯笼造型以增强空间三维立体造型的浏览效果。

运行虚拟现实大红灯笼三维立体造型设计程序。首先启动 BS Contact VRML/X3D 8.0 浏览器，然后在浏览器中选择 open 选项，打开“VR-X3D 实例源程序\第 6 章实例源程序\px3d6-2.x3d”，即可创建虚拟现实大红灯笼三维立体造型场景，Material 外观材料节点设计源程序运行结果如图 6-2 所示。

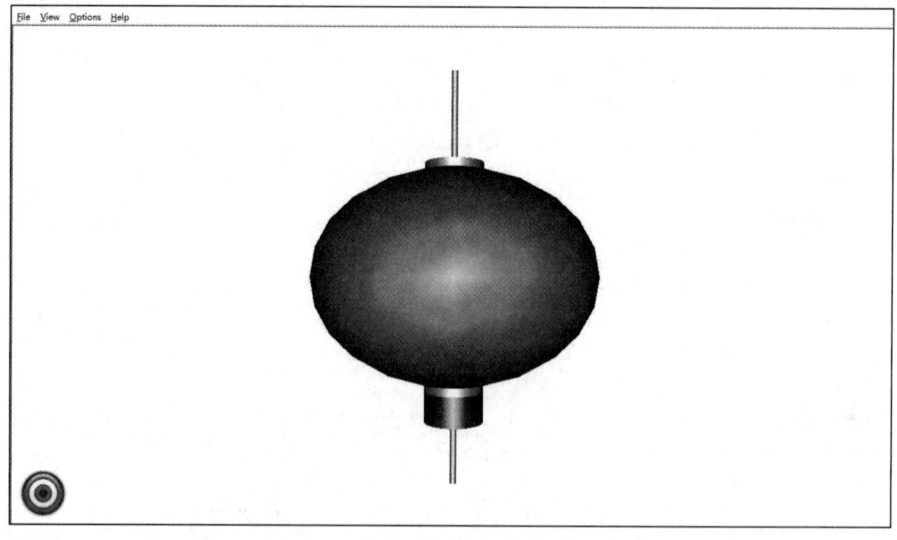

图 6-2 Material 外观材料节点设计源程序运行结果

6.3 ImageTexture 节点设计

VR-X3D 文件提供多种纹理节点，如 ImageTexture 图像纹理节点、Image3DTexture 图像 3D 纹理节点、PixelTexture 像素纹理节点和 MovieTexture 电影纹理节点。ImageTexture 图像纹理节点可以创建一个三维立体几何体表面纹理贴图，使 VR-X3D 三维立体场景和造型有更加逼真和生动的设计效果。该节点常作为 Shape 模型节点中 Appearance 外观节点下的子节点。

6.3.1 语法定义

ImageTexture 图像纹理节点语法定义了用于确定图像纹理的属性名和域值，通过 ImageTexture 图像纹理节点的域名、域值、域数据类型以及事件的存储/访问权限的定义来描述一个效果更加理想的三维立体空间造型。ImageTexture 图像纹理节点将一个二维图像映射到一个几何形体的表面，形成纹理贴图，纹理贴图使用一个水平和垂直(s,t)二维坐标系统，对应图像上相对边角的距离。值得注意的是，使用太亮的材质自发光 Material emissiveColor 值会破坏一些纹理的效果。ImageTexture 图像纹理节点语法定义如下：

```
<ImageTexture
      DEF                 ID
      USE                 IDREF
      url                                    MFString        inputOutput
      repeatS             true               SFBool          initializeOnly
      repeatT             true               SFBool          initializeOnly
      containerField      texture
      class
/>
```

ImageTexture 图像纹理节点的图标为▚，包含域名、域值、域数据类型以及存储/访问类型等，节点中数据内容（架构）包含在一对尖括号中，用“</>”表示。域数据类型中的 SFBool 域是一个单值布尔量；MFString 域是一个含有零个或多个单值的多值字符串。事件的存储/访问类型包括 initializeOnly（初始化类型）和 inputOutput（输入/输出类型）。ImageTexture 图像纹理绘制节点包含 DEF、USE、url、repeatS、repeatT、containerField 以及 class 域。

6.3.2 源程序实例

VR-X3D 三维立体纹理绘制组件节点设计利用 ImageTexture 图像纹理节点实现三维立体空间造型纹理贴图。ImageTexture 图像纹理节点的功能是将需要的纹理图像粘贴在各种几何造型上，使 VR-X3D 文件中的场景和造型更加逼真与生动，给 VR-X3D 程序设计带来更大的方便。本书配套源代码资源中的“VR-X3D 实例源程序\第 6 章实例源程序”目录下提供了 VR-X3D 源程序 px3d6-3.x3d。

【实例 6-3】VR-X3D 虚拟现实纹理绘制组件节点设计利用 Shape 空间物体造型模型节点、Appearance 外观子节点、Material 外观材料节点、Inline 内联节点、Transform 空间坐标变换节点、ImageTexture 图像纹理节点以及几何节点，在三维立体空间背景下创建一个纹理贴图的三维立体图像纹理造型。虚拟现实 ImageTexture 图像纹理节点三维立体图像纹理场景设计 VR-X3D 文件 px3d6-3.x3d 源程序如下：

```
<Scene>
    <!-- Scene graph nodes are added here -->
        <Background skyColor="1 1 1"/>
        <Transform translation='0.25 -0.05 -0.1'>
            <Shape>
                <Appearance>
                    <Material />
                    <ImageTexture url='13691.jpg' />
                </Appearance>
                <Box size='6.2 4.7 0.01' />
            </Shape>
        </Transform>
        <Transform rotation='0 0 1 0' scale='0.02 0.02 0.02' translation='1 1 -0.5'>
            <Inline url='phuakuang.X3D' />
        </Transform>
        <Transform translation='5 -3 0'>
            <Shape>
                <Appearance>
                    <Material/>
                    <ImageTexture url="Sphere.jpg' />
                </Appearance>
                <Sphere radius='0.5' />
            </Shape>
        </Transform>
        <Transform translation='-4.5 -3 0'>
            <Shape>
                <Appearance>
                    <Material/>
                    <ImageTexture url='0108.jpg' />
                </Appearance>
                <Sphere radius='0.5' />
            </Shape>
        </Transform>
    </Scene>
```

VR-X3D 虚拟现实纹理绘制组件节点设计中，在 Scene（场景根）节点下添加 Background 背景节点、Transform 空间坐标变换节点、Shape 模型节点以及 ImageTexture 图像纹理节点，背景节点的颜色取白色以突出三维立体几何造型的显示效果。利用 ImageTexture 图像纹理节点组合创建一个三维立体图像纹理场景和造型，以增强空间三维立体图像纹理造型的显示效果。

运行虚拟现实 ImageTexture 图像纹理节点三维立体图像纹理造型设计程序。首先启动 BS

Contact VRML/X3D 8.0 浏览器，选择 open 选项，然后打开“VR-X3D 实例源程序\第 6 章实例源程序\px3d6-3.x3d”，即可运行程序创建三维立体图像纹理造型场景。ImageTexture 图像纹理节点源程序运行结果如图 6-3 所示。

图 6-3 ImageTexture 图像纹理节点源程序运行结果

6.4 PixelTexture 节点设计

PixelTexture 节点也称为像素纹理节点，可以实现三维立体几何体表面像素纹理图像绘制功能，使 VR-X3D 文件三维立体场景和造型有更加逼真、细腻和生动的设计效果，该节点常作为 Shape 模型节点中 Appearance 外观节点下的子节点。PixelTexture 节点指定了纹理映射的属性，定义了一个包含像素值的数组创建的二维纹理贴图，纹理贴图使用一个二维坐标系统(s,t)，水平和垂直方向的取值范围为[0.0,1.0]，对应图像上相对边角的距离。添加纹理时需要先添加 Shape 节点和 Appearance 节点。

6.4.1 语法定义

PixelTexture 像素纹理节点语法定义了用于确定像素纹理绘制的属性名和域值，通过 PixelTexture 像素纹理节点的域名、域值、域数据类型以及事件的存储/访问权限的定义来描述一个效果更加理想的三维立体造型像素纹理绘制。PixelTexture 像素纹理节点语法定义如下：

```
<PixelTexture
    DEF             ID
    USE             IDREF
    image           0 0 0        SFImage      inputOutput
    repeatS         true         SFBool       initializeOnly
    repeatT         true         SFBool       initializeOnly
    containerField  texture
    class
/>
```

PixelTexture 像素纹理节点的图标为▦，包含域名、域值、域数据类型以及存储/访问类型等，节点中数据内容（架构）包含在一对尖括号中，用“</>”表示。域数据类型中的 SFBool 域是一个单值布尔量；SFImage 域含有非压缩的二维彩色图像或灰度图像。事件的存储/访问类型包括 initializeOnly（初始化类型）和 inputOutput（输入/输出类型）。PixelTexture 像素纹理节点包含 DEF、USE、image、repeatS、repeatT、containerField 以及 class 域。

6.4.2 源程序实例

VR-X3D 三维立体纹理绘制组件节点设计利用 PixelTexture 像素纹理节点实现三维立体空间造型像素纹理绘制。PixelTexture 像素纹理节点的功能是将需要的像素纹理绘制在各种几何造型上，使 VR-X3D 文件中的场景和造型更加逼真与生动，给 VR-X3D 程序造型设计带来更大的便捷性。本书配套源代码资源中的“VR-X3D 实例源程序\第 6 章实例源程序”目录下提供了 VR-X3D 源程序 px3d6-4.x3d。

【实例 6-4】VR-X3D 三维立体纹理绘制组件节点设计利用 Shape 空间物体造型模型节点、Appearance 外观子节点和 Material 外观材料节点、Transform 空间坐标变换节点、PixelTexture 像素纹理节点以及几何节点，在三维立体空间背景下创建一个像素纹理绘制的三维立方体造型。虚拟现实 PixelTexture 像素纹理节点三维立方体像素纹理绘制场景设计 VR-X3D 文件 px3d6-4.x3d 源程序如下：

```
<Scene>
    <!-- Scene graph nodes are added here -->
        <Background skyColor="1 1 1"/>
        <Viewpoint description="PixelTexture" position="0 0 5"/>
        <Shape>
            <Appearance>
                <PixelTexture image="2 4 3 0xFF0000 0x00FF00 0xFFFF00 0x00FFFF
                    0xFF00FF 0 0x0000FF 0xFFFF00"/>
            </Appearance>
            <Box/>
        </Shape>
</Scene>
```

VR-X3D 三维立体纹理绘制组件节点设计中，在 Scene（场景根）节点下添加 Background 背景节点、Shape 模型节点以及 PixelTexture 像素纹理节点，背景节点的颜色取白色以突出三维立体几何造型的显示效果。利用 PixelTexture 像素纹理节点组合创建一个三维立方体像素纹理绘制造型，以增强空间三维立方体造型的显示效果。

运行虚拟现实 PixelTexture 像素纹理节点三维立方体像素纹理绘制设计程序。首先启动 BS Contact VRML/X3D 8.0 浏览器，选择 open 选项，然后打开“VR-X3D 实例源程序\第 6 章实例源程序\px3d6-4.x3d”，即可运行程序创建一个三维立方体像素纹理绘制造型场景。PixelTexture 像素纹理节点源程序运行结果如图 6-4 所示。

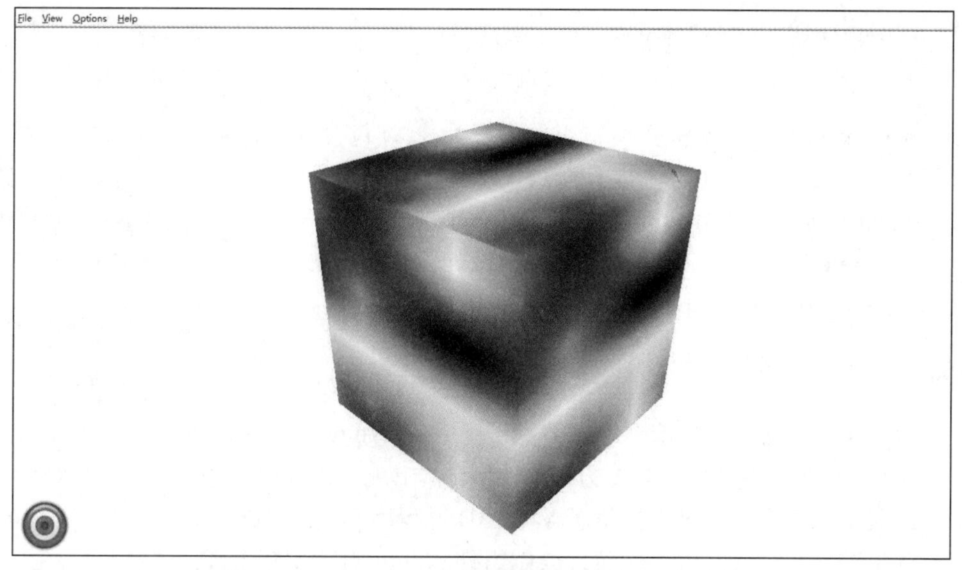

图 6-4 PixelTexture 像素纹理节点源程序运行结果

6.5 TextureTransform 节点设计

TextureTransform 节点也称为纹理坐标变换节点，用于指定纹理坐标的位置、方向、比例。该节点可相对世界纹理坐标系建立一个局部纹理坐标系统，这同 Transform 节点在世界坐标系上新建一个局部坐标系一样。该节点的功能是改变粘贴在几何对象表面的图片或影片的位置，使其可以平移、转动或改变图像尺寸。由于 TextureTransform 纹理坐标变换节点指定了贴图的二维纹理坐标的位置、方向、比例的交换，因此贴图应先进行变换然后再贴到几何体上，否则产生的视觉效果是相反的。正确的执行顺序是平移－沿中心旋转－沿中心缩放。TextureTransform 纹理坐标变换节点通过创建和改变一个 2D 纹理坐标变换图像绘制，使 VR-X3D 文件三维立体场景和造型有更加逼真和生动的设计效果，该节点通常用作 Shape 模型和 Appearance 外观节点中的子节点。

6.5.1 语法定义

TextureTransform 纹理坐标变换节点语法定义了用于确定 2D 纹理坐标变换的属性名和域值，利用 TextureTransform 纹理坐标变换节点的域名、域值、域数据类型以及事件的存储/访问权限的定义来创建一个效果更加理想的 2D 纹理坐标变换图像场景。TextureTransform 纹理坐标变换节点语法定义如下：

```
<TextureTransform
    DEF           ID
    USE           IDREF
    translation   0 0          SFVec2f     inputOutput
    center        0 0          SFVec2f     inputOutput
    rotation      0            SFFloat     inputOutput
    scale         1 1          SFVec2f     inputOutput
```

```
        containerField    textureTransform
        class
/>
```

TextureTransform 纹理坐标变换节点的图标为，包含域名、域值、域数据类型以及存储/访问类型等，节点中数据内容（架构）包含在一对尖括号中，用“</>”表示。域数据类型中的 SFFloat 域是单值单精度浮点数；SFVec2f 域定义了一个单值二维矢量。事件的存储/访问类型为 inputOutput（输入/输出类型）。TextureTransform 纹理坐标变换节点包含 DEF、USE、translation、center、rotation、scale、containerField 以及 class 域。

6.5.2 源程序实例

在 VR-X3D 三维立体纹理绘制组件节点设计中，TextureTransform 纹理坐标变换节点指定了贴图的二维纹理坐标变换的位置、方向、比例。本书配套源代码资源中的“VR-X3D 实例源程序\第 6 章实例源程序”目录下提供了 VR-X3D 源程序 px3d6-5.x3d。

【实例 6-5】VR-X3D 三维立体纹理绘制组件节点设计利用 Transform 空间坐标变换节点、Shape 空间物体造型模型节点、Appearance 外观子节点、Material 外观材料节点、TextureTransform 纹理坐标变换节点以及几何节点，在三维立体空间背景下，进行三维立体纹理坐标变换图像绘制。虚拟现实 TextureTransform 纹理坐标变换节点三维立体纹理坐标变换图像场景设计 VR-X3D 文件 px3d6-5.x3d 源程序如下：

```
<Scene>
    <!-- Scene graph nodes are added here -->
        <Background skyColor="1 1 1"/>
        <Viewpoint description="PixelTexture" position="0 0 10"/>
            <Transform rotation="1 0 0 6.284">
             <Shape>
                <Appearance>
                    <ImageTexture url="13698.jpg"/>
                    <TextureTransform center='1 1' translation='1 1' scale='2 2'/>
                </Appearance>
                <Box size='4 4 4'/>
             </Shape>
            </Transform>
    </Scene>
```

VR-X3D 三维立体纹理绘制组件节点源文件中，在 Scene 场景根节点下添加 Background 背景节点、Shape 模型节点以及 TextureTransform 纹理坐标变换节点，背景节点的颜色取白色以突出三维立体影像几何造型的显示效果。利用 TextureTransform 纹理坐标变换节点组合进行三维立体纹理坐标变换图像绘制，以增强空间三维立体纹理坐标变换的显示效果。

运行虚拟现实 TextureTransform 纹理坐标变换节点三维立体纹理坐标绘制设计程序。首先，启动 BS Contact VRML/X3D 8.0 浏览器，选择 open 选项，然后打开“VR-X3D 实例源程序\第 6 章实例源程序\px3d6-5.x3d”，即可运行程序创建一个三维立体纹理坐标变换绘制造型场景。使用 TextureTransform 纹理坐标变换节点，通过旋转与定位来改变图像的尺寸，进而改变纹理在几何对象表面的位置。源程序运行结果如图 6-5 所示。

图 6-5 TextureTransform 纹理坐标变换节点源程序运行结果

6.6 MovieTexture 节点设计

MovieTexture
节点设计

MovieTexture 节点也称为影视纹理节点，可以创建一个三维立体播放电影图像纹理，使 VR-X3D 文件三维立体场景和造型有更加逼真和生动的设计效果，该节点常作为 Shape 模型节点中 Appearance 外观节点下的 texture 域的值。MovieTexture 影视纹理节点创建的文件格式为 MPEG，其全称为 Moving Picture Expects Group，即运动图像专家组，是一种压缩比率较大的活动图像和声音的运动图像压缩标准，其压缩率在 0.8 位/像素到 0.4 位/像素之间，其所存储的电影文件的图形质量也比较好。现在 MPEG 技术有 MPEG-1、MPEG-2、新的 MPEG-4 以及正在研发的 MPEG-7 等，其中最应用最广的是 MPEG-1 文件。MPEG 文件的扩展名为“*.mpg”。MovieTexture 节点主要用于映射和连续播放，也可以使用 MovieTexture 节点来创建伴音（如播放电影时的电影声音），作为 Sound 节点指定的声音文件。

6.6.1 语法定义

MovieTexture 影视纹理节点语法定义了用于确定电影纹理图像的属性名和域值，通过 MovieTexture 影视纹理节点的域名、域值、域数据类型以及事件的存储/访问权限的定义来描述一个效果更加理想的三维立体电影纹理播放场景。MovieTexture 影视纹理节点提供指定的几何的电影纹理图像，或者为 Sound 节点提供声音。影视纹理贴图使用一个二维坐标系统(s,t)水平和垂直数据，(s,t)水平和垂直数据的取值范围为[0.0,1.0]，对应图像上相对边角的距离。如果想在看电影的同时听到声音，首先使用 DEF 定义一个影视纹理，然后使用 USE 作为 Sound 节点的源，这样可以节省内存。MovieTexture 影视纹理节点语法定义如下：

```
<MovieTexture
    DEF                 ID
    USE                 IDREF
    url                                 MFString    inputOutput
    loop                false           SFBool      inputOutput
    speed               1.0             SFFloat     inputOutput
    startTime           0               SFTime      inputOutput
    stopTime            0               SFTime      inputOutput
    repeatS             true            SFBool      initializeOnly
    repeatT             true            SFBool      initializeOnly
    duration_changed    ""              SFTime      outputOnly
    isActive            ""              SFBool      outputOnly
    isPaused            ""              SFBool      outputOnly
    pauseTime           0               SFTime      outputOnly
    resumeTime          0               SFTime      outputOnly
    elapsedTime         ""              SFTime      outputOnly
    containerField      texture
    class
/>
```

MovieTexture 影视纹理节点的图标为▤，包含域名、域值、域数据类型以及存储/访问类型等，节点中数据内容包含在一对尖括号中，用“</>”表示。域数据类型中的 SFBool 域是一个单值布尔量；SFFloat 域是单值单精度浮点数；SFTime 域含有一个单独的时间值；MFString 域表示一个多值字符串。事件的存储/访问类型包括 outputOnly（输出类型）、initializeOnly（初始化类型）以及 inputOutput（输入/输出类型）。MovieTexture 影视纹理节点包含 DEF、USE、url、loop、speed、startTime、stopTime、repeatS、repeatT、duration_changed、isActive、isPaused、pauseTime、resumeTime、elapsedTime、containerField 以及 class 域。

6.6.2 源程序实例

本书配套源代码资源中的“VR-X3D 实例源程序\第 6 章实例源程序”目录下提供了 VR-X3D 源程序 px3d6-6.x3d。

【实例 6-6】利用 VR-X3D 三维立体程序设计中的背景节点、视点导航节点、Shape 空间物体造型模型节点、Appearance 外观子节点和 Material 外观材料节点、Transform 空间坐标变换节点、MovieTexture 影视纹理节点以及几何节点，在三维立体空间背景下，创建一个三维立体影视播放造型。虚拟现实 MovieTexture 影视纹理节点三维立体影视播放场景设计 VR-X3D 文件 px3d6-6.x3d 源程序如下：

```
<Scene>
    <Background DEF="_Background" skyAngle='1.536,2.021' skyColor='1 1 1,0.98 0.98 0.98,0.2 0.6 0.2'>
    </Background>
        <Viewpoint DEF="_Viewpoint" jump='false' orientation='0 1 0 -1.571' position='0 -2 -42.5'
            description="View1">
        </Viewpoint>
```

```
        <Viewpoint DEF="_Viewpoint_1" jump='false' orientation='0 1 0 -0.2' position='0 0 -5'
            description="View2">
        </Viewpoint>
        <Viewpoint DEF="_Viewpoint_2" jump='false' orientation='0 1 0 -1.571' position='1 0 -52.5'
            description="view3">
        </Viewpoint>
        <!-- ********************** -->

    <Transform rotation='0 1 0 -1.571' scale='0.01 0.01 0.01' translation='28.5 -3.2 -58.5'>
            <Inline url= "lyinxiang.x3d"/>
    </Transform>
    <Transform rotation='0 1 0 -1.571' scale='0.01 0.01 0.01' translation='28.5 -3.2 -31.5'>
            <Inline url="lyinxiang.x3d"/>
    </Transform>
<!—导入影视播放设计-->
    <Transform rotation='0 1 0 -1.571' scale='2.45 2.1 2.45' translation='27.95 0.15 -41.62'>
            <Inline url="pmovie-1.x3d"/>
    </Transform>
<!—导入电视机模型设计-->
    <Transform rotation='0 1 0 -1.57' scale='0.25 0.25 0.25' translation='25.5 -3.7 -42.5'>
             <Inline url="tvyj.x3d"/>
    </Transform>
<!—导入电视柜模型设计-->
    <Transform rotation='0 1 0 -1.571' scale='0.01 0.01 0.01' translation='27.4 -7 -49.52'>
            <Inline url="dianshigui-1.x3d"/>
    </Transform>
<!—导入 DVD 模型设计-->
    <Transform rotation='0 1 0 -1.571' scale='0.25 0.25 0.25' translation='23.4 -5.7 -42.52'>
            <Inline url="DVDji.x3d"/>
    </Transform>
</Scene>
```

VR-X3D 三维立体程序设计源文件中，在 Scene（场景根）节点下添加 Background 背景节点、视点导航节点、Shape 模型节点以及 MovieTexture 影视纹理节点，背景节点的颜色取白色以突出三维立体影视几何造型的显示效果。利用 MovieTexture 影视纹理节点组合创建一个三维立体影视播放造型，以增强空间三维立体影视造型的显示效果。

运行虚拟现实 MovieTexture 影视纹理节点三维立体影视播放设计程序。首先启动 BS Contact VRML/X3D 8.0 浏览器，选择 open 选项，然后双击“VR-X3D 实例源程序\第 6 章实例源程序\px3d6-6.x3d”程序，即可运行程序创建一个虚拟现实影视播放三维立体场景。在三维立体空间背景下，MovieTexture 电影纹理节点源程序运行结果如图 6-6 所示。

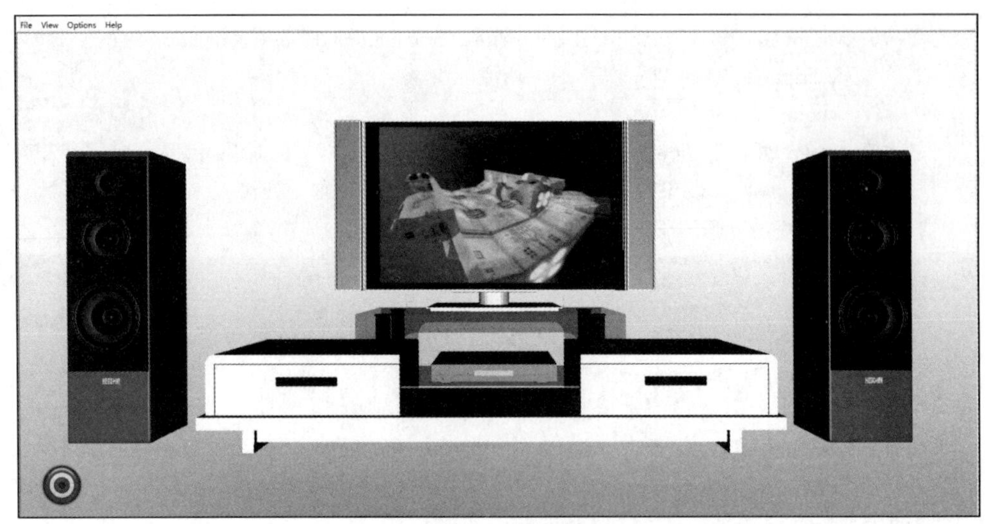

图 6-6　MovieTexture 影视纹理节点源程序运行效果

6.7　AudioClip 节点设计

声音是人们在现实生活中用来传递信息的重要手段，在浏览 VR-X3D 三维立体场景时，若想领略具有 3D 真实临境立体感的听觉效果可以在 VR-X3D 场景中添加声音。VR-X3D 场景播放的不是简单的 2D 声音，而是通过自己的声源来模拟现实中的声音传播路径的 3D 声音，把虚拟和现实融为一体，使整个 VR-X3D 世界更加具有真实感。要想发出声音首先需要一个声源，因此在 VR-X3D 中就必须指定一个声源，同时需要设置这个声源的空间位置、声音的发射方向、声音的高低与强弱等信息。

AudioClip 节点也称为音响剪辑节点，其可以在 VR-X3D 世界中描述一个声源，同时可以为需要声源的节点设置引用的声音文件的位置及播放的各种参数，就如同生成一台播放音乐的装置，例如 CD 唱盘机。VR-X3D 所支持的声音文件包括 WAV、MIDI 和 MPEG-1 文件，其通过 AudioClip 节点引用的声音文件包括 WAV 文件和 MIDE 文件，MPEG-1 是通过 MovieTexture 影视纹理节点来引用的。AudioClip 音响剪辑节点在 VR-X3D 世界中描述声源并指定其声源的节点可以引用的声音文件的位置及播放的各种参数，提供音频数据给 Sound 节点。

AudioClip 音响剪辑节点语法定义了用于确定音响剪辑的属性名和域值，利用 AudioClip 音响剪辑节点的域名、域值、域的数据类型以及事件的存储/访问权限的定义来创建一个更加理想的三维立体音响效果。AudioClip 音响剪辑节点语法定义如下：

```
<AudioClip
    DEF             ID
    USE             IDREF
    description                     SFString      inputOutput
    url                             MFString      inputOutput
    loop            false           SFBool        inputOutput
    pitch           1.0             SFFloat       inputOutput
    startTime       0               SFTime        inputOutput
```

```
        stopTime                0               SFTime          inputOutput
        duration_changed        ""              SFTime          OutputOnly
        isActive                ""              SFBool          inputOutput
        isPaused                ""              SFBool          inputOutput
        pauseTime               0               SFTime          inputOutput
        resumeTime              0               SFTime          inputOutput
        elapsedTime             ""              SFTime          OutputOnly
        containerField          source
        class
/>
```

AudioClip 音响剪辑节点的图标为■，包含 DEF、USE、description、url、loop、pitch、startTime、stopTime、duration_changed、isActive、isPaused、pauseTime、resumeTime、elapsedTime、containerField 以及 class 域。域数据类型中的 SFFloat 域是单值单精度浮点数；SFBool 域是一个单值布尔量；SFString 域包含一个字符串；MFString 域是一个含有零个或多个单值的多值域；SFTime 域含有一个单独的时间值。事件的存储/访问类型包括 outputOnly（输出类型）和 inputOutput（输入/输出类型）。

6.8 Sound 节点设计

Sound 节点设计

Sound 节点也称为声音节点，可以在 VR-X3D 世界中生成一个声音发射器，它用来指定声源的各种参数，即指定了 VR-X3D 场景中声源的位置和声音的立体化表现。Sound 声音节点可以使声源位于局部坐标系中的任何一个点，并以球面或椭球的模式发射出声音，该节点可以不通过立体化处理使声音环绕。Sound 节点可以出现在 VR-X3D 文本的顶层，也可以作为组节点的子节点。Sound 声音节点包含了一个 AudioClip 节点或 MovieTexture 节点以进行声音回放。

6.8.1 语法定义

Sound 声音节点语法定义了用于确定声音的属性名和域值，利用 Sound 声音节点的域名、域值、域数据类型以及事件的存储/访问权限的定义来创建一个更加理想的三维立体音响效果。Sound 声音节点语法定义如下：

```
<Sound
        DEF                     ID
        USE                     IDREF
        location                0 0 0           SFVec3f         inputOutput
        direction               0 0 1           SFVec3f         inputOutput
        intensity               1               SFFloat         inputOutput
        minFront                1               SFFloat         inputOutput
        minBack                 1               SFFloat         inputOutput
        maxFront                10              SFFloat         inputOutput
        maxBack                 10              SFFloat         inputOutput
        priority                0               SFFloat         inputOutput
        spatialize              true            SFBool          initializeOnly
```

```
        containerField          children
        class >
</Sound>
```

Sound 声音节点的图标为▣，包含 DEF、USE、location、direction、intensity、minFront、minBack、maxFront、maxBack、priority、spatialize、containerField 以及 class 域。域数据类型中的 SFBool 域是一个单值布尔量；SFFloat 域是单值单精度浮点数；SFVec3f 域定义了一个三维向量空间。事件的存储/访问类型包括 initializeOnly（初始化类型）和 inputOutput（输入/输出类型）。Sound 声音节点主要对 location、direction、intensity、minFront、minBack、maxFront、maxBack、containerField 以及 class 域等进行描述。

6.8.2 源程序实例

本书配套源代码资源中的“VR-X3D 实例源程序\第 6 章实例源程序”目录下提供了 VR-X3D 源程序 px3d6-7.x3d。

【实例 6-7】利用 Shape 空间物体造型模型节点、Appearance 外观子节点、Material 外观材料节点、Transform 空间坐标变换节点、AudioClip 节点、Sound 声音节点以及几何节点，在三维立体空间背景下，创建一个三维立体声音场景环境。虚拟现实 Sound 声音节点三维立体声音播放场景设计 VR-X3D 文件 px3d6-7.x3d 源程序如下：

```
<Scene>
<!-- Scene graph nodes are added here -->
  <Background skyColor="1 1 1"/>
  <Viewpoint description='Viewpoint-1' position='2 1 10'/>
  <Viewpoint description='Viewpoint-2' orientation='0 1 0 0.57' position='5 -1 5'/>
    <NavigationInfo type='"WALK" "EXAMINE" "ANY"'/>
    <Group>
      <Sound direction='0 0 -1' maxBack='20' minBack='10'   minFront='50' maxFront='80'>
        <AudioClip description='will' loop='true'   url='"soundred1.wav"   '/>
      </Sound>
      <!—声音节点设计 -->
      <Transform   DEF="Tran" >
      <Transform    scale='1 1 1' translation='-1 0 0'>
        <Shape DEF='MinMarker'>
          <Sphere radius='0.25'/>
          <Appearance>
            <ImageTexture url="sound-1.png"/>
          </Appearance>
          <Box size='4 4 0.001'/>
        </Shape>
      </Transform>
    <Transform   scale='1 1 1' translation='5 0 0'>
        <Shape DEF='MinMarker'>
          <Sphere radius='0.25'/>
          <Appearance>
            <ImageTexture url="sound-2.png"/>
          </Appearance>
```

```
            <Box size='4 4 0.001'/>
          </Shape>
        </Transform>
        </Transform>
      <Transform   scale='1.8 1.8 1.8' translation='-1 5 -25' >
          <Transform USE="Tran"/>
      </Transform>
      <Transform   scale='2 2 2' translation='-1 25 -80' >
          <Transform USE="Tran"/>
      </Transform>
    </Group>
</Scene>
```

VR-X3D 源文件中，在 Scene（场景根）节点下添加 Background 背景节点、Shape 模型节点、AudioClip 节点和 Sound 声音节点，背景节点的颜色取白色以突出三维立体声音几何造型的显示效果。利用 Sound 声音文件节点组合创建一个三维立体声音造型，以提高空间三维立体声音的音响效果。

运行虚拟现实 Sound 声音节点三维立体声音播放设计程序。首先运行 BS Contact VRML/X3D 8.0 浏览器，选择 open 选项，然后双击“VR-X3D 实例源程序\第 6 章实例源程序\px3d6-7.x3d”程序，即可运行程序创建虚拟现实 Sound 声音节点三维立体播放场景。在三维立体空间背景下，Sound 声音节点源程序运行结果如图 6-7 所示。

图 6-7 Sound 声音节点源程序运行结果

本章小结

本章主要介绍了 Appearance 外观节点设计、ImageTexture 图像节点设计、PixelTexture 像素纹理节点设计、TextureTransform 纹理坐标变换节点设计、MovieTexture 影视纹理节点设计以及 Sound 声音节点设计等。利用纹理节点设计，对 3D 物体模型进行着色、纹理图像绘制，可以使创建的 VR-X3D 模型更加绚丽多彩。通过影视和声音节点设计，可使虚拟现实场景更加生动鲜活。

第 7 章　VR-X3D 灯光渲染及视点导航设计

VR-X3D 灯光环境渲染组件可以在三维立体环境中开发设计出更完美、更逼真的三维立体环境灯光渲染场景和造型，通过对 VR-X3D 场景进行灯光渲染可以提高主场景及环境的真实度。VR-X3D 光渲染主要包括 PointLight 节点、DirectionLight 节点、SpotLight 节点、NavigationInfo 节点、Background 节点、TextureBackground 节点、Fog 雾节点设计等。VR-X3D 视点与导航节点设计包括 Viewpoint 节点设计、NavigationInfo 节点设计等。

- PointLight 节点设计
- DirectionLight 节点设计
- SpotLight 节点设计
- Background 节点设计
- Fog 雾节点设计
- Viewpoint 节点设计
- NavigationInfo 节点设计

VR-X3D 对现实世界中光源的模拟实质上是对光影的计算。通常现实世界中的光源是指各种能发光的物体，但是在 VR-X3D 世界中却没有这样的光源。VR-X3D 环境灯光渲染是通过对物体表面的明暗分布的计算，使物体与环境产生强烈的明暗对比，这样物体看起来就像是在发光。VR-X3D 光源与现实世界中光源的另一点区别在于阴影，VR-X3D 的光源系统中不会自动产生阴影，如果要对静态物体进行阴影渲染，必须先人工计算出阴影的范围来模拟阴影。

通常光源是由不同的颜色组成的，控制光源颜色由调整 RGB 参数来实现，这一点与材料设置的颜色相似。一般情况下光源发出的光线的颜色跟光源的颜色相同，如一个红色的光源发出的光线是红色的。其实在现实世界中，当白色的光源照射到一个有色的物体表面，将发生两种现象，而人所能看到的颜色只是其中的反射现象所呈现的，另一种现象就是吸收现象，它会导致射入光强衰减。我们看到的反射光之所以是红色的，是因为白色的光线由多种颜色的光组成，物体吸收了其中除了红色光的所有光线，红色则被反射到我们眼中。但是如果物体表面是黑色的，它将不反射任何光线。

在 VR-X3D 中，可使用Material、Color 和纹理节点设置造型的颜色，在 VR-X3D 虚拟三维立体环境中来自顶灯的白光线射到有颜色的造型上时，每个造型将反射光中的某些颜色，这一点跟现实生活中一样。通常顶灯是白色的光源，因而不能设置颜色，但是如果一个有色光源照射到一个有色的造型上，情况就比较复杂了。例如一个蓝色物体只能反射蓝色的光线，而一束红色的光线中又含有蓝色的成分，当一束红色的光线照射到一个蓝色的造型上时，由于没有蓝色光线可以反射，它将显示黑色。

现实世界中物体表面的亮度由直接照射它的光源的强度和环境中各种物体所反射的光线的多少决定，但是处于真空的单个物体由于没有漫反射发生，它的亮度只能由直接照射它的光线的强度决定。在一间没有直接光源照射的房间里，我们有时也可能看到其中的物体，这是因为各种物体的反射光线在物体之间发生了多次复杂的反射和吸收，因而产生了环境光，而且它通常是白色的。VR-X3D 中也可以模拟直接光线和环境光线所产生的效果，开发时为了控制环境光线的多少，应对 VR-X3D 提供的光源节点设置一个环境亮度值，如果该值高，则表示 VR-X3D 世界中产生的环境光线较多。

人类能看到自然界的万物，主要是由于光线的作用。光线的产生需要光源，通常光源分为自然界光源和人造光源，在自然界和人造光源中，光源又分为点光源、锥光源和平行光源三种。在 VR-X3D 文件中，光源按光线的照射方位分为点光源、平行光源和聚光光源。VR-X3D 中的光源并不是真正存在的实体造型，而是根据其所发出的光线假想出来的空间中的一个点或面，只能观察到由光源所产生的实际的光照效果，而不能真正观察到光源的几何形状。

7.1 PointLight 节点设计

PointLight 节点也称为点光源节点，可以生成一个点光源，即生成的光线是向四面八方照射的。PointLight 节点发射的光线可照亮所有的几何对象，并不限制于场景图的层级，光线自身没有可见的形状，也不会被几何形体阻挡而形成阴影。PointLight 即可作为独立节点，也可作为其他组节点的子节点，其通常作为 Group 编组节点中的子节点或与 Background 背景节点平行使用。

PointLight 节点设计

7.1.1 语法定义

PointLight 点光源节点语法定义了用于确定点光源的属性名和域值，利用 PointLight 点光源节点的域名、域值、域数据类型以及事件的存储/访问权限的定义来创建一个更加理想的三维立体空间自然景观场景光照效果。PointLight 点光源节点语法定义如下：

```
<PointLight
    DEF                 ID
    USE                 IDREF
    on                  true      SFBool      inputOutput
    color               1 1 1     SFColor     inputOutput
    location            0 0 0     SFVec3f     inputOutput
    intensity           1         SFFloat     inputOutput
    ambientIntensity    0         SFFloat     inputOutput
```

```
    radius              100         SFFloat         inputOutput
    attenuation         1 0 0       SFVec3f         inputOutput
    global              false       SFBool          inputOutput
    containerField      children
    class
/>
```

PointLight 点光源节点的图标为☼，包含域名、域值、域数据类型以及存储/访问类型等，节点中数据内容（架构）包含在一对尖括号中，用“</>”表示。域数据类型中的 SFBool 域是一个单值布尔量；SFFloat 域是单值单精度浮点数；SFColor 域是只有一个颜色的单值域；SFVec3f 域定义了一个三维矢量空间。事件的存储/访问类型为 inputOutput（输入/输出类型）。PointLight 点光源节点包含 DEF、USE、on、color、location、intensity、ambientIntensity、radius、attenuation、global、containerField 以及 class 域。

7.1.2 源程序实例

本书配套源代码资源中的“VR-X3D 实例源程序\第 7 章实例源程序”目录下提供了 VR-X3D 源程序 px3d7-1.x3d。

【实例 7-1】 利用 Background 背景、视点节点、NavigationInfo 视点导航节点、Inline 内联节点以及 PointLight 点光源节点创建一个三维立体空间点光源浏览效果。虚拟现实 PointLight 点光源节点三维立体场景设计 VR-X3D 文件 px3d7-1.x3d 源程序如下：

```
<Scene>
    <!-- Scene graph nodes are added here -->
      <Viewpoint description="PointLight at center of spheres.   Note that light rays pass
            through geometry." position="0 0 30"/>
      <NavigationInfo headlight="false" type='"EXAMINE" "ANY"'/>
      <Background skyColor="0 1 1"/>
      <Group>
          <PointLight radius="12"/>
          <Inline bboxSize="16 16 16" url="px3d7-1-1.x3d"/>
          <Inline bboxSize="16 16 16" url="px3d7-1-2.x3d "/>
      </Group>
  </Scene>
```

在 VR-X3D 源文件 Scene（场景根）节点下添加 Background 背景节点、Group 编组节点、Inline 内联节点、NavigationInfo 视点导航节点以及 PointLight 点光源节点。利用 PointLight 点光源节点创建一个三维立体空间点光源浏览效果。

运行虚拟现实 PointLight 点光源节点三维立体空间场景设计程序。首先启动 BS Contact VRML/X3D 8.0 浏览器，选择 open 选项，然后打开“VR-X3D 实例源程序\第 7 章实例源程序\px3d7-1.x3d”，即可运行程序创建一个三维立体点光源浏览的造型场景。PointLight 点光源节点源程序运行结果如图 7-1 所示。

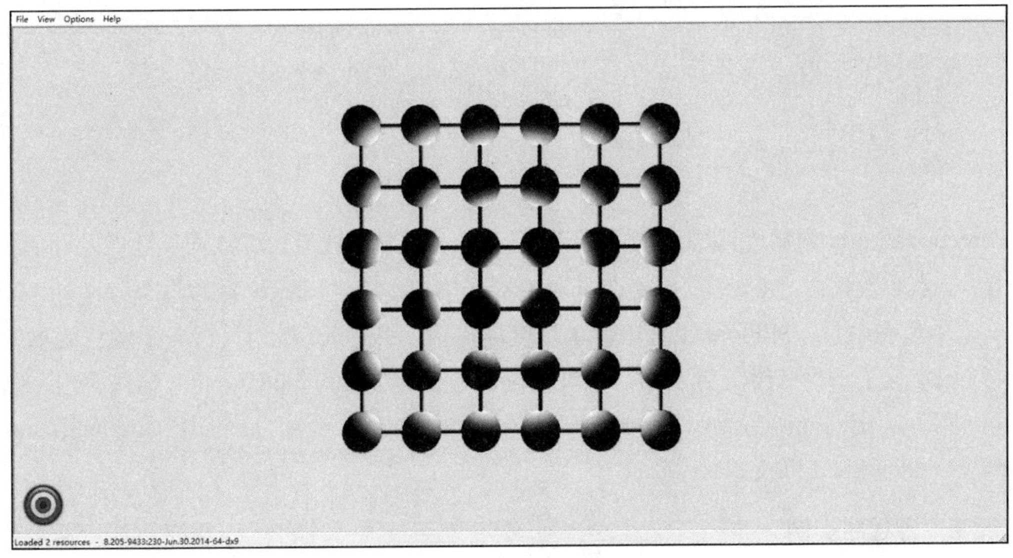

图 7-1　PointLight 点光源节点源程序运行结果

7.2　DirectionalLight 节点设计

DirectionalLight 节点也称为定向光源节点，可以生成一个平行光源，即生成的光线是平行向前发射的。DirectinalLight 既可作为独立节点，也可作为其他组节点的子节点，该节点通常作为 Group 编组节点中的子节点或与 Background 背景节点平行使用。

7.2.1　语法定义

DirectionalLight 定向光源节点可以创建一个平行光线来照亮空间内的几何体。光线只照亮同一组内所有节点以及当前组的深层子节点，它对同组以外的物体无影响。光线是从无限远处平行照射，所以可以不需要考虑光源的位置。DirectionalLight 节点的光线不随距离变化而衰减，光线自身也没有可见的形状，同时不会被几何形体阻挡而形成阴影，还可以动态改变光线的方向，例如模拟一天中的太阳光线的变化。

DirectionalLight 定向光源节点语法定义了用于确定平行光源的属性名和域值，利用 DirectionalLight 定向光源节点的域名、域值、域数据类型以及事件的存储/访问权限的定义来创建一个更加理想的三维立体空间自然景观场景光照效果。DirectionalLight 定向光源节点语法定义如下：

```
<DirectionalLight
    DEF            ID
    USE            IDREF
    on             true        SFBool      inputOutput
    color          1 1 1       SFColor     inputOutput
    direction      0 0 -1      SFVec3f     inputOutput
```

```
        intensity              1              SFFloat        inputOutput
        ambientIntensity       0              SFFloat        inputOutput
        global                 false          SFBool         inputOutput
        containerField         children
        class
/>
```

DirectionalLight 定向光源节点的图标为，包含域名、域值、域数据类型以及存储/访问类型等，节点中数据内容（架构）包含在一对尖括号中，用“</>”表示。域数据类型中的 SFBool 域是一个单值布尔量。SFFloat 域是单值单精度浮点数；SFColor 域为只有一个颜色的单值域；SFVec3f 域定义了一个三维矢量空间。事件的存储/访问类型为 inputOutput（输入/输出类型）。DirectionalLight 定向光源节点包含 DEF、USE、on、color、direction、intensity、ambientIntensity、global、containerField 以及 class 域。

7.2.2 源程序实例

本书配套源代码资源中的“VR-X3D 实例源程序\第 7 章实例源”目录下提供了 VR-X3D 源程序 px3d7-2.x3d。

【实例 7-2】利用 Background 背景节点、视点节点、NavigationInfo 视点导航节点、Inline 内联节点以及 DirectionalLight 定向光源节点创建一个三维立体空间定向光源浏览效果。虚拟现实 DirectionalLight 定向光源节点三维立体场景设计 VR-X3D 文件 px3d7-2.x3d 源程序如下：

```
<Scene>
    <!-- Scene graph nodes are added here -->
      <Viewpoint description="DirectionalLight shining parallel rays to right.   No location,
          light source is infinitely distant." position="0 0 30"/>
      <NavigationInfo headlight="false" type='"EXAMINE" "ANY"'/>
         <Background skyColor="0 0.8 0"/>
      <Group>
         <DirectionalLight direction="1 0 0"/>
         <Inline bboxSize="16 16 16" url=" px3d7-1-1.x3"/>
        <Inline bboxSize="16 16 16" url=" px3d7-1-2.x3d "/>
      </Group>
   </Scene>
```

在 VR-X3D 源文件 Scene（场景根）节点下添加 Background 背景节点、Group 编组节点、Inline 内联节点、NavigationInfo 视点导航节点以及 DirectionalLight 定向光源节点。利用 DirectionalLight 定向光源节点创建一个三维立体空间定向光源浏览效果。

运行虚拟现实 DirectionalLight 定向光源节点三维立体空间场景设计程序。首先启动 BS Contact VRML/X3D 8.0 浏览器，选择 open 选项，然后打开“VR-X3D 实例源程序\第 7 章实例源程序\px3d7-2.x3d”，即可运行程序创建一个三维立体定向光源浏览的造型场景。DirectionalLight 定向光源节点源程序运行结果如图 7-2 所示。

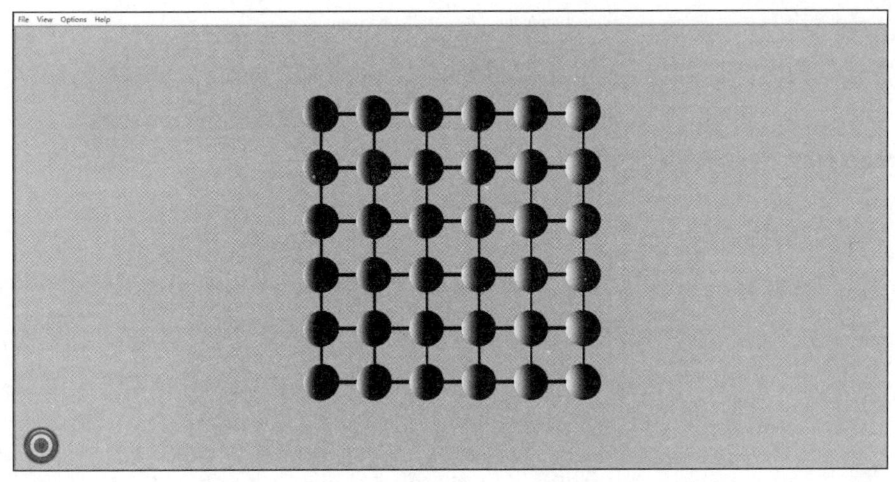

图 7-2 DirectionalLight 定向光源节点源程序运行效果

7.3 SpotLight 节点设计

SpotLight 节点也称为聚光灯光源节点，其可以创建一个锥光源，即从一个光点位置呈锥体状朝向一个特定的方向照射。圆锥体的顶点就是光源的位置，光线会被限制在一个呈圆锥体状态的空间里，只有在此圆锥体空间内造型才会被照亮，其他不在此圆锥体空间内部分不会被照亮。

7.3.1 聚光灯原理剖析

SpotLight 节点可作为独立节点，也可作为其他节点的子节点。使用聚光灯光源节点，可以在 VR-X3D 虚拟现实立体空间创建一些具有特别光照特效的场景，如舞台灯光、艺术摄影以及其他一些特效虚拟场景等。聚光（锥）光源照射的原理如图 7-3 所示。

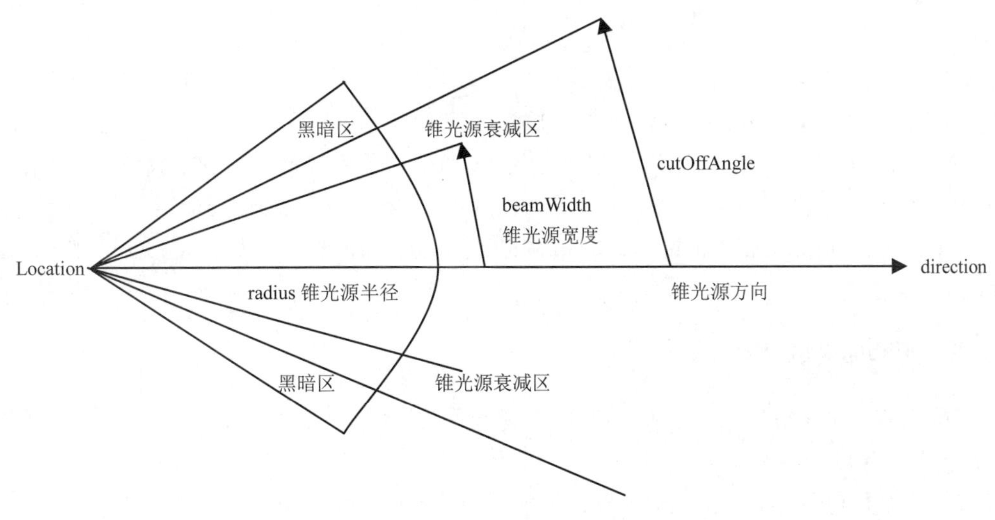

图 7-3 聚光（锥）光源照射的原理

SpotLight 聚光灯光源节点是一个圆锥光束，只照亮指定范围内的几何体。光线可以照亮所有圆锥覆盖范围内的几何对象而并不限制于场景图的层级。光线自身没有可见的形状，也不会被几何形体阻挡而形成阴影。SpotLight 聚光灯光源节点通常作为 Group 编组节点中的子节点或与 Background 背景节点平行使用。

7.3.2 语法定义

SpotLight 聚光灯光源节点语法定义了用于确定聚光灯光源的属性名和域值，利用 SpotLight 聚光灯光源节点的域名、域值、域数据类型以及事件的存储/访问权限的定义来创建一个更加理想的三维立体空间自然景观场景光照效果。SpotLight 聚光灯光源节点语法定义如下：

```
<SpotLight
    DEF                 ID
    USE                 IDREF
    on                  true           SFBool      inputOutput
    color               1 1 1          SFColor     inputOutput
    location            0 0 0          SFVec3f     inputOutput
    direction           0 0 -1         SFVec3f     inputOutput
    intensity           1              SFFloat     inputOutput
    ambientIntensity    0              SFFloat     inputOutput
    radius              100            SFFloat     inputOutput
    attenuation         1 0 0          SFVec3f     inputOutput
    beamWidth           1.570796       SFFloat     inputOutput
    cutOffAngle         0.785398       SFFloat     inputOutput
    global              false          SFBool      inputOutput
    containerField      children
    class
/>
```

SpotLight 聚光灯节点的图标为，包含域名、域值、域数据类型以及存储/访问类型等，节点中数据内容（架构）包含在一对尖括号中，用“</>”表示。域数据类型中的 SFBool 域是一个单值布尔量。SFFloat 域是单值单精度浮点数；SFColor 域是只有一个颜色的单值域；SFVec3f 域定义了一个三维矢量空间。事件的存储/访问类型为 inputOutput（输入/输出类型）。SpotLight 聚光灯光源节点包含 DEF、USE、on、color、location、direction、intensity、ambientIntensity、radius、attenuation、beamWidth、cutOffAngle、global、containerField 以及 class 域。

7.3.3 源程序实例

本书配套源代码资源中的“VR-X3D 实例源程序\第 7 章实例源程序”目录下提供了 VR-X3D 源程序 px3d7-3.x3d。

【实例 7-3】利用 Background 背景、视点节点、NavigationInfo 视点导航节点、Inline 内联节点以及 SpotLight 聚光灯光源节点创建一个三维立体空间聚光灯光源浏览效果。虚拟现实

SpotLight 聚光灯光源节点三维立体场景设计 VR-X3D 文件 px3d7-3.x3d 源程序如下：

```
<Scene>
    <!-- Scene graph nodes are added here -->
    <Viewpoint description="SpotLight shining a cone of light rays to right." position="0 0 30"/>
      <NavigationInfo headlight="false" type='"EXAMINE" "ANY"'/>
      <Background skyColor="0.8 0.5 1"/>
      <Group>
          <SpotLight ambientIntensity="0.5" cutOffAngle="0.693" direction="1 0 0"
              location="-9 0 0" radius="16" beamWidth="2.570796"/>
          <DirectionalLight intensity="0.4"/>
          <Inline bboxSize="16 16 16" url="px3d7-1-1.x3d"/>
      <Inline bboxSize="16 16 16" url=" px3d7-1-2.x3d "/>
      </Group>
  </Scene>
```

在 VR-X3D 源文件 Scene（场景根）节点下添加 Background 背景节点、Group 编组节点、Inline 内联节点、NavigationInfo 视点导航节点以及 SpotLight 聚光灯光源节点。利用 SpotLight 聚光灯光源节点创建一个三维立体空间聚光灯光源浏览效果。

运行虚拟现实 SpotLight 聚光灯光源节点三维立体空间场景设计程序。首先启动 BS Contact VRML/X3D 8.0 浏览器，选择 open 选项，然后打开“VR-X3D 实例源程序\第 7 章实例源程序\px3d7-3.x3d”，即可运行程序创建一个三维立体聚光灯光源浏览的造型场景。SpotLight 聚光灯光源节点源程序运行结果如图 7-4 所示。

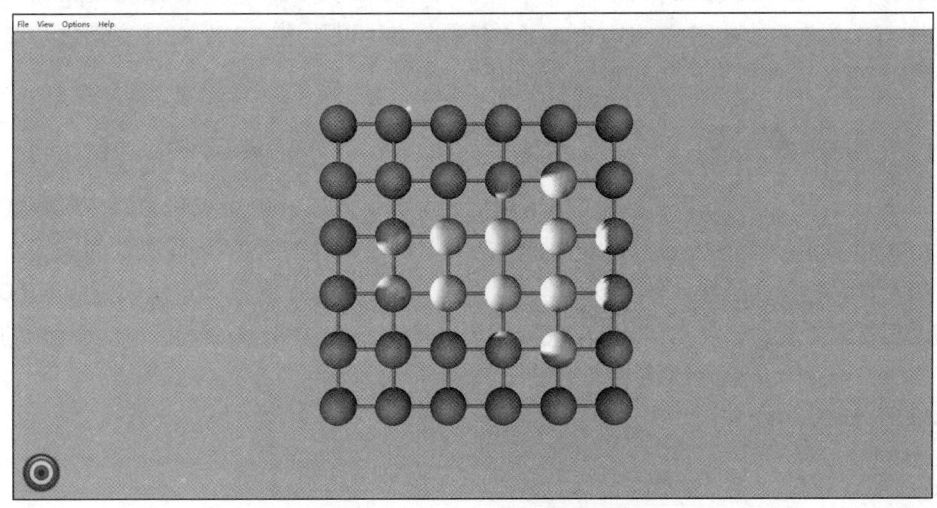

图 7-4 SpotLight 聚光灯光源节点源程序运行结果

7.4 Background 节点设计

Background 节点设计

Background 节点也称为背景节点，用于定义 VR-X3D 世界中天空和地面的颜色以及空间和地面角，在天空和地面之间设定一幅立体空间全景图以放置立体空间造型。VR-X3D 的空间背景分两类：一类是室内空间背景；另一类是室外空间背景。设计者可以根据实际需要进行相应的设计和布局。室内空间背景设计为六面体组合：frontUrl 前面、backUrl 后面、leftUrl 左面、rightUrl 右面、topUrl 顶部和 bottomUrl 底部。可以通过室内六面体（立方体）组成三维立体空间室内场景图，同样可通过室外六面体（立方体）组成三维立体空间室外场景图。

在 VR-X3D 虚拟现实三维立体世界里，开发人员可以根据设计场景的需要，采用相应的背景，如果要设计室内立体空间场景，可选“室内空间背景”进行开发设计；如果要设计室外立体空间、宇宙空间场景，可选用“室外空间背景”场景设计；如果既有室内又有室外场景，可以结合两者共同开发设计所需要的立体空间场景。同时还可以设计开发相应的三维立体网站和制作立体空间网页，且都具有动态、交互的感觉和身临其境的互动感。开发后浏览者可以从不同的观测角度得到不同观测结果。如果从宇宙空间角度观测则体现天地浑然一体、天地合一的景象效果，浏览时可以观测到在天地之间只有一个地平线或海平面划分出天空和地面，这也体现了太极的阴阳辩证关系。由于 VR-X3D 场景非常生动、感人，因而能够激发人们的学习兴趣。

Background 背景节点可以通过对背景设定空间和地面的角度以及颜色来产生天空和地面效果，并用一组垂直排列的色彩值来模拟地面和天空，也可以在空间背景上添加背景图像，以创建城市、原野、楼房、山脉等场景。在 VR-X3D 中使用的背景图像可以是 JPEF、GIF 和 PNG 等格式文件。Background 背景节点可以在六个面上使用背景纹理，这六个子纹理节点的域名按照字母顺序分为 backTexture、bottomTexture、frontTexture、leftTexture、rightTexture、topTexture。另外，Background 节点、Fog 节点、NavigationInfo 节点、TextureBackground 节点、Viewpoint 节点都是可绑定节点。Background 背景节点可以放置在 VR-X3D 文件核心节点中的 Scene 根节点下的任何地方，也可以与各种组节点平行使用。

7.4.1 语法定义

Background 背景节点语法定义了用于确定天空、地面以及应用纹理的属性名和域值，通过 Background 背景节点的域名、域值、域数据类型以及事件的存储/访问权限的定义来描述一个效果更加理想的背景三维立体空间场景和造型。Background 背景节点用来生成 VR-X3D 的背景，其生成的背景是三维立体式的，它会带来一种空间立体层次感效果，使设计更加生动、逼真。Background 背景节点语法定义如下：

```
<Background
    DEF             ID
    USE             IDREF
    skyColor        0 0 0       MFColor     inputOutput
    skyAngle                    MFFloat     inputOutput
    groundColor     0 0 0       MFColor     inputOutput
    groundAngle                 MFFloat     inputOutput
    frontUrl                    MFString    inputOutput
    backUrl                     MFString    inputOutput
    leftUrl                     MFString    inputOutput
    rightUrl                    MFString    inputOutput
```

```
        topUrl                                MFString      inputOutput
        bottomUrl                             MFString      inputOutput
        set_bind              ""              SFBool        inputOnly
        bindTime              ""              SFTime        outputOnly
        isBound               ""              SFBool        outputOnly
        containerField        children
        class
/>
```

Background 背景节点的图标为▬，包含域名、域值、域数据类型以及存储/访问类型等，节点中数据内容（架构）包含在一对尖括号中，用“</>”表示。域数据类型中的 MFFloat 域是多值单精度浮点数；MFColor 域是一个多值域，包含任意数量的 RGB 颜色值；SFBool 域是一个单值布尔量；SFTime 域含有一个单独的时间值；MFString 域是一个含有零个或多个单值的多值域。事件的存储/访问类型包括 inputOnly（输入类型）、outputOnly（输出类型）以及 inputOutput（输入/输出类型）。Background 背景节点包含 DEF、USE、skyColor、skyAngle、groundColor、groundAngle、frontUrl、backUrl、leftUrl、rightUrl、topUrl、bottomUrl、set_bind、bindTime、isBound、containerField 以及 class 域。

7.4.2 源程序实例

通过 Background 背景节点可以对三维立体背景空间颜色进行设计来创建蓝天、白云和红日效果，也可以在空间背景上添加背景图像，创建室内与室外场景效果，使 VR-X3D 文件中的场景和造型更加逼真与生动，给 VR-X3D 程序设计带来更大的方便。本书配套源代码资源中的“VR-X3D 实例源程序\第 7 章实例源程序”目录下提供了 VR-X3D 源程序 px3d7-4.x3d。

【实例 7-4】利用 Shape 空间物体造型模型节点、Appearance 外观子节点和 Material 外观材料节点、Transform 空间坐标变换节点、Background 背景节点以及几何节点，在三维立体空间背景下，创建一个室内与室外三维立体空间场景效果。虚拟现实 Background 背景节点三维立体场景设计 VR-X3D 文件 px3d7-4.x3d 源程序如下：

```
<Scene>
    <!-- Scene graph nodes are added here -->
    <Background backUrl="c88.jpg" frontUrl="c11.jpg"
      leftUrl="c55.jpg" rightUrl="c44.jpg" bottomUrl="FLOOR.jpg" topUrl="wd11.jpg"/>
    <Transform rotation="0 0 1 0">
      <Shape>
        <Appearance>
          <Material diffuseColor="0 1.0 1.0"/>
        </Appearance>
        <Sphere radius="0.5"/>
      </Shape>
    </Transform>
  </Scene>
```

VR-X3D 源文件中，在 Scene（场景根）节点下添加 Transform 空间坐标变换节点、Shape 模型节点以及 Background 背景节点。利用 Background 背景节点创建一个室内与室外三维立体空间场景显示效果。

运行虚拟现实 Background 背景节点三维立体空间背景设计程序。首先启动 BS Contact VRML/X3D 8.0 浏览器，选择 open 选项，然后打开“VR-X3D 实例源程序\第 7 章实例源程序\px3d7-4.x3d”，即可运行程序创建一个室内与室外三维立体场景造型。Background 背景节点源程序运行结果如图 7-5 所示。

图 7-5 Background 背景节点源程序运行结果

7.5 TextureBackground 节点设计

TextureBackground 节点也称为纹理背景节点，可以在天空和地面之间设定一幅三维立体空间图像，并可以在其中放置各种三维立体造型和场景，即可以定义 VR-X3D 世界中天空和地面颜色以及空间和地面的角度，也可以通过对背景设定空间和地面的角度以及颜色来产生天空和地面效果。TextureBackground 纹理背景节点通过使用一组垂直排列的色彩值来模拟地面和天空，同时在 Background 背景节点六个面上使用背景纹理，六个子纹理节点的域名按照字母顺序排列：backTexture 节点、bottomTexture 节点、frontTexture 节点、leftTexture 节点、rightTexture 节点、topTexture。TextureBackground 纹理背景节点可以放置在 VR-X3D 文件核心节点中的 Scene 根节点下的任何地方或位置上，也可与各种组节点平行使用。Background 节点、Fog 节点、NavigationInfo 节点、TextureBackground 节点、Viewpoint 节点都是可绑定节点。

TextureBackground 节点通过设置天空颜色、天空角，地面颜色、地面角来应用纹理上的透明度以及各种事件。TextureBackground 纹理背景节点语法定义了用于确定天空、地面以及应用纹理的属性名和域值，通过 TextureBackground 纹理背景节点的域名、域值、域数据类型以及事件的存储/访问权限的定义来描述一个效果更加理想的背景纹理三维立体空间和造型。TextureBackground 纹理背景节点语法定义如下：

```
<TextureBackground
    DEF            ID
    USE            IDREF
    skyColor       0 0 0          MFColor       inputOutput
```

```
        skyAngle                          MFFloat       inputOutput
        groundColor        0 0 0          MFColor       inputOutput
        groundAngle                       MFFloat       inputOutput
        transparency       0              MFFloat       inputOutput
        set_bind           ""             SFBool        inputOnly
        bindTime           ""             SFTime        outputOnly
        isBound            ""             SFBool        outputOnly
        containerField     children
        class
/>
```

TextureBackground 纹理背景节点的图标为▬，包含域名、域值、域数据类型以及存储/访问类型等，节点中数据内容（架构）包含在一对尖括号中，用“</>”表示。域数据类型中的 MFFloat 域是多值单精度浮点数；MFColor 域是一个多值域，包含任意数量的 RGB 颜色值；SFBool 域是一个单值布尔量；SFTime 域含有一个单独的时间值。事件的存储/访问类型包括 inputOnly（输入类型）、outputOnly（输出类型）以及 inputOutput（输入/输出类型）。TextureBackground 纹理背景节点包含 DEF、USE、skyColor、skyAngle、groundColor、groundAngle、transparency、set_bind、bindTime、isBound、containerField 以及 class 域。

7.6 Fog 雾节点设计

如果想让 VR-X3D 场景渲染效果更加真实，可以通过在 VR-X3D 场景中添加雾气来实现，如清晨、雨后、山川、旷野等可以通过设计大气的背景以达到更好的空间效果并具有朦胧之美。控制雾化效果有两个重要条件，一是雾的浓度，二是雾的颜色。雾的浓度与观察者的能见度相反，距离观察者越远的虚拟现实景物的能见度越低，即雾越浓；距离观察者越近的虚拟现实景物能见度越高，即雾越淡。而当模拟烟雾时，需要改变雾的颜色，但通常情况下，雾是白色的。在 VR-X3D 世界里想要真实地表现现实世界，就要把现实世界的大气效果体现出来，一般来说正常空间大气效果就是通常所说的雾，同时还要体现烟或雾的浓度效果，甚至要表现雾的颜色等。我们通过 Fog 雾节点就可以实现空间大气效果。

7.6.1 语法定义

在 VR-X3D 中，大气效果是通过 Fog 雾节点来实现的。Fog 雾节点通过定义可见度递减的区域来模拟雾或烟雾，同时还可以为雾着色以防止浏览器将雾的颜色与被绘制的物体的颜色相混合。Fog 雾节点通常与 Transform 节点、Group 编组节点中的子节点或 Background 背景节点平行使用，Background 节点、Fog 节点、NavigationInfo 节点、TextureBackground 节点、Viewpoint 节点都是可绑定节点。

Fog 雾节点语法定义了用于确定大气空间雾及雾的颜色的属性名和域值，通过 Fog 雾节点的域名、域值、域数据类型以及事件的存储/访问权限的定义来描述一个效果更加理想的三维立体空间自然景观场景和造型。Fog 雾节点语法定义如下：

```
<Fog
      DEF                     ID
      USE                     IDREF
      color                   1.0 1.0 1.0              SFColor       inputOutput
      fogType                 "LINEAR"
                         [LINEAR|EXPONENTIAL] SFString      inputOutput
      visibilityRange         0.0                      SFFloat       inputOutput
      set_bind                ""                       SFBool        inputOnly
      bindTime                ""                       SFTime        outputOnly
      isBound                 ""                       SFBool        outputOnly
      containerField          children
      class
/>
```

Fog 雾节点的图标为，包含域名、域值、域数据类型以及存储/访问类型等，节点中数据内容（架构）包含在一对尖括号中，用“</>”表示。域数据类型中的 SFBool 域是一个单值布尔量；SFFloat 域是单值单精度浮点数；SFString 域包含一个字符串；SFColor 域只有一个颜色的单值域；SFTime 域含有一个单独的时间值。事件的存储/访问类型包括 inputOnly（输入类型）、outputOnly（输出类型）以及 inputOutput（输入/输出类型）。Fog 雾节点包含 DEF、USE、color、fogType、visibilityRange、set_bind、bindTime、isBound、containerField 以及 class 域。

7.6.2 源程序实例

本书配套源代码资源中的“VR-X3D 实例源程序\第 7 章实例源程序”目录下提供了 VR-X3D 源程序 px3d7-5.x3d。

【实例 7-5】利用 Background 背景、Transform 空间坐标变换节点、Fog 雾节点以及 Inline 内联节点创建一个三维立体空间雾场景造型。虚拟现实 Fog 雾节点三维立体场景设计 VR-X3D 文件 px3d7-5.x3d 源程序如下：

```
<Scene>
    <!-- Scene graph nodes are added here -->
    <Background skyColor="1 1 1"/>
    <Viewpoint description="viewpoint1" orientation="0 0 1 0" position="8 -1 50"/>
     <Fog fogType="LINEAR" visibilityRange="60" color="1 1 1"/>
    <Transform scale="1 1 1" translation="10 0 0">
      <Inline url="px3d7-5-1.x3d"/>
    </Transform>
    <Transform scale="1 1 1" translation="10 0 80" >
      <Inline url=" px3d7-5-1.x3d "/>
    </Transform>
     <Transform translation="10 15 0" rotation="0 0 1 0">
      <Shape>
        <Appearance>
          <Material diffuseColor="1 0 0"/>
        </Appearance>
```

```
            <Sphere radius="4"/>
        </Shape>
    </Transform>
</Scene>
```

VR-X3D 源文件中，在 Scene（场景根）节点下添加 Background 背景节点、Transform 空间坐标变换节点、Inline 内联节点以及 Fog 雾节点等。利用 Fog 雾节点创建一个三维立体公路在大雾中的场景，通过变换雾的浓度突出三维立体空间场景雾的显示效果。

运行虚拟现实 Fog 雾节点三维立体空间背景设计程序。首先，启动 BS Contact VRML/X3D 8.0 浏览器，选择 open 选项，然后打开“VR-X3D 实例源程序\第 7 章实例源程序\px3d7-5.x3d”，即可运行程序创建一个三维立体雾的造型场景。Fog 雾节点源程序运行结果如图 7-6 所示。

图 7-6　Fog 雾节点源程序运行结果

7.7　Viewpoint 节点设计

在 VR-X3D 视点与导航设计中，可以通过视点和导航技术浏览 VR-X3D 三维立体场景中的造型和景观，使用者可以手动或自动浏览虚拟现实场景中的各种物体和造型。开发者可以使用 VR-X3D 视点与导航组件开发与设计出更完美、更逼真的三维立体场景和造型，并对 VR-X3D 场景进行渲染。VR-X3D 视点与导航组件包括 Viewpoint 节点设计、NavigationInfo 节点设计，本节主要介绍 Viewpoint 节点设计，NavigationInfo 节点设计在下一节进行介绍。

VR-X3D 虚拟现实程序中的视点就是用户在浏览的立体空间中预先定义的观察位置和空间朝向。通过鼠标或操控器，用户可以控制切换视点。视点效果从一个视点切换到另一个视点有两种途径：一是跳跃型；二是非跳跃型。跳跃型视点一般用来定位一些在虚拟世界中重要的和用户感兴趣的观察点或位置，从而为用户提供了一种方便快捷的定位和瞬移方式，使浏览者可以根据自己的需要浏览而不必浏览每一个景点。而非跳跃型视点一般用来建立一种从一个坐标系到另一个坐标系的平滑转换，也是一种快速浏览方式，因此视点与导航在 VR-X3D 开发与设计中起着重要作用。在 VR-X3D 虚以世界中通常可以创建多个观测点供浏览者选择。浏览者同一时间在一个虚拟空间中只可用一个空间观测点，也就是说不允许同时使用几个观测点，这与人只有一双眼睛是相符合的。

7.7.1 视点原理剖析

在一个完整的虚拟世界中，观察 VR-X3D 虚拟物体是由虚拟视野来实现的，虚拟视野包括视点、屏幕以及虚拟物体。屏幕是一个概念上的矩形，视点和虚拟物体之间的桥梁即图像板。

视点（viewpoint）在空间数据模型中指考虑问题的出发点或对客观现象的总体描述。视点绘画的概念是指绘画时把作者（即观察者）所处的位置定为一个点，称为视点，其他物体的主线都以此排布，不同的角度大小叫作视角。

视点的成像原理图由视点、图像板、虚拟物体三部分构成，视点位于图像板的右侧，虚拟物体位于图像板的左侧，如图 7-7 所示。

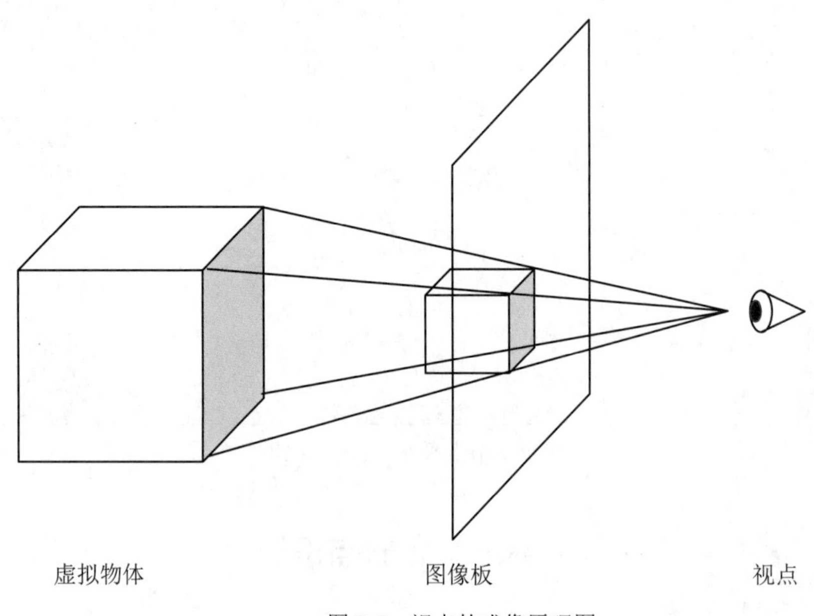

图 7-7 视点的成像原理图

7.7.2 语法定义

Viewpoint 节点也称为视点节点，可以指定用户视点在三维立体场景中的位置和方向，Viewpoint 视点节点可以确定一个 VR-X3D 空间坐标系中的观察位置，同时也指定了这个观察位置的 VR-X3D 立体空间三维坐标、立体空间朝向以及视野范围等参数。该节点既可作为独立的节点，也可作为其他组节点的子节点。Background 节点、Fog 节点、NavigationInfo 节点、TextureBackground 节点、Viewpoint 节点都是可绑定节点。

Viewpoint 视点节点语法定义了用于确定浏览者的朝向和距离的属性名和域值，利用 Viewpoint 视点节点的域名、域值、域数据类型以及事件的存储/访问权限的定义来创建一个更加理想的三维立体空间自然景观场景和造型的浏览效果。Viewpoint 视点节点语法定义如下：

```
<Viewpoint
    DEF                 ID
    USE                 IDREF
    description                         SFString      initializeOnly
    position            0 0 10          SFVec3f       inputOutput
    orientation         0 0 1 0         SFRotation    inputOutput
    fieldOfView         0.785398        SFFloat       inputOutput
    jump                true            SFBool        inputOutput
    centerOfRotation    0 0 0           SFVec3f       inputOutput
    set_bind            ""              SFBool        inputOnly
    bindTime            ""              SFTime        outputOnly
    isBound             ""              SFBool        outputOnly
    containerField      children
    class
/>
```

Viewpoint 视点节点的图标为，包含域名、域值、域数据类型以及存储/访问类型等，节点中数据内容（架构）包含在一对尖括号中，用“</>”表示。域数据类型中的 SFBool 域是一个单值布尔量；SFFloat 域是单值单精度浮点数；SFString 域包含一个字符串；SFTime 域含有一个单独的时间值；SFVec3f 域定义了一个单值三维向量；SFRotation 域指定了一个单值任意的旋转。事件的存储/访问类型包括 inputOnly（输入类型）、outputOnly（输出类型）、initializeOnly（初始化类型）以及 inputOutput（输入/输出类型）。Viewpoint 视点节点包含 DEF、USE、description、position、orientation、fieldOfView、jump、centerOfRotation、set_bind、bindTime、isBound、containerField 以及 class 域。

7.7.3 源程序实例

本书配套源代码资源中的“VR-X3D 实例源程序\第 7 章实例源程序”目录下提供了 VR-X3D 源程序 px3d7-6.x3d。

【实例 7-6】利用 Background 背景节点、Transform 空间坐标变换节点、Viewpoint 视点节点以及 Inline 内联节点创建一个三维立体空间视点浏览效果。虚拟现实 Viewpoint 视点节点三维立体场景设计 VR-X3D 文件 px3d7-6.x3d 源程序如下：

```
<Scene>
    <!-- Scene graph nodes are added here -->
    <Background skyColor="1 1 1"/>
    <Viewpoint description='Viewpoint-1' position='8 8 35'/>
        <Viewpoint description='Viewpoint-2' orientation="0 1 0 1.571" position='55 8 10' />
    <Viewpoint description='Viewpoint-3' orientation="0 1 0 -1.571" position='-55 18 10' />
    <!—导入山脉场景设计 -->
    <Transform DEF="Eleva1" translation="0 0 -4" scale="10 15 10" rotation='0 1 0 1.571'>
            <Inline url="px3d7-6-1.x3d"/>
    </Transform>
    <Transform translation="20 0 0" rotation="0 1 0 0" >
        <Transform USE="Eleva1"/>
```

```
        </Transform>
  <!—导入公路场景设计 -->
        <Transform DEF="proad1" rotation="0 1 0 1.571" scale="1 1 1" translation="0 0 11">
          <Shape>
            <Appearance>
              <ImageTexture url="road1.png"/>
            </Appearance>
            <Box size="10 0.5 20"/>
          </Shape>
        </Transform>
        <Transform translation="20 0 0">
            <Transform USE="proad1"/>
        </Transform>
        <!—导入树木场景设计 -->
        <Transform    translation="-4 1.8 5">
        <Billboard DEF="Tree-888">
            <Shape>
              <Appearance>
                <Material/>
                <ImageTexture url="Tree.png"/>
              </Appearance>
              <Box size="4 5 0"/>
            </Shape>
        </Billboard>

        </Transform>
              <Transform translation="1 5 5">
            <Inline url="Tr1.x3db"/>
        </Transform>
  <!—使用重用技术设计 -->
        <Transform translation="1 1.8 5">
            <Billboard USE="Tree-888"/>
        </Transform>
        <Transform translation="-8 1.8 5">
            <Billboard USE="Tree-888"/>
        </Transform>
        <Transform translation="13 1.8 5">
            <Billboard USE="Tree-888"/>
        </Transform>
        <Transform translation="23 1.8 5">
            <Billboard USE="Tree-888"/>
        </Transform>
        <Transform translation="28 1.8 5">
            <Billboard USE="Tree-888"/>
        </Transform>
  <!—场景文字设计 -->
```

```
        <Transform translation="10 15 0 ">
                <Shape>
                 <Appearance>
                         <Material ambientIntensity="0.1" diffuseColor="1 0.2 0.2"
                           shininess="0.15"    transparency="0"/>
                 </Appearance>
                 <Text length="28.0" maxExtent="28.0" string="VR-X3D 虚拟现实场景视点设计!!! ">
                   <FontStyle family="&quot;SANS&quot;"
                       justify="&quot;MIDDLE&quot;,&quot;MIDDLE&quot;"
                       size="3.5" style="BOLDITALIC"/>
                 </Text>
                </Shape>
        </Transform>
    </Scene>
```

在 Scene（场景根）节点下添加 Background 背景节点、Shape 节点、Transform 空间坐标变换节点、Inline 内联节点以及 Viewpoint 视点节点。利用 Viewpoint 视点节点创建一个三维立体公路和树木视点浏览效果。

运行虚拟现实 Viewpoint 视点节点三维立体空间背景设计程序。首先启动 BS Contact VRML/X3D 8.0 浏览器，选择 open 选项，然后打开“VR-X3D 实例源程序\第 7 章实例源程序\px3d7-6.x3d”，即可运行程序创建一个三维立体视点切换场景造型。Viewpoint 视点节点源程序运行结果如图 7-8 所示。

图 7-8　Viewpoint 视点节点源程序运行结果

7.8　NavigationInfo 节点设计

NavigationInfo 节点也称为视点导航节点，可以在 VR-X3D 虚以世界中设计一个三维人体造型作为浏览者在虚拟世界中的替身（avatar），并可使用替身在虚拟世界中移动、行走或飞行等。浏览者可以通过替身来观看虚拟世界，还可以通过替身与虚拟现实的景物和造型进行交流、互动和感知等。

NavigationInfo 视点导航节点用来提供有关浏览者如何在 VR-X3D 虚拟世界里导航，即是以移动、行走、飞行等哪一种形式进行浏览，并且提供虚拟现实的替身的信息，使用该替身可在虚拟现实世界空间里遨游驰骋。

NavigationInfo 视点导航节点描述了场景的观看方式和替身的物理特征。其中观察简单物体时设置 type="EXAMINE""ANY"可以提高操控性。值得注意的是，使用 NavigationInfo types ["WALK" "FLY"]可以进行摄像机到对象的碰撞检测。NavigationInfo 视点导航节点通常作为 Transform 节点或 Group 编组节点中的子节点或与 Background 背景节点平行使用。

7.8.1 语法定义

NavigationInfo 视点导航节点语法定义了用于确定浏览者导航浏览的属性名和域值，利用 NavigationInfo 视点导航节点的域名、域值、域数据类型以及事件的存储/访问权限的定义来创建一个更加理想的三维立体空间自然景观场景和造型的导航浏览效果。NavigationInfo 视点导航节点语法定义如下：

```
<NavigationInfo
    DEF                   ID
    USE                   IDREF
    type                  "EXAMINE" "ANY"   MFString    inputOutput
    speed                 1.0               SFFloat     inputOutput
    headlight             true              SFBool      inputOutput
    avatarSize            0.25 1.6 0.75     MFFloat     inputOutput
    visibilityLimit       0.0               SFFloat     inputOutput
    transitionType        "ANIMATE"         MFString    inputOutput
    transitionTime        1.0               MFFloat     inputOutput
    transitionComplete    ""                MFFloat     inputOutput
    set_bind              ""                SFBool      inputOnly
    bindTime              ""                SFTime      outputOnly
    isBound               ""                SFBool      outputOnly
    containerField        children
    class
/>
```

NavigationInfo 视点导航节点的图标为 ，包含域名、域值、域数据类型以及存储/访问类型等，节点中数据内容（架构）包含在一对尖括号中，用“</>”表示。域数据类型中的 SFBool 域是一个单值布尔量；SFFloat 域是单值单精度浮点数；SFTime 域含有一个单独的时间值；MFFloat 域是多值单精度浮点数；MFString 域是一个含有零个或多个单值的多值域字符串。事件的存储/访问类型包括 inputOnly（输入类型）、outputOnly（输出类型）以及 inputOutput（输入/输出类型）。NavigationInfo 视点导航节点包含 DEF、USE、type、speed、headlight、avatarSize、visibilityLimit、transitionType、transitionTime、transitionComplete、set_bind、bindTime、isBound、containerField 以及 class 域。

7.8.2 源程序实例

NavigationInfo 视点导航描述了场景的观看方式和替身的物理特征。其中当观察简单物体时设置 type="WALK"可以提高操控性。当观察者在观察复杂物体及空间时可以选择移动、行走、飞行等形式进行浏览，并且可以设置和提供虚拟现实的替身等信息。本书配套源代码资源中的“VR-X3D 实例源程序\第 7 章实例源程序”目录下提供了 VR-X3D 源程序 px3d7-7.x3d。

【实例 7-7】利用 Background 背景节点、Transform 空间坐标变换节点、NavigationInfo 视点导航节点以及 Inline 内联节点创建一个三维立体空间视点导航浏览效果。虚拟现实 NavigationInfo 视点导航节点三维立体场景设计 VR-X3D 文件 px3d7-7.x3d 源程序如下：

```
<Scene>
    <NavigationInfo type='"WALK"' headlight='true' speed='5' avatarSize='0.25 1.6 0.75'
        visibilityLimit='200'/>
    <Viewpoint DEF="_Viewpoint_Front" jump='false' orientation='0 1 0 1.571' position='200 10 -10'
        description="view1_Front">
        </Viewpoint>
        <Viewpoint DEF="_Viewpoint_light" jump='false' orientation='0 1 0 ' position='50 25 150'
            description="view2_light">
        </Viewpoint>
        <PointLight DEF="_PointLight" color='1 1 1' intensity='0.36' location='-66.5588 114.124 -183.085'
            global='true'>
        </PointLight>
        <Transform rotation='0 0 -1 3.142' translation='-58.92 0 90.01'>
            <Shape>
                <Appearance>
                    <Material ambientIntensity='1' diffuseColor='0.7765 0.7765 0.7255' shininess='0.145'
                        specularColor='0 0 0' transparency='0'>
                    </Material>
                </Appearance>
                <IndexedFaceSet DEF="__05-FACES" ccw='false' coordIndex='0,1,82,-1,0,82,81,-1,
                    1,2,83,-1,1,83,82,-1, 2,3,84,-1,: 240.4 0 -216.3'>
                 </Coordinate>
               </IndexedFaceSet>
            </Shape>
        </Transform>
        <Background DEF="_Background" skyAngle='1.536,2.021' skyColor='1 1 1,0.98 0.98 0.98,0.2 0.6 0.2'>
        </Background>
        <NavigationInfo DEF="_NavigationInfo" avatarSize='0.25,1.6,0.75' headlight='true' speed='1'
            type='"WALK","FLY","NONE","ANY"' visibilityLimit='0'>
        </NavigationInfo>
    <Viewpoint DEF="_Viewpoint" fieldOfView='0.785398' orientation='0 -1 0 0.654517' position='-35.6313
        15.9526 62.9749'>
    </Viewpoint>
  </Scene>
```

在 VR-X3D 源文件 Scene（场景根）节点下添加 Background 背景节点、Group 编组节点、

Transform 空间坐标变换节点、Inline 内联节点以及 NavigationInfo 视点导航节点。利用 NavigationInfo 视点导航节点创建一个三维立体视点导航浏览效果。

运行虚拟现实 NavigationInfo 视点导航节点三维立体空间场景设计程序。首先启动 BS Contact VRML/X3D 8.0 浏览器，选择 open 选项，然后打开“VR-X3D 实例源程序\7 章实例源程序\px3d7-7.x3d”，即可运行程序创建一个三维立体公路视点导航浏览的场景造型。NavigationInfo 视点导航节点源程序运行结果如图 7-9 所示。

图 7-9　NavigationInfo 视点导航节点源程序运行结果

本章小结

本章主要介绍了 PointLight 点光源节点设计、DirectionLight 平行光源节点设计、SpotLight 节点设计、Background 背景节点设计、Fog 雾节点设计、Viewpoint 视点节点设计以及 NavigationInfo 导航节点设计等。在虚拟现实场景中，利用光源节点渲染场景特效，利用背景节点可以快速创建 VR-X3D 虚拟现实室内外场景，利用视点和导航技术，可以对 3D 场景进行快速切换和动态导航。

第 8 章　VR-X3D 插补器交互动画设计

在现实世界中万物都是在变化着的，如太阳的升落，树叶由绿变黄等，这些都归属为动态画面（动画）。同样，在 VR-X3D 中也可以实现动画设计效果，为了使 VR-X3D 世界更加生动、真实、鲜活，VR-X3D 提供了多个用来控制动画的插补器（Interpolator）。在 VR-X3D 虚拟现实三维立体程序设计中，控制动画的插补器节点可以实现线性关键帧动画。关键帧动画即采用一组关键数值，且每个关键值对应一种状态，这种状态允许以各种形式表示，如 SFVec3f 或 SFColor，浏览器会根据这些状态生成连续的动画。一般来说，浏览器在两个相邻关键帧之间生成的连续帧是线性的，因此称为线性关键帧动画。插补器节点包括 ColorInterpolator 节点、CoordiateInterpolator 节点、NormaiInterpolator 节点、OrientationInterpolator 节点、PositionInterpolator 节点、ScalarInterpolator 节点以及 ROUTE 节点设计等，TimesSensor 节点是实现插补器节点功能的基础节点。

- TimeSensor 节点设计
- PositionInterpolator 节点设计
- OrientationInterpolator 节点设计
- ScalarInterpolator 节点设计
- ColorInterpolator 节点设计
- CoordinateInterpolator 节点设计
- NormalInterplator 节点设计
- ROUTE 节点设计

8.1　TimeSensor 节点设计

在 VR-X3D 虚拟现实三维立体动画程序设计中，世界万物的变化往往是自动的，而且是有一定规律的，即不是随人的意志而改变的，这就需要在 VR-X3D 虚拟世界中，创建出能自动变化而不需要人来干预的场景及造型。我们可以通过设定时间按某种规律变化来控制造型的动态变化，在 VR-X3D 中，TimeSenor 节点便可实现此功能。

TimeSensor 时间传感器节点

TimeSenor 节点也称为时间传感器节点，其作用就是创建一个虚拟时钟，并对其他节点发送时间值用以控制 VR-X3D 立体空间动态对象在开始→变化→结果过程的时间，实现空间物体造型的移动、变色、变形等自动变化。TimeSensor 时间传感器包含绝对时间（Absolute Time）和部分时间（Fractional Time）两个概念。绝对时间以秒为单位计算。在绝对时间内，1 秒发生在绝对日期的时间的 1 秒之后，如 2008 年 6 月 16 日 08 点 58 分 59 秒，经过 1 秒变为 2008 年 6 月 16 日 08 点 59 分。部分时间又称相对时间，例如空间物体运动从某一时刻 0.0 开始运动一直到 1.0 为止，从 0.0 时刻到 1.0 时刻称为相对时间，相对时间的差可以是绝对时间的 30 秒、10 分钟或 1 小时等，这个时间差也称为动态对象的运动周期。

TimeSenor 时间传感器节点在 VR-X3D 中并不产生任何造型和可视效果。其作用只是向各插补器节点输出事件，以使插补器节点产生所需要的动画效果。该节点可以包含在任何组节点中作为子节点，但独立于所选用的坐标系。TimeSensor 时间传感器节点定义了一个当时间流逝时不断产生的事件。典型运用：ROUTE thisTimeSensor.fraction_changed TO someInterpolator.set_fraction。值得注意的是，如果循环时间（cycleInterval）<0.01 秒，TimeSensor 可能被忽视。TimeSenor 时间传感器节点语法定义如下：

```
<TimeSenor
    DEF                 ID
    USE                 IDREF
    enabled             true        SFBool      inputOutput
    cycleInterval       1.0         SFTime      inputOutput
    loop                false       SFBool      inputOutput
    startTime           0           SFTime      inputOutput
    stopTime            0           SFTime      inputOutput
    pauseTime           0           SFTime      inputOutput
    resumeTime          0           SFTime      inputOutput
    cycleTime           0           SFTime      outputOnly
    isActive            ""          SFBool      outputOnly
    isPaused            ""          SFBool      outputOnly
    fraction_changed    ""          SFFloat     outputOnly
    time                ""          SFTime      outputOnly
    containerField      children
    class
/>
```

TimeSenor 时间传感器节点的图标为◀⌛，包含域名、域值、域数据类型以及存储/访问类型等，节点中数据内容包含在一对尖括号中，用“</>”表示。域数据类型中的 SFFloat 域是单值单精度浮点数；SFBool 域是一个单值布尔量；SFTime 域含有一个单独的时间值。MFVec3d 域定义了一个多值多组三维矢量。事件的存储/访问类型包括 outputOnly（输出类型）、initializeOnly（初始化类型）和 inputOutput（输入/输出类型）。TimeSenor 时间传感器节点包含 DEF、USE、enabled、cycleInterval、loop、startTime、stopTime、pauseTime、resumeTime、cycleTime、isActive、isPaused、fraction_changed、time、containerField 以及 class 域。

8.2 PositionInterpolator 节点设计

PositionInterpolator
节点设计

PositonInterpolator 节点也称为位置插补器节点，是空间造型位置移动节点，用来描述一系列用于动画的关键值，并使物体移动形成动画。该节点不创建任何造型，只是在一组 SFVec3f 值之间进行线性插值和对平移进行插值。PositionInterpolator 位置插补器节点可以产生指定范围内的一系列三维值，其结果可以被路由到一个 Transform 节点的 translation 属性或另一个 Vector3Float 属性。典型输入为 ROUTE someTimeSensor.fraction_changed TO someInterpolator.set_fraction；典型输出为 ROUTE someInterpolator.value_changed TO destinationNode.set_attribute。

8.2.1 语法定义

PositionInterpolator 位置插补器节点的图标为，包含域名、域值、域数据类型以及存储/访问类型等，节点中数据内容包含在一对尖括号中，用“</>”表示。域数据类型中的 SFFloat 域是单值单精度浮点数；MFFloat 域是多值单精度浮点数；SFVec3f 域定义了一个单值单精度三维矢量；MFVec3f 域定义了一个多值单精度多组三维矢量。事件的存储/访问类型包括 inputOnly（输入类型）、outputOnly（输出类型）以及 inputOutput（输入/输出类型）。PositionInterpolator 位置插补器节点包含 DEF、USE、key、keyValue、set_fraction、value_changed、containerField 以及 class 域。具体语法定义如下：

```
<PositonInterpolator
      DEF              ID
      USE              IDREF
      key                              MFFloat        inputOutput
      keyValue                         MFVec3f        inputOutput
      set_fraction     ""              SFFloat        inputOnly
      value_changed    ""              SFVec3f        outputOnly
      containerField   children
      class
/>
```

8.2.2 源程序实例

本实例通过 PositionInterpolator 位置插补器节点进行空间物体插值三维立体动画设计，使 VR-X3D 三维立体程序设计中的场景和造型更加逼真、生动和鲜活，给 VR-X3D 程序设计带来更大的方便。本书配套源代码资源中的“VR-X3D 实例源程序\第 8 章实例源程序”目录下提供了 VR-X3D 源程序 px3d8-1.x3d。

【实例 8-1】使用 PositionInterpolator 位置插补器节点引入 VR-X3D 飞船空间造型。在时间传感器与位置插补器的共同作用下，驾驶员使飞船在三维立体空间中飞行，并循环往复地变化。虚拟现实 PositionInterpolator 位置插补器节点三维立体场景设计 VR-X3D 文件 px3d8-1.x3d 源程序如下：

```
<Scene>
    <!-- Scene graph nodes are added here -->
    <!--Background skyColor="1 1 1"/-->
    <Background backUrl="a11.jpg" frontUrl="a22.jpg""    leftUrl="a55.jpg"
rightUrl="a44.jpg" bottomUrl="FLOOR.jpg" topUrl="space.jpg"/>
    <Group>
      <Transform DEF="fly" rotation="0 1 0 1.571" scale="1 1 1" translation="0 0 0">
        <Inline url="px3d8-1-1.x3d"/>
        <TimeSensor DEF="time1" cycleInterval="8.0" loop="true"/>
        <PositionInterpolator DEF="flyinter"
          key="0.0 ,0.2,0.4,0.5,0.6,0.8,0.9,1.0," keyValue="0 0 0, 0 0 -20,8 5 -20,8 -5 -20,
            &#10;-8 -5 -20,-8 5 -20,0 0 -200,0 0 0,"/>
      </Transform>
    </Group>
    <ROUTE fromField="fraction_changed" fromNode="time1"
      toField="set_fraction" toNode="flyinter"/>
    <ROUTE fromField="value_changed" fromNode="flyinter"
      toField="set_translation" toNode="fly"/>
  </Scene>
```

在 VR-X3D 三维立体源程序文件中添加 Background 背景节点、Group 编组节点、Transform 空间坐标变换节点、Inline 内联节点以及 PositionInterpolator 位置插补器节点。利用 PositionInterpolator 位置插补器节点创建一个三维立体空间动画效果。

运行虚拟现实 PositionInterpolator 位置插补器节点三维立体空间动画设计程序。首先启动 BS Contact VRML/X3D 8.0 浏览器，选择 open 选项，然后打开“VR-X3D 实例源程序\第 8 章实例源程序\px3d8-1.x3d”，即可运行程序创建一个三维立体飞船的动画效果场景。PositionInterpolator 位置插补器节点源程序运行结果如图 8-1 所示。

图 8-1　PositionInterpolator 位置插补器节点源程序运行结果

8.3 OrientationInterpolator 节点设计

OrientationInterpolator 节点也称为朝向插补器节点，是方位变换节点，用来描述一系列在动画中使用的旋转值。该节点不创建任何造型，但可以在不同时刻旋转到所在场景中对应的方位（朝向），即通过使用该节点可以使造型旋转。OrientationInterpolator 朝向插补器节点可以产生指定范围内的一系列方向值，其结果可以被路由到 Transform 节点的 rotation 属性。典型输入为 ROUTE someTimeSensor.fraction_changed TO someInterpolator.set_fraction，典型输出为 ROUTE someInterpolator.value_changed TO destinationNode.set_attribute。

8.3.1 语法定义

OrientationInterpolator 朝向插补器节点的图标为，包含域名、域值、域数据类型以及存储/访问类型等，节点中数据内容包含在一对尖括号中，用“</>”表示。域数据类型中的 SFFloat 域是单值单精度浮点数；MFFloat 域是多值单精度浮点数；SFRotation 域指定了一个任意的单值旋转；MFRotation 域指定了一个任意的多值旋转。事件的存储/访问类型包括 inputOnly（输入类型）、outputOnly（输出类型）以及 inputOutput（输入/输出类型）。OrientationInterpolator 朝向插补器节点包含 DEF、USE、key、keyValue、set_fraction、value_changed、containerField 以及 class 域。OrientationInterpolator 朝向插补器节点语法定义如下：

```
<OrientationInterpolator
      DEF                  ID
      USE                  IDREF
      key                                      MFFloat        inputOutput
      keyValue                                 MFRotation     inputOutput
      set_fraction         ""                  SFFloat        inputOnly
      value_changed        ""                  SFRotation     outputOnly
      containerField       children
      class
/>
```

8.3.2 源程序实例

本实例利用 OrientationInterpolator 朝向插补器节点进行空间物体插值三维立体动画设计，使 VR-X3D 文件中的场景和造型更加逼真、生动和鲜活，给 VR-X3D 程序设计带来更大的方便。本书配套源代码资源中的“VR-X3D 实例源程序\第 8 章实例源程序”目录下提供了 VR-X3D 源程序 px3d8-2.x3d。

【实例 8-2】使用 OrientationInterpolator 朝向插补器节点引入 VR-X3D 汽车造型。在时间传感器与朝向插补器共同作用下，使齿轮造型旋转。虚拟现实 OrientationInterpolator 朝向插补器节点三维立体场景设计 VR-X3D 文件 px3d8-2.x3d 源程序如下：

```
<Scene>
      <!-- Scene graph nodes are added here -->
      <Background skyColor="1 1 1"/>
```

```
    <Viewpoint description='Viewpoint-1' position='0 0 40'/>
    <Group>
      <Transform DEF="fly" rotation="0 0 1 0" scale="1 1 1" translation="0 0 8">
        <Inline url="px3d8-2-1.x3d"/>
        <TimeSensor DEF="time1" cycleInterval="8.0" loop="true"/>
        <OrientationInterpolator DEF="flyinter"
          key="0.0,0.1,0.2,0.3,0.4,0.5,0.6,0.7,0.8,0.9," keyValue="0 1 0 0.0,0 1 0 0.524,0 1 0
              0.785,0 1 0 1.047,0 1 0 1.571,0 1 0 2.094,0 1 0 2.356,
              0 1 0 2.618,0 1 0 3.141,0 1 0 6.282"/>
      </Transform>
    </Group>
    <ROUTE fromField="fraction_changed" fromNode="time1"
      toField="set_fraction" toNode="flyinter"/>
    <ROUTE fromField="value_changed" fromNode="flyinter"
      toField="set_rotation" toNode="fly"/>
  </Scene>
```

在 Scene（场景根）节点下编写 Viewpoint 视点节点、Background 背景节点、Group 编组节点、Transform 空间坐标变换节点、Inline 内联节点以及 OrientationInterpolator 朝向插补器节点。利用 OrientationInterpolator 朝向插补器节点创建一个三维立体空间动画效果。

运行虚拟现实 OrientationInterpolator 朝向插补器节点三维立体空间动画设计程序。首先启动 BS Contact VRML/X3D 8.0 浏览器，选择 open 选项，然后打开“VR-X3D 实例源程序\第 8 章实例源程序\px3d8-2.x3d”，即可运行程序创建一个三维立体旋转齿轮动画效果场景。OrientationInterpolator 朝向插补器节点源程序运行结果如图 8-2 所示。

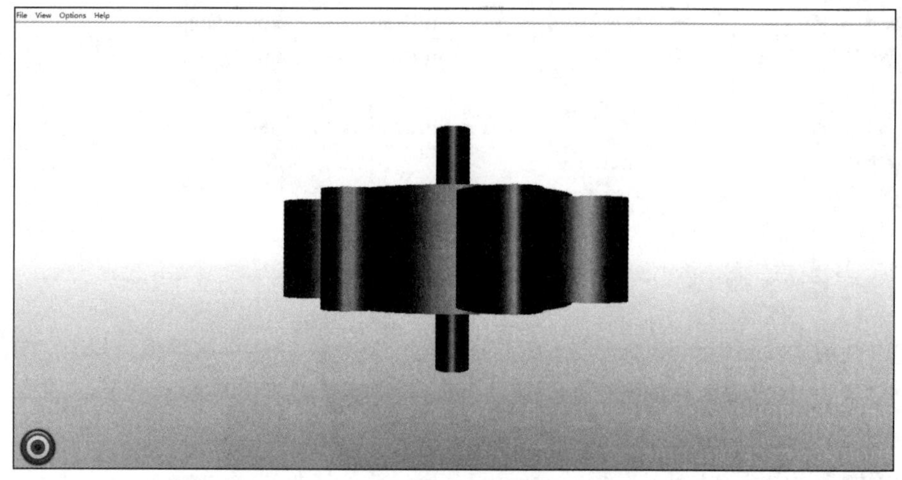

图 8-2 OrientationInterpolator 朝向插补器节点源程序运行结果

8.4 ScalarInterpolator 节点设计

ScalarInterpolator 节点也称为标量插补器节点，是强度变换动态节点，描述的是在动画设计中使用的一系列关键值。该节点不创建任何造型，通常在一组 SFFloat 值之间进行线性插值，这个插值适合用简单的浮点值定义的任何参数。使用 ScalarInterpolator 标量插补器节点和 TimeSensor 时间传感器节点可以改变光线节点中的 Intensity 域（光线强度）的域值，使光线强度随时间的改变而变化，从而实现动态效果。典型输入为 ROUTE someTimeSensor.fraction_changed TO someInterpolator.set_fraction，典型输出为 ROUTE someInterpolator.value_changed TO destinationNode.set_attribute。

ScalarInterpolator 标量插补器节点的图标为，包含域名、域值、域数据类型以及存储/访问类型等，节点中数据内容包含在一对尖括号中，用“</>”表示。域数据类型中的 SFFloat 域是单值单精度浮点数；MFFloat 域是多值单精度浮点数。事件的存储/访问类型包括 inputOnly（输入类型）、outputOnly（输出类型）以及 inputOutput（输入/输出类型）。ScalarInterpolator 标量插补器节点包含 DEF、USE、key、keyValue、set_fraction、value_changed、containerField 以及 class 域。ScalarInterpolator 标量插补器节点语法定义如下：

```
<ScalarInterpolator
    DEF                 ID
    USE                 IDREF
    key                                     MFFloat        inputOutput
    keyValue                                MFFloat        inputOutput
    set_fraction        ""                  SFFloat        inputOnly
    value_changed       ""                  SFFloat        outputOnly
    containerField      children
    class
/>
```

8.5 ColorInterpolator 节点设计

ColorInterpolator 节点也称为颜色插补器节点，其产生的指定范围内的一系列色彩值可以被路由器传送到 Color 节点的色彩属性。ColorInterpolator 颜色插补器节点是用来表示颜色插值的节点，使立体空间场景与造型颜色发生变化，该节点并不创建造型，在 VR-X3D 场景中是看不见的。该节点可以作为任何编组节点的子节点，但又独立于所使用的坐标系，即不受坐标系的限制。ColorInterpolator 颜色插补器节点节点可以作为任何编组节点的子节点，但又独立于所使用的坐标系，即不受坐标系的限制。典型输入为 ROUTE someTimeSensor.fraction_changed TO someInterpolator.set_fraction。典型输出为 ROUTE someInterpolator.value_changed TO destinationNode.set_attribute。

8.5.1 语法定义

ColorInterpolator 颜色插补器节点语法定义如下：

```
<ColorInterpolator
    DEF                 ID
    USE                 IDREF
    key                                     MFFloat        inputOutput
```

```
        keyValue                                MFColor     inputOutput
        set_fraction          ""                SFFloat     inputOnly
        value_changed         ""                SFColor     outputOnly
        containerField        children
        class
/>
```

ColorInterpolator 颜色插补器节点的图标为，包含域名、域值、域数据类型以及存储/访问类型等，节点中数据内容包含在一对尖括号中，用“</>”表示。域数据类型中的 SFFloat 域是单值单精度浮点数；MFFloat 域是多值单精度浮点数；SFColor 域是只有一个颜色的单值域；MFColor 域是一个多值颜色域值。事件的存储/访问类型包括 inputOnly（输入类型）、outputOnly（输出类型）以及 inputOutput（输入/输出类型）。ColorInterpolator 颜色插补器节点包含 DEF、USE、key、keyValue、set_fraction、value_changed、containerField 以及 class 域。

8.5.2 源程序实例

本实例利用 ColorInterpolator 颜色插补器节点进行空间物体插值三维立体动画设计，使 VR-X3D 文件中的场景和造型更加逼真、生动和鲜活，给 VR-X3D 程序设计带来更大的方便。本书配套源代码资源中的“VR-X3D 实例源程序\第 8 章实例源程序”目录下提供了 VR-X3D 源程序 px3d8-3.x3d。

【实例 8-3】使用 ColorInterpolator 颜色插补器节点，在时间传感器与颜色插补器共同作用下，使彩灯的颜色发生变化。虚拟现实 ColorInterpolator 颜色插补器节点三维立体场景设计 VR-X3D 文件 px3d8-3.x3d 源程序如下：

```
<Scene>
    <!-- Scene graph nodes are added here -->
    <Background skyColor="1 1 1"/>
    <ColorInterpolator DEF='myColor' key='0.0 0.333 0.666 1.0' keyValue='1 0 0 0 1 0 0 0 1 1 0 0'/>
    <TimeSensor DEF='myClock' cycleInterval='10.0' loop='true'/>
     <Transform   rotation="0 0 1 0" scale="0.8 1 0.8" translation="0 0 0">
     <Shape>
        <Appearance>
           <Material DEF='myMaterial'/>
      </Appearance>
                  <Sphere radius='2'/>
    </Shape >
     </Transform>
     <Transform translation="0 0 0" >
       <Shape>
         <Appearance>
            <Material ambientIntensity="0.4" diffuseColor="0.5 0.5 0.7"
              shininess="0.2" specularColor="0.8 0.8 0.9"/>
         </Appearance>
```

```
            <Cylinder bottom="true" height="4" radius="0.5" side="true" top="true"/>
          </Shape>
        </Transform>
        <Transform translation="0 0 0" >
          <Shape>
            <Appearance>
              <Material ambientIntensity="0.4" diffuseColor="0.5 0.5 0.7"
                shininess="0.2" specularColor="0.8 0.8 0.9"/>
            </Appearance>
            <Cylinder bottom="true" height="5.5" radius="0.05" side="true" top="true"/>
          </Shape>
        </Transform>
    <ROUTE fromNode='myClock' fromField='fraction_changed' toNode='myColor'
        toField='set_fraction'/>
    <ROUTE fromNode='myColor' fromField='value_changed' toNode='myMaterial'
        toField='diffuseColor'/>
      </Scene>
```

在 VR-X3D 三维立体源文件程序中利用 Background 背景节点、Transform 空间坐标变换节点、几何节点、ColorInterpolator 颜色插补器节点以及路由等创建一个三维立体空间颜色动画效果。

运行虚拟现实 ColorInterpolator 颜色插补器节点三维立体空间动画设计程序。首先启动 BS Contact VRML/X3D 8.0 浏览器，选择 open 选项，然后打开“VR-X3D 实例源程序\第 8 章实例源程序\px3d8-3.x3d”，即可运行程序创建一个可以变换各种颜色的三维立体变色彩灯动画效果场景。ColorInterpolator 颜色插补器节点源程序运行结果如图 8-3 所示。

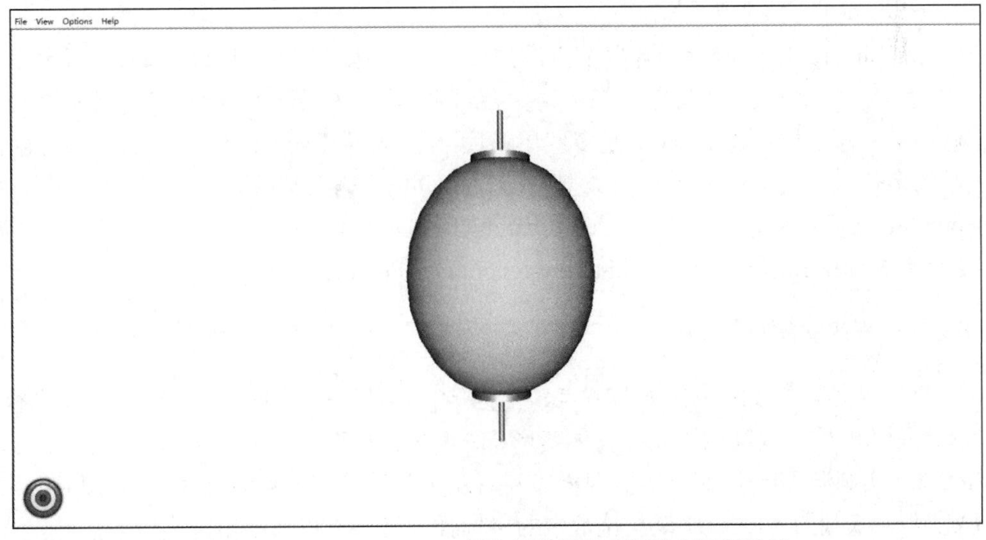

图 8-3　ColorInterpolator 颜色插补器节点源程序运行结果

8.6 CoordinateInterpolator 节点设计

CoordinateInterpolator 节点也称为坐标插补器节点，可以在一组 MFVec3f 值之间进行线性插值，通过使用该节点，可以使一个造型的坐标发生变化。同 ColorInterpolator 节点一样，CoordinateInterpolator 节点也不创建任何造型，在 VR-X3D 场景中也是不可见的。坐标插补器的作用是利用坐标点的移动实现动态效果，通过使用 CoordinateInterpolator 节点，可使 VR-X3D 中的物体造型上的各个坐标点形成独自的运动轨迹，从而使物体造型改变运动方向。

8.6.1 语法定义

CoordinateInterpolator 坐标插补器节点产生指定范围内的一系列坐标值，可以被路由器传送到 Coordinate 节点的 point 属性或 Vector3FloatArray 属性。典型输入为 ROUTE someTimeSensor. fraction_changed TO someInterpolator.set_fraction，典型输出为 ROUTE someInterpolator.value_ changed TO destinationNode.set_attribute。CoordinateInterpolator 坐标插补器节点语法定义如下：

```
<CoordinateInterpolator
    DEF             ID
    USE             IDREF
    key                             MFFloat     inputOutput
    keyValue                        MFVec3f     inputOutput
    set_fraction    ""              SFFloat     inputOnly
    value_changed   ""              MFVec3f     outputOnly
    containerField  children
    class
/>
```

CoordinateInterpolator 坐标插补器节点的图标为，包含域名、域值、域数据类型以及存储/访问类型等，节点中数据内容包含在一对尖括号中，用“</>”表示。域数据类型中的 SFFloat 域是单值单精度浮点数；MFFloat 域是多值单精度浮点数；MFVec3f 域是一个包含任意数量的三维矢量的多值域。事件的存储/访问类型包括 inputOnly（输入类型）、outputOnly（输出类型）以及 inputOutput（输入/输出类型）。CoordinateInterpolator 坐标插补器节点包含 DEF、USE、key、keyValue、set_fraction、value_changed、containerField 以及 class 域。

8.6.2 源程序实例

本实例利用交互游戏触摸传感器节点、坐标插补器节点等，通过三维空间物体进行插值三维立体动画设计，实现互动游戏的物体变形、纹理等交互设计效果。本书配套源代码资源中的“VR-X3D 实例源程序\第 8 章实例源程序”目录下提供了 VR-X3D 源程序 px3d8-4.x3d。

【实例 8-4】利用 VR-X3D 交互技术中的坐标插补器节点以及触摸传感器节点等，设计一个四面体造型，并对其进行交互设计实现 3D 造型动画设计效果。虚拟现实 CoordinateInterpolator 坐标插补器节点三维立体互动物体变形设计 VR-X3D 文件 px3d8-4.x3d 源程序如下：

```
<Scene>
<Background skyColor="1 1 1"/>
<Viewpoint description='Viewpoint-1' position='5 0 17'/>
<!-- Coordinate translation -->
<Transform translation="5 -1.5 0" scale="1 1 1" >
        <Shape>
            <Appearance>
                <Material diffuseColor="0.2 0.8 0.8">
                </Material>
            <ImageTexture url="44444.jpg" />
            </Appearance>
        <IndexedFaceSet coordIndex='2 3 0 -1, 2 0 1 -1, 3 2 1 -1, 3 1 0 -1'>
        <Coordinate DEF='Coordinate_translation' point='0 2 2, 0 2 -2, -2 -2 0, 2 -2 0'></Coordinate>
        </IndexedFaceSet>
        </Shape>
    <TouchSensor DEF="My_Clicker"></TouchSensor>
    <TimeSensor DEF='My_TimeSource' cycleInterval='1'></TimeSensor>
    <CoordinateInterpolator DEF='My_Animation' key='0 0.2 0.4 0.6 0.8 1' keyValue='
        0 1 1, 0 1 -1, -1 -1 0,1 -1 0,
        0 4 4, 0 1 -1, -1 -1 0, 1 -1 0,
        0 1 1, 0 4 -4, -1 -1 0, 1 -1 0,
        0 1 1, 0 1 -1, -4 -4 0, 1 -1 0,
        0 1 1, 0 1 -1, -1 -1 0, 4 -4 0,
        0 2 2, 0 2 -2, -2 -2 0, 2 -2 0'>
    </CoordinateInterpolator>
</Transform>
<ROUTE fromNode="My_Clicker" fromField="touchTime_changed" toNode="My_TimeSource"
    toField="set_startTime"></ROUTE>
<ROUTE fromNode='My_TimeSource' fromField='fraction_changed' toNode='My_Animation'
    toField='set_fraction'></ROUTE>
<ROUTE fromNode='My_Animation' fromField='value_changed' toNode='Coordinate_translation'
    toField='set_point'></ROUTE>
</Scene>
```

VR-X3D 文件利用 Background 背景节点、Transform 空间坐标变换节点、几何节点、CoordinateInterpolator 坐标插补器节点以及路由等创建一个三维立体空间颜色动画效果。

运行虚拟现实 CoordinateInterpolator 坐标插补器节点三维立体空间动画设计程序。首先启动 BS Contact VRML/X3D 8.0 浏览器，选择 open 选项，然后打开“VR-X3D 实例源程序\第 8 章实例源程序\px3d8-4.x3d”，即可运行程序，通过单击 3D 模型，实现一个物体坐标变换动画设计场景效果。CoordinateInterpolator 坐标插补器节点源程序运行结果如图 8-4 所示。

图 8-4 CoordinateInterpolator 坐标插补器节点源程序运行结果

8.7 NormalInterpolator 节点设计

NormalInterpolator 节点也称为法线插补器节点，其可以产生指定范围内的一系列法线（垂直）向量，该法线沿着每个表面单位球面的值通过路由器传送到一个 Normal 节点的向量属性或到另一个 Vector3FloatArray 属性中的 attribute 中。典型输入为 ROUTE someTimeSensor.fraction_changed TO someInterpolator.set_fraction，典型输出为 ROUTE someInterpolator.value_changed TO destinationNode.set_attribute。具体而言，NormalInterpolator 法线插补器节点通过改变法向量 Normal 节点中 vector 域的域值定义法线向量。其中，法向量 Normal 节点是面节点和海拔栅格节点中的一个节点，vector 域的域值定义了一个法向量列表(X,Y,Z)。NormalInterpolator 法线插补器节点在与时间传感器的配合下，可产生虚拟世界的各种逼真动感效果。NormalInterpolator 法线插补器节点语法定义如下：

```
<NormalInterpolator
    DEF             ID
    USE             IDREF
    key                             MFFloat     inputOutput
    keyValue                        MFVec3f     inputOutput
    set_fraction    ""              SFFloat     inputOnly
    value_changed   ""              MFVec3f     outputOnly
    containerField  children
    class
/>
```

NormalInterpolator 法线插补器节点图标为，包含域名、域值、域数据类型以及存储/访问类型等，节点中数据内容包含在一对尖括号中，用“</>”表示。域数据类型中的 SFFloat 域是单值单精度浮点数；MFFloat 域是多值单精度浮点数；MFVec3f 域是一个包含任意数量的三维矢量的多值域。事件的存储/访问类型包括 inputOnly（输入类型）、outputOnly（输出类型）

以及 inputOutput（输入/输出类型）。NormalInterpolator 法线插补器节点包含 DEF、USE、key、keyValue、set_fraction、value_changed、containerField 以及 class 域。

8.8　ROUTE 节点设计

ROUTE 节点也称为路由节点，该节点通过连接节点之间的域传递事件实现 VR-X3D 节点之间的信息传递，从而进行复杂的动画开发与设计。ROUTE 路由节点在定义节点连接之间的域以传递事件的同时对各个节点和域值进行传递、修改和控制等处理，使 VR-X3D 场景的开发与设计更加快捷、方便、灵活。ROUTE 路由节点语法定义如下：

```
<ROUTE
    fromNode            IDREF
    fromField
    toNode              IDREF
    toField
/>
```

ROUTE 路由节点的图标为，包含域名、域值、域数据类型以及存储/访问类型等，节点中数据内容包含在一对尖括号中，用“</>”表示。ROUTE 路由节点包含 fromNode、fromField、toNode、toField 域。

8.9　VR-X3D 虚拟现实互动圣诞/新年综合项目实例设计

利用 VR-X3D 虚拟现实模型节点、空间坐标变换节点、内联节点以及插补器节点进行圣诞快乐、新年快乐主题综合项目实例设计。

8.9.1　VR-X3D 虚拟现实互动圣诞/新年项目设计

VR-X3D 虚拟现实互动圣诞/新年项目实例利用 VR-X3D 虚拟现实技术创建一个圣诞树 3D 模型、鞭炮动画、一个圣诞老人和一群小驯鹿动态交互的效果。VR-X3D 虚拟现实互动圣诞/新年项目设计由四个部分构成，一是圣诞树彩灯设计，二是圣诞文字和新年快乐文字设计，三是圣诞老人和一群小驯鹿动画设计，四是鞭炮动画设计。

VR-X3D 虚拟现实互动圣诞/新年项目设计利用颜色插补器节点、位置插补器节点、朝向插补器节点等构建一个交互游戏 3D 场景，使 VR-X3D 虚拟现实互动圣诞/新年项目设计效果更加逼真、生动和鲜活。VR-X3D 虚拟现实互动圣诞/新年项目设计层次结构图如图 8-5 所示。

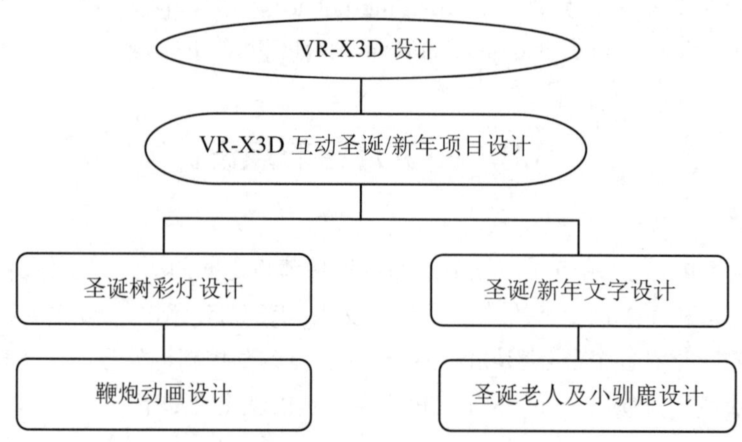

图 8-5　VR-X3D 虚拟现实互动圣诞/新年项目设计层次结构图

8.9.2　VR- X3D 虚拟现实互动圣诞/新年综合项目实例

VR-X3D 虚拟现实互动圣诞/新年项目设计利用 VR-X3D 虚拟现实技术实现三维造型颜色的变化，模型移动、旋转和运动。具体而言，利用互动游戏触摸传感器节点、颜色插补器节点、坐标插补器节点等，设计一个旋转的文字造型、变色的圣诞树彩灯造型、奔驰的驯鹿和圣诞老人以及鞭炮动画。

【实例 8-5】VR-X3D 虚拟现实互动圣诞/新年项目设计利用 VR-X3D 交互技术中的时间传感器节点颜色插补器节点、坐标插补器节点、空间坐标变换节点、模型节点、面节点、背景节点以及内联节点等，创建圣诞树造型、圣诞节文字造型、圣诞老人造型以及鞭炮设计等，并对其进行交互设计实现 3D 文字造型旋转、圣诞老人驾驶着驯鹿飞向天空的效果。VR-X3D 虚拟现实互动圣诞/新年项目设计源程序展示如下：

```
<Scene>
<!-- Scene graph nodes are added here -->
<Background skyColor="1 1 1"/>
<!--  圣诞快乐文字设计   -->
<Transform   rotation="0 1 0 1.571" scale="5 3.5 5" translation="-12 10 -20">
    <Inline url="sdkl-11.gif"/>
</Transform>
<!--  新年快乐文字设计   -->
<Transform   rotation="0 1 0 1.571" scale="6 4 6" translation="12 10 -20">
    <Inline url="xin-11.gif"/>
</Transform>
<!--  圣诞树 1 设计   -->
<Transform   rotation="0 1 0 1.571" scale="0.1 0.1 0.1" translation="0 -10 -20">
    <Inline url="song.x3d"/>
</Transform>
<!—颜色设计 Color -->
<Transform DEF='TreeColor0' translation="-2 -9 -5" rotation='1 0 0 0.524'>
<Transform DEF='Color0'>
```

```
<Transform translation="2 2 -20"    scale="0.25 0.25 0.25" >
<Shape>
      <Appearance>
            <Material   DEF='My_Color0' diffuseColor="1.0 0.2 0.2"/>
      </Appearance>
<Sphere radius='1.8' />
</Shape>
</Transform>
<Transform translation="2 0 -20"    scale="0.25 0.25 0.25"    >
<Shape>
      <Appearance>
            <Material   DEF='My_Color1' diffuseColor="1.0 0.2 0.2"/>
      </Appearance>
<Sphere radius='1.8' />
</Shape>
</Transform>
<ColorInterpolator DEF='Animation0' key='0.0 0.25 0.5 0.75 1' keyValue='0.2 0.8 0.8 ,1 0 0 ,0 1 0 ,
      0 0 1 ,1.0 0.2 0.2'/>
<ColorInterpolator DEF='Animation1' key='0.0 0.25 0.5 0.75 1' keyValue='1 0 0,0.2 0.8 0.8    ,
      0 1 0 ,1.0 0.2 0.2,0 0 1 '/>
<TimeSensor DEF='TimeSource' cycleInterval='5.0' loop='true'/>
<ROUTE fromNode='TimeSource' fromField='fraction_changed' toNode='Animation0'
      toField='set_fraction'></ROUTE>
<ROUTE fromNode='Animation0' fromField='value_changed' toNode='My_Color0'
      toField='set_diffuseColor'></ROUTE>
<ROUTE fromNode='TimeSource' fromField='fraction_changed' toNode='Animation1'
      toField='set_fraction'></ROUTE>
<ROUTE fromNode='Animation1' fromField='value_changed' toNode='My_Color1'
      toField='set_diffuseColor'></ROUTE>
</Transform>
<Transform translation="0 -8 0" rotation='0 1 0 0'>
<Transform USE='Color0'/>
</Transform>
<Transform translation="0 -4 0" rotation='0 1 0 0'>
<Transform USE='Color0'/>
</Transform>
<Transform translation="0 2 0" rotation='0 1 0 0'>
<Transform USE='Color0'/>
</Transform>
</Transform>
<Transform translation="0 17.5 -2" rotation='1 0 0 -0.885' >
<Transform USE='TreeColor0' />
</Transform>
<Transform translation="0 12 0" rotation='1 0 1 -0.785' >
 <Transform USE='TreeColor0' />
</Transform>
```

```
<Transform translation="-19.5 0.5 -20" rotation='0 1 0 -1.571' >
  <Transform USE='TreeColor0' />
</Transform>
<!-- Color color0 -->
<Transform translation="0 6.5 -20"    scale="0.25 0.25 0.25" >
<Shape>
     <Appearance>
          <Material    DEF='My_Color' diffuseColor="1.0 0.2 0.2"/>
     </Appearance>
<Sphere radius='1.8' />
</Shape>
</Transform>
  <ColorInterpolator DEF='Animation' key='0.0 0.25 0.5 0.75 1' keyValue='1 0 0 ,0 1 0 ,0 0 1 ,
     0.2 0.8 0.8 ,1.0 0.2 0.2'/>
<TimeSensor DEF='Time' cycleInterval='5.0' loop='true'/>
<ROUTE fromNode='Time' fromField='fraction_changed' toNode='Animation'
     toField='set_fraction'></ROUTE>
<ROUTE fromNode='Animation' fromField='value_changed' toNode='My_Color'
     toField='set_diffuseColor'></ROUTE>
  <!--  圣诞树 2 设计    -->
  <Transform    rotation="0 1 0 1.571" scale="16 16 16" translation="-15 -2.5 -20">
     <Inline url="sd-1.gif"/>
</Transform>
  <!--  放鞭炮-新年快乐设计    -->
<Transform    rotation="0 1 0 1.571" scale="8.5 7 8.5" translation="18 4.5 -20">
     <Inline url="xin22.gif"/>
</Transform>
  <!--  放鞭炮设计    -->
<Transform    rotation="0 1 0 1.571" scale="8.5 7 8.5" translation="19.6 -6.5 -20">
     <Inline url="bp22.gif"/>
</Transform>
<Group>
   <Transform DEF="Christmas_fly" rotation="0 1 0 1.571" scale="2.5 2.5 2.5" translation="0 0 -">
     <Inline url="Christmas.gif"/>
     <TimeSensor DEF="time1" cycleInterval="10.0" loop="true"/>
     <PositionInterpolator DEF="Position_flyinter"
        key="0.0 ,0.1,0.2,0.3,0.4,0.5,0.6,0.8,0.9,1.0," keyValue="-5 -5 0, -2 -2 0,0 0 0,2 2 0,4 4 0,
            &#10;6 6 0,8 8 0,10 10 0,12 10 0,14 12 0"/>
   </Transform>
</Group>
<ROUTE fromField="fraction_changed" fromNode="time1"
   toField="set_fraction" toNode="Position_flyinter"/>
<ROUTE fromField="value_changed" fromNode="Position_flyinter"
   toField="set_translation" toNode="Christmas_fly"/>
</Scene>
```

在 VR-X3D 三维立体程序文件中添加 Background 背景节点、重定义和重新使用节点、视点节点、Transform 空间坐标变换节点、几何节点、复杂节点、颜色插补器节点、坐标插补器节点以及路由节点等。利用颜色插补器节点可以创建一个三维立体交互圣诞树彩灯变色动画，利用坐标插补器节点可以设计一个圣诞老人驾驶驯鹿飞驰动画。

首先启动 BS Contact VRML/X3D 8.0 浏览器，选择 open 选项，然后打开 VR-X3D 实例程序，即可创建互动游戏交互动画效果场景。VR-X3D 虚拟现实互动圣诞/新年项目设计效果如图 8-6 所示。

图 8-6 VR-X3D 虚拟现实互动圣诞/新年项目设计效果

本章小结

本章主要介绍了 TimeSensor 时间传感器节点设计、PositionInterpolator 位置插补器节点设计、OrientationInterpolator 朝向插补器节点设计、ScalarInterpolator 标量插补器节点设计、ColorInterpolator 颜色插补器节点设计、CoordinateInterpolator 坐标插补器节点设计、NormalInterplator 法线插补器节点设计以及 ROUTE 路由节点设计等。本章设计了多个实例，如利用时间传感器、位置插补器节点可以实现 3D 仿真物体移动设计，利用颜色插补器节点设计变色彩灯三维立体动画，利用朝向插补器节点设计飞船三维立体动画，利用坐标插补器节点设计物体坐标变换三维立体动画。

第 9 章　VR-X3D 触摸检测器交互动画设计

在 VR-X3D 虚拟世界中，用户与虚拟现实世界之间的交互是通过一系列检测器来实现的，通过使用这些检测器节点，浏览器会感知用户的各种操作，例如开门、运动、旋转、移动和飞行等，这样用户就可以和 VR-X3D 虚拟世界中的三维对象直接进行动态交互。VR-X3D 用户交互动画组件设计主要由 TouchSensor 触摸传感器节点、PlaneSensor 平面检测器节点、CylinderSensor 圆柱检测器节点和 SphereSensor 球面检测器节点构成，其中还包括 KeySensor 按键传感器节点、StringSensor 按键字符串传感器节点等。触摸节点和动画插补器节点联合使用时，在路由的作用下会产生更加生动、逼真的动态交互效果，使观测者有身临其境的感觉。

- TouchSensor 节点设计
- PlaneSensor 节点设计
- CylinderSensor 节点设计
- SphereSensor 节点设计
- KeySensor 节点设计
- StringSensor 节点设计

9.1　TouchSensor 节点设计

TouchSensor 节点设计

TouchSensor 节点出称为触摸传感器节点，可以跟踪指定设备的位置和状态，同时检测用户指定几何对象的时间。TouchSensor 触摸传感器节点就是浏览者与虚拟对象之间进行接触的接触型传感器节点。TouchSensor 触摸传感器节点可以创建一个检测来捕捉用户动作，并将其转化后输出，以触发一个动画的检测器。它是用来测试用户触摸事件的检测器。该节点可以为任何组节点的子节点，并感知用户对该组节点的动作，通常传感器只影响同一级的节点及其子节点。

9.1.1　语法定义

TouchSensor 触摸传感器节点的图标为，包含域名、域值、域数据类型以及存储/访问类型等，节点中数据内容包含在一对尖括号中，用“</>”表示。域数据类型中的 SFBool 域是一个单值布尔量；SFTime 域含有一个单独的时间值；SFVec2f 域是一个包含任意数量的二维矢量的单值域；SFVec3f 域是一个包含任意数量的三维矢量的单值域。事件的存储/访问类型包括 outputOnly（输出类型）和 inputOutput（输入/输出类型）。TouchSensor 触摸传感器节点包含 DEF、USE、description、enabled、isActive、isOver、hitPoint_changed、hitNormal_changed、hitTexCoord_changed、touchTime、containerField 以及 class 域。TouchSensor 触摸传感器节点语法定义如下：

```
<TouchSensor
    DEF                     ID
    USE                     IDREF
    description                                     inputOutput
    enabled                 true        SFBool      inputOutput
    isActive                ""          SFBool      outputOnly
    isOver                  ""          SFBool      outputOnly
    hitPoint_changed        ""          SFVec3f     outputOnly
    hitNormal_changed       ""          SFVec3f     outputOnly
    hitTexCoord_changed     ""          SFVec2f     outputOnly
    touchTime               0           SFTime      outputOnly
    containerField          children
    class
/>
```

9.1.2 源程序实例

本实例利用 TouchSensor 触摸传感器节点通过空间物体的触摸实现动画设计，使 VR-X3D 文件中的场景和造型更加逼真、生动和鲜活，给 VR-X3D 程序设计带来更大的方便。本书配套源代码资源中的“VR-X3D 实例源程序\第 9 章实例源”目录下提供了 VR-X3D 源程序 px3d9-1.x3d。

【实例 9-1】使用 TouchSensor 触摸传感器节点，通过检测一个用户动作并将其转化后输出，从而触发一个动画的检测器实现动画效果。虚拟现实 TouchSensor 触摸传感器节点三维立体场景设计 VR-X3D 文件 px3d9-1.x3d 源程序如下：

```
<Scene>
  <!-- Scene graph nodes are added here -->
  <Group>
    <Background groundAngle='1.309 1.571' groundColor='0.1 0.1 0 0.4 0.25 0.2 0.6 0.6
        0.6' skyAngle='1.309 1.571' skyColor='0 0.2 0.7 0 0.5 1 1 1 1'/>
    <Background DEF='AlternateBackground1' groundAngle='1.309 1.571' groundColor
        ='0.1 0.1 0 0.5 0.25 0.2 0.6 0.6 0.2' skyAngle='1.309 1.571' skyColor='1 0 0 1 0.4 0 1 1 0'/>
  </Group>
  <!-- Shapes to act as buttons -->
  <Transform translation='0 0 0'>
    <Shape>
      <Appearance>
        <Material diffuseColor='1 0 0'/>
      </Appearance>
      <Sphere/>
    </Shape>
```

```
        <TouchSensor DEF='TouchSphere' description='Alternate reddish-orange background'/>
      </Transform>
      <ROUTE fromField='isActive' fromNode='TouchSphere' toField='set_bind'
          toNode='AlternateBackground1'/>
    </Scene>
```

VR-X3D 源文件中，在 Scene（场景根）节点下添加 Background 背景节点、Group 编组节点、Transform 空间坐标变换节点、Inline 内联节点以及 TouchSensor 触摸传感器节点。利用 TouchSensor 触摸传感器节点创建一个三维立体空间动画效果。

运行 VR-X3D 虚拟现实 TouchSensor 触摸传感器节点三维立体空间动画设计程序。首先启动 BS Contact VRML/X3D 8.0 浏览器，选择 open 选项，然后打开“VR-X3D 实例源程序\第 9 章实例源程序\px3d9-1.x3d”，即可运行程序创建一个三维立触摸动画效果场景。TouchSensor 触摸传感器节点源程序运行结果如图 9-1 所示。

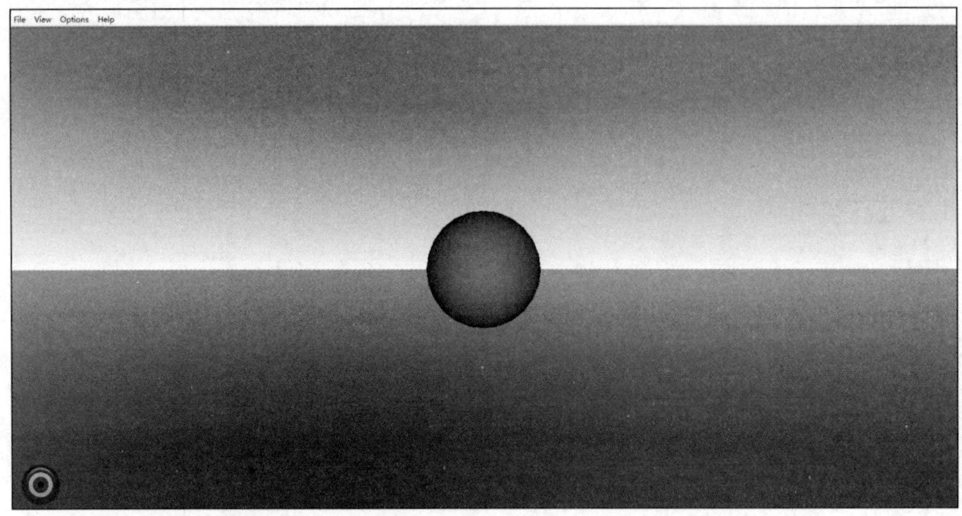

图 9-1　TouchSensor 触摸传感器节点源程序运行结果

9.2　PlaneSensor 节点设计

PlaneSensor 节点设计

PlaneSensor 节点也称为平面检测器节点，可以创建一个将浏览者的动作转换成适于操作造型的输出的检测器。该节点可以作为任何组节点的子节点，用以感知用户对该组节点的动作，使造型按用户的动作平移。PlaneSensor 平面检测器节点是使虚拟对象在 *X-Y* 平面移动的移动型检测器节点。PlanSensor 平面检测器节点能感应到观察者的拖动行为，进而改变虚拟现实对象的位置，但是不能改变方位，而且只限定于 *X-Y* 平面。当观察者拖动虚拟造型时，光标会出现在一个平面状的光标图上。PlaneSensor 平面检测器节点转换指定设备在平行于 *Z*=0 平面上的动作，到 2D translation 值。其中设置“minPosition.x=maxPosition.x”或“minPosition.y= maxPosition.y”可以设置约束效果到一个轴的 LineSensor。此节点影响同一级的节点及其子节点，可增加透明的几何对象以便于查看检测器的影响。

9.2.1 语法定义

PlaneSensor 平面检测器节点的图标为，包含域名、域值、域数据类型以及存储/访问类型等，节点中数据内容包含在一对尖括号中，用“</>”表示。域数据类型中的 SFBool 域是一个单值布尔量；SFVec2f 域是一个包含任意数量的二维矢量的单值域；SFVec3f 域是一个包含任意数量的三维矢量的单值域。事件的存储/访问类型包括 outputOnly（输出类型）和 inputOutput（输入/输出类型）。PlaneSensor 平面检测器节点包含 DEF、USE、description、enabled、minPosition、maxPosition、autoOffset、offset、trackPoint_changed、translation_changed、isActive、isOver、containerField 以及 class 域。PlaneSensor 平面检测器节点语法定义如下：

```
<PlaneSensor
    DEF                     ID
    USE                     IDREF
    description                                         inputOutput
    enabled                 true          SFBool        inputOutput
    minPosition             0 0           SFVec2f       inputOutput
    maxPosition             -1 -1         SFVec2f       inputOutput
    autoOffset         true               SFBool        inputOutput
    offset                  0 0 0         SFVec3f       inputOutput
    trackPoint_changed      ""            SFVec3f       outputOnly
    translation_changed     ""            SFVec3f       outputOnly
    isActive                ""            SFBool        outputOnly
    isOver                  ""            SFBool        outputOnly
    containerField          children
    class
/>
```

9.2.2 源程序实例

本实例利用 PlaneSensor 平面检测器节点通过空间物体进行 VR-X3D 虚拟现实触摸拉窗交互设计，使 VR-X3D 文件中的场景和造型更加逼真、生动和鲜活，给 VR-X3D 程序设计带来更大的方便。

VR-X3D 虚拟现实触摸拉窗交互设计中，在 Scene（场景根）节点下添加 Background 背景节点、Group 编组节点、Transform 空间坐标变换节点、Inline 内联节点以及 PlaneSensor 平面检测器节点。利用 PlaneSensor 平面检测器节点创建一个三维立体空间动画效果。本书配套源代码资源中的“VR-X3D 实例源程序\第 9 章实例源程序”目录下提供了 VR-X3D 源程序 px3d9-2.x3d。

【实例 9-2】利用 TouchSensor 触摸传感器节点检测一个用户动作，并将其转化后输出，以触发一个动画的检测器实现动画效果。使用虚拟现实 PlaneSensor 平面检测器节点创建 VR-X3D 虚拟现实触摸拉窗交互项目实例场景，源程序如下：

```
<Scene>
    <!-- Scene graph nodes are added here -->
    <Background skyColor="0.65 0.65 0.86"/>
```

```
<Viewpoint description="viewpoint1" orientation="0 0 1 0" position="0 2.5 16"/>
<!-- hengliang -->
 <Transform   DEF='Trans-1' rotation="0 0 1 0" scale="0.8 1 0.8" translation="0.95 3.5 0" >
     <Shape>
    <Appearance>
       <Material ambientIntensity="0.4" diffuseColor="1.0 1.0 1.0"
          shininess="0.2" specularColor="0.8 0.8 0.9" />
     </Appearance>
          <Box size='11.9 0.4 0.7'/>
     </Shape >
 </Transform>
 <Transform     rotation="0 0 1 0"   translation="0 3.0 0" >
     <Transform USE='Trans-1'/>
 </Transform>
 <Transform     rotation="0 0 1 0"   translation="0 -7.0 0" >
     <Transform USE='Trans-1'/>
 </Transform>
 <!-- shuliang -->
 <Transform   DEF='Trans-2' rotation="0 0 1 0" scale="0.8 1 0.8" translation="-3.65 1.5 0" >
     <Shape>
     <Appearance>
        <Material ambientIntensity="0.4" diffuseColor="1.0 1.0 1.0"
             shininess="0.2" specularColor="0.8 0.8 0.9" />
        </Appearance>
          <Box size='0.4 10 0.7'/>
     </Shape >
 </Transform>

 <Transform     rotation="0 0 1 0"   translation="9.2 0.0 0" >
     <Transform USE='Trans-2'/>
 </Transform>
  <Transform    rotation="0 0 1 0" scale="0.8 1 0.8" translation="0.95 5 0" >
     <Shape>
    <Appearance>
       <Material ambientIntensity="0.4" diffuseColor="0.0 1.0 0.2"
          shininess="0.2" specularColor="0.2 0.8 0.2" transparency="0.6"/>
       </Appearance>
          <Box size='11 3 0.2'/>
     </Shape >
 </Transform>
 <!-- Text -->
 <Transform     rotation="0 0 1 0"   translation="0.0 8.0 0" >
       <Shape>
     <!--Add a single geometry node here-->
          <Appearance>
```

```
            <Material ambientIntensity="0.4" diffuseColor="1.0 1.0 0.2"
        shininess="0.2" specularColor="0.2 0.8 0.2" />
        </Appearance>
        <Text length='20' maxExtent='20' solid='false' string='VR-X3D 虚拟现实触摸拉窗交互设计'>
            <FontStyle justify='"MIDDLE" "MIDDLE"' style='BOLDITALIC'/>
        </Text>
      </Shape>
    </Transform>
   <!-- hudongjiaohu -->
    <Transform DEF="move1" scale="1 1 1" translation="-2.2 0 0.1" rotation="0 1 0 0">
      <Inline url="px3d9-2-1.x3d"/>
      <PlaneSensor DEF="Planes1" autoOffset="true" enabled="true"
        maxPosition="2.2 0" minPosition="-2.2 0" offset="1 0 0.1"/>
    </Transform>
  <Transform DEF="move2" scale="1 1 1" translation="2.2 0 -0.15" rotation="0 1 0 0">
      <Inline url=" px3d9-2-2.x3d "/>
      <PlaneSensor DEF="Planes2" autoOffset="true" enabled="true"
        maxPosition="2.2 0" minPosition="-2.2 0" offset="1 0 -0.15"/>
  </Transform>
  <ROUTE fromField="translation_changed" fromNode="Planes1"
    toField="set_translation" toNode="move1"/>
  <ROUTE fromField="translation_changed" fromNode="Planes2"
    toField="set_translation" toNode="move2"/>
```

VR-X3D 虚拟现实触摸拉窗交互项目设计利用 PlaneSensor 平面检测器节点创建可交互、可移动的拉窗动画。首先启动 BS Constact VRML/X3D 8.0 浏览器，选择 open 选项文件，然后打开实例程序，即可创建 VR-X3D 虚拟现实触摸拉窗交互项目三维立体场景，在此场景中，可以左右移动两扇窗户，实现拉动窗户的动画效果。VR-X3D 虚拟现实触摸拉窗交互设计效果如图 9-2 所示。

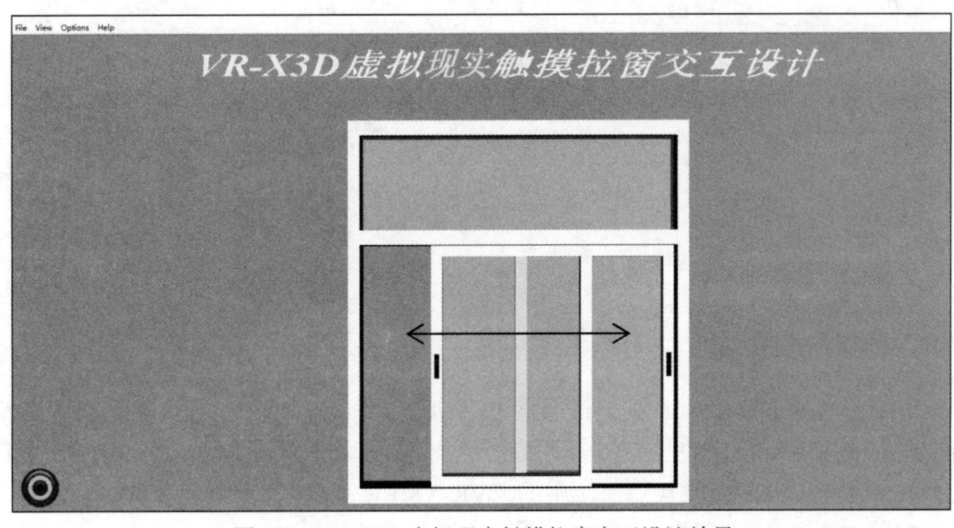

图 9-2　VR-X3D 虚拟现实触摸拉窗交互设计效果

9.3 CylinderSensor 节点设计

CylinderSensor 节点也称为圆柱检测器节点，可以将指定设备的运动转换为旋转值，其中指定设备的最初值决定采用哪种相关行为，即像一个圆柱或像磁碟绕 Y 轴旋转。CylinderSensor 圆柱检测器节点能够感应到用户拖动动作，让被拖动的虚拟对象造型沿着圆柱体中心轴，即 *Y* 轴旋转，是旋转型检测器。该节点可以作为任何组节点的子节点，其影响同一级的节点及其子节点，可以增加透明的几何对象以便于查看检测器的影响。

9.3.1 语法定义

CylinderSensor 圆柱检测器节点的图标为，包含域名、域值、域数据类型以及存储/访问类型等，节点中数据内容包含在一对尖括号中，用“</>”表示。域数据类型中的 SFFloat 域是单值单精度浮点数；SFBool 域是一个单值布尔量；SFVec3f 域是一个包含任意数量的三维矢量的单值域；SFRotation 域指定了一个任意的旋转。事件的存储/访问类型包括 outputOnly（输出类型）和 inputOutput（输入/输出类型）。CylinderSensor 圆柱检测器节点包含 DEF、USE、description、enabled、minAngle、maxAngle、diskAngle、autoOffset、offset、isActive、isOver、rotation_changed、trackPoint_changed、containerField 以及 class 域。CylinderSensor 圆柱检测器节点语法定义如下：

```
<CylinderSensor
    DEF                 ID
    USE                 IDREF
    description                                 inputOutput
    enabled             true        SFBool      inputOutput
    minAngle            0           SFFloat     inputOutput
    maxAngle            0           SFFloat     inputOutput
    diskAngle           0.262       SFFloat     inputOutput
    autoOffset          true        SFBool      inputOutput
    offset              0           SFFloat     inputOutput
    isActive            ""          SFBool      outputOnly
    isOver              ""          SFBool      outputOnly
    rotation_changed    ""          SFRotation  outputOnly
    trackPoint_changed  ""          SFVec3f     outputOnly
    containerField      children
    class
/>
```

9.3.2 源程序实例

本实例利用 CylinderSensor 圆柱检测器节点创建一个将用户动作转换成围绕 *Y* 轴旋转的检测器动画，使 VR-X3D 文件中的场景和造型更加逼真、生动和鲜活，给 VR-X3D 程序设计带来更大的方便。本书配套源代码资源中的“VR-X3D 实例源程序\第 9 章实例源程序”目录下提供了 VR-X3D 源程序 px3d9-3.x3d。

【实例 9-3】使用 CylinderSensor 圆柱检测器节点引入磨盘造型，并使磨盘造型沿 *Y* 轴转动。虚拟现实 CylinderSensor 圆柱检测器节点三维立体场景设计 VR-X3D 文件 px3d9-3.x3d 源程序如下：

```
<Scene>
    <!-- Scene graph nodes are added here -->
    <Background skyColor="1 1 1"/>
<Group>
<!—磨盘动画设计 -->
        <Transform DEF="fan" scale="1.6 1.6 1.6" translation="0 0 0">
          <Inline url="px3d9-3-1.x3d"/>
          <CylinderSensor DEF="cylins" autoOffset="true"
            diskAngle="0.26179167" enabled="true" maxAngle="-1"
            minAngle="0" offset="1.571"/>
        </Transform>
</Group>
    <ROUTE fromField="rotation_changed" fromNode="cylins"
      toField="set_rotation" toNode="fan"/>
    <!—磨盘底座设计 -->
     <Transform translation="0 -1 0" rotation="0 1 0 2.5.14">
         <Inline url='px3d9-3-2.x3d'/>
     </Transform>
     <Transform    rotation="0 1 0 1.571" scale="8 5.5 8" translation="-15 5 -20">
         <Inline url="mp.gif"/>
     </Transform>
  </Scene>
```

VR-X3D 程序设计中，在 Scene（场景根）节点下添加 Background 背景节点、Group 编组节点、Transform 空间坐标变换节点、Inline 内联节点以及 CylinderSensor 圆柱检测器节点。利用 CylinderSensor 圆柱检测器节点创建一个三维立体动画设计效果。

运行虚拟现实 CylinderSensor 圆柱检测器节点三维立体空间动画设计程序。首先，启动 BS Contact VRML/X3D 8.0 浏览器，选择 open 选项，然后打开“VR-X3D 实例源程序\第 9 章实例源程序\px3d9-3.x3d”，即可运行程序创建一个三维立体磨盘造型旋转动画效果场景。CylinderSensor 圆柱检测器节点源程序运行结果如图 9-3 所示。

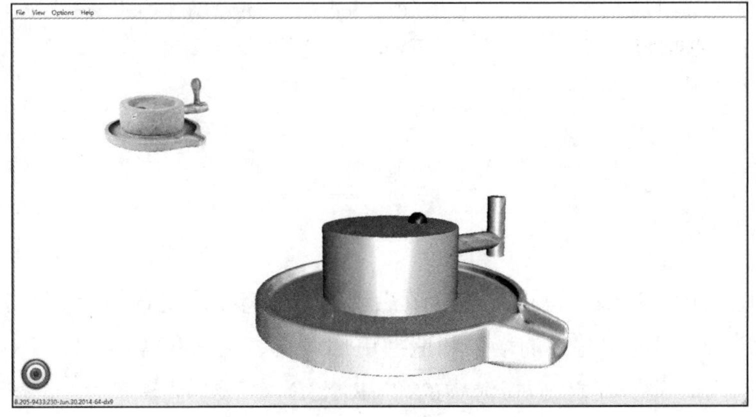

图 9-3 CylinderSensor 圆柱检测器节点源程序运行结果

9.4 SphereSensor 节点设计

SphereSensor 节点也称为球面检测器节点，可以将指定设备相对于原始局部坐标的球形动作转换成一个旋转值。SphereSensor 球面检测器节点能感受到用户使用鼠标的拖动行为，使虚拟造型在没有固定旋转轴的情况下，可在一个以球体为中心的任意轴被拖动地旋转，可以改变方位，但不能移动位置。该节点可作为其他组节点的子节点，其影响同一级的节点及其子节点，可增加透明的几何对象以使查看检测器的影响。

9.4.1 语法定义

SphereSensor 球面检测器节点的图标为◀●，包含域名、域值、域数据类型以及存储/访问类型等，节点中数据内容包含在一对尖括号中，用“</>”表示。域数据类型中的 SFBool 域是一个单值布尔量；SFVec3f 域是一个包含任意数量的三维矢量的单值域；SFRotation 域指定了一个任意的旋转。事件的存储/访问类型包括 initializeOnly（初始化类型）和 inputOutput（输入/输出类型）。SphereSensor 球面检测器节点包含 DEF、USE、description、enabled、autoOffset、offset、isActive、isOver、rotation_changed、trackPoint_changed、containerField 以及 class 域。SphereSensor 球面检测器节点语法定义如下：

```
<SphereSensor
    DEF                 ID
    USE                 IDREF
    description                                 inputOutput
    enabled             true       SFBool       inputOutput
    autoOffset          true       SFBool       inputOutput
    offset              0 1 0 0    SFRotation   inputOutput
    isActive            ""         SFBool       outputOnly
    isOver              ""         SFBool       outputOnly
    rotation_changed    ""         SFRotation   outputOnly
    trackPoint_changed  ""         SFVec3f      outputOnly
    containerField      children
    class
/>
```

9.4.2 源程序实例

本实例利用 SphereSensor 球面检测器节点创建一个将用户动作转换成围绕任意轴旋转的检测器动画，使 VR-X3D 文件中的场景和造型更加逼真、生动和鲜活，给 VR-X3D 程序设计带来更大的方便。本书配套源代码资源中的“VR-X3D 实例源程序\第 9 章实例源程序”目录下提供了 VR-X3D 源程序 px3d9-4.x3d。

【实例 9-4】VR-X3D 程序设计使用 SphereSensor 球面检测器节点引入球体几何造型，并使几何造型沿任意轴旋转。虚拟现实 SphereSensor 球面检测器节点三维立体场景设计 VR-X3D 文件 px3d9-4.x3d 源程序如下：

```
<Scene>
<!-- Scene graph nodes are added here -->
<Background skyColor="1 1 1"/>
    <!-- 球-1 设计-->
    <Group>
      <Transform DEF="fan"   translation="0 0 0 " scale='2.5 2.5 2.5'>
        <Inline url="px3d9-4-1.x3d"/>
        <SphereSensor DEF="Spheres" autoOffset="true" enabled="true" offset="0 1 0 0.785"/>
      </Transform>
    </Group>
    <ROUTE fromField="rotation_changed" fromNode="Spheres"
      toField="set_rotation" toNode="fan"/>
    <!-- 球-2 设计-->
      <Group>
      <Transform DEF="fan1"   translation="0 0 0 " scale='2 2 2'>
        <Inline url="px3d9-4-2.x3d"/>
        <SphereSensor DEF="Spheres1" autoOffset="true" enabled="true" offset="0 1 0 0.785"/>
      </Transform>
      </Group>
    <ROUTE fromField="rotation_changed" fromNode="Spheres1"
      toField="set_rotation" toNode="fan1"/>
     <!-- 球-3 设计-->
     <Group>
      <Transform DEF="fan2"   translation="0 0 0 " scale='1.5 1.5 1.5'>
        <Inline url="px3d9-4-3.x3d"/>
        <SphereSensor DEF="Spheres2" autoOffset="true" enabled="true" offset="0 1 0 0.785"/>
      </Transform>
    </Group>
    <ROUTE fromField="rotation_changed" fromNode="Spheres2"
      toField="set_rotation" toNode="fan2"/>
  </Scene>
```

VR-X3D 程序设计中，在 Scene（场景根）节点下添加 Background 背景节点、Group 编组节点、Transform 空间坐标变换节点、Inline 内联节点以及 SphereSensor 球面检测器节点。利用 SphereSensor 球面检测器节点创建一个三维立体空间几何动画效果。

运行虚拟现实 SphereSensor 球面检测器节点三维立体空间动画设计程序。首先启动 BS Contact VRML/X3D 8.0 浏览器，选择 open 选项，然后打开“VR-X3D 实例源程序\第 9 章实例源程序\px3d9-4.x3d”，即可运行程序创建一个三维立体任意旋转动画效果场景。SphereSensor 球面检测器节点源程序运行结果如图 9-4 所示。

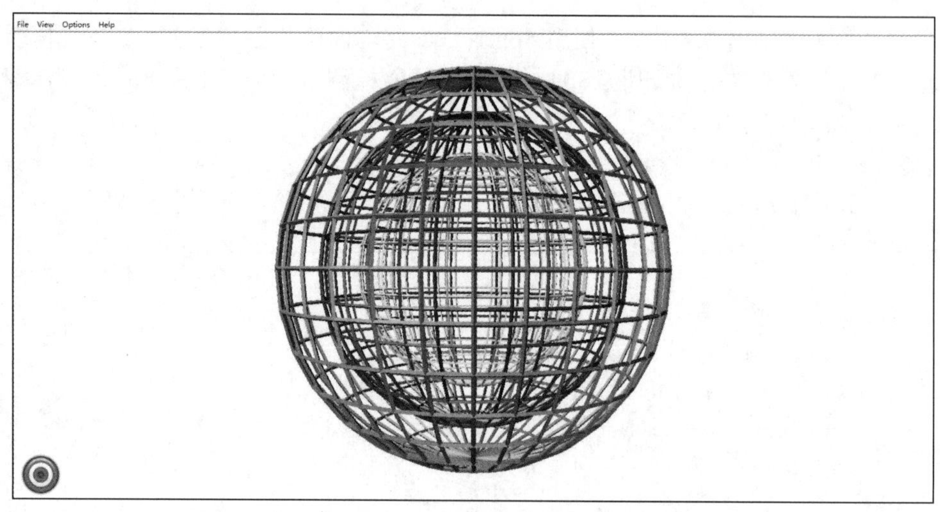

图 9-4 SphereSensor 球面检测器节点源程序运行结果

9.5 按键传感器节点设计

按键传感器节点包含 KeySensor 按键传感器节点和 StringSensor 按键字符串传感器节点。KeySensor 按键传感器节点使用户在键盘上按键的时候产生一个事件，支持 keyboard focus 的概念。StringSensor 按键字符串传感器节点的作用是当用户在键盘上按键时，StringSensor 产生事件。

9.5.1 KeySensor 节点设计

KeySensor 节点又称为按键传感器节点，可以作为 Transform 空间坐标变换节点的子节点，或与其他节点平行使用，其语法定义如下：

```
<KeySensor
DEF               ID
USE               IDREF
enabled           true        SFBool      inputOutput
keyPress                      SFString    outputOnly
keyRelease                    SFString    outputOnly
actionKeyPress                SFInt32     outputOnly
actionKeyRelease              SFInt32     outputOnly
shiftKey                      SFBool      outputOnly
controlKey                    SFBool      outputOnly
altKey                        SFBool      outputOnly
isActive          ""          SFBool      outputOnly
containerField    children
class
/>
```

KeySensor 按键传感器节点的图标为K，包含域名、域值、域数据类型以及存储/访问类型等，节点中数据内容包含在一对尖括号中，用“</>”表示。域数据类型中的 SFInt32 域是一个单值含有 32 位的整数；SFBool 域是一个单值布尔量；SFString 域指定了单值字符串。事件的存储/访问类型包括 outputOnly（输出类型）和 inputOutput（输入/输出类型）。KeySensor 按键传感器节点包含 DEF、USE、enabled、keyPress、keyRelease、actionKeyPress、actionKeyRelease、shiftKey、controlKey、altKey、isActive、containerField 以及 class 域。

9.5.2 StringSensor 节点设计

StringSensor 节点又称为按键字符串传感器节点。通过该节点的域名、域值、域数据类型以及存储/访问类型来确定按键字符串传感器的作用。StringSensor 按键字符串传感器节点可以作为 Transform 空间坐标变换节点的子节点，或与其他节点平行使用。StringSensor 按键字符串传感器节点语法定义如下：

```
<StringSensor
    DEF                 ID
    USE                 IDREF
    enabled             true        SFBool      inputOutput
    deletionAllowed     true        SFBool      inputOutput
    isActive            ""          SFBool      outputOnly
    enteredText         ""          SFString    outputOnly
    finalText           ""          SFString    outputOnly
    containerField      children
    class
/>
```

StringSensor 按键字符串传感器节点的图标为，包含域名、域值、域数据类型以及存储/访问类型等，节点中数据内容包含在一对尖括号中，用“</>”表示。域数据类型中的 SFBool 域是一个单值布尔量；SFString 域指定了单值字符串。事件的存储/访问类型包括 outputOnly（输出类型）和 inputOutput（输入/输出类型）。StringSensor 按键字符串传感器节点包含 DEF、USE、enabled、deletionAllowed、isActive、enteredText、finalText、containerField 以及 class 域。

9.5.3 源程序综合项目实例

本实例为 VR-X3D 虚拟现实键盘交互设计，主要利用计算机键盘与 VR-X3D 虚拟现实进行交互。在学习实例前要先了解计算机键盘与 ASCII 编码的关系，然后再进行相关的虚拟仿真的交互设计工作。

在电子数字计算机中，所有的数据（英文字母、数字、常用符号）在存储和运算时都要用二进制数表示，二进制数为 1 和 0，分别表示高电平和低电平。而对于具体用哪些二进制数字表示哪个符号的问题，当然每个人都可以约定自己的一套编码，但大家如果要想互相通信而不造成混乱，就必须使用相同的编码规则，于是美国有关的标准化组织就出台了 ASCII 编码，统一规定了上述常用符号用哪些二进制数来表示。

ASCII（American Standard Code for Information Interchange，美国信息互换标准代码）是基于拉丁字母的一套计算机编码系统。它主要用于显示现代英语和其他西欧语言。它已被国际标准化组织（International Organization for Standardization，ISO）定为国际标准，称为 ISO 646

标准，适用于所有拉丁文字字母。

ASCII 码编码规则使用指定的 7 位或 8 位二进制数组合来表示 128 或 256 种可能的字符。标准 ASCII 码也叫基础 ASCII 码，使用 7 位二进制数来表示所有的大写和小写字母、数字 0～9、标点符号以及在美式英语中使用的特殊控制字符，具体如下：

- 0～31 及 127（共 33 个）是控制字符或通信专用字符（其余为可显示字符），如控制符有 LF（换行）、CR（回车）、FF（换页）、DEL（删除）、BS（退格）、BEL（振铃）等；通信专用字符有 SOH（文头）、EOT（文尾）、ACK（确认）等；ASCII 值为 8、9、10 和 13 分别转换为退格、制表、换行和回车字符。它们并没有特定的图形显示，但会依不同的应用程序，而对文本显示有不同的影响。
- 32～126（共 95 个）是字符（32sp 是空格），其中 48～57 为 0～9 的阿拉伯数字。
- 65～90 为 26 个大写英文字母，97～122 号为 26 个小写英文字母，其余为一些标点符号、运算符号等。

同时还要注意，在标准 ASCII 中，其最高位（b7）用作奇偶校验位。所谓奇偶校验，是指在代码传送过程中用来检验是否出现错误的一种方法，一般分奇校验和偶校验两种。奇校验规定正确的代码一个字节中 1 的个数必须是奇数，若非奇数，则在最高位 b7 添 1；偶校验规定正确的代码一个字节中 1 的个数必须是偶数，若非偶数，则在最高位 b7 添 1。

后 128 个称为扩展 ASCII 码，目前许多基于 x86 的系统都支持使用扩展（或“高”）ASCII。扩展 ASCII 码允许将每个字符的第 8 位用于确定附加的 128 个特殊符号字符、外来语字母和图形符号，具体的键盘 ASCII 编码见表 9-1，键盘 ASCII 表特殊控制字符所代表含义见表 9-2。

表 9-1 键盘 ASCII 编码表

ASCII 值	控制字符	ASCII 值	控制字符	ASCII 值	控制字符	ASCII 值	控制字符
0	NUT	32	(space)	64	@	96	、
1	SOH	33	!	65	A	97	a
2	STX	34	”	66	B	98	b
3	ETX	35	#	67	C	99	c
4	EOT	36	$	68	D	100	d
5	ENQ	37	%	69	E	101	e
6	ACK	38	&	70	F	102	f
7	BEL	39	,	71	G	103	g
8	BS	40	(	72	H	104	h
9	HT	41	)	73	I	105	i
10	LF	42	*	74	J	106	j
11	VT	43	+	75	K	107	k
12	FF	44	,	76	L	108	l
13	CR	45	-	77	M	109	m
14	SO	46	.	78	N	110	n

续表

ASCII 值	控制字符	ASCII 值	控制字符	ASCII 值	控制字符	ASCII 值	控制字符
15	SI	47	/	79	O	111	o
16	DLE	48	0	80	P	112	p
17	DCI	49	1	81	Q	113	q
18	DC2	50	2	82	R	114	r
19	DC3	51	3	83	X	115	s
20	DC4	52	4	84	T	116	t
21	NAK	53	5	85	U	117	u
22	SYN	54	6	86	V	118	v
23	TB	55	7	87	W	119	w
24	CAN	56	8	88	X	120	x
25	EM	57	9	89	Y	121	y
26	SUB	58	:	90	Z	122	z
27	ESC	59	;	91	[	123	{
28	FS	60	<	92	/	124	|
29	GS	61	=	93	]	125	}
30	RS	62	>	94	^	126	~
31	US	63	?	95	—	127	DEL

表 9-2　键盘 ASCII 表特殊控制字符所代表含义

控制字符	含义	控制字符	含义	控制字符	含义
NUL	空	VT	垂直制表	SYN	空转同步
SOH	标题开始	FF	走纸控制	ETB	信息组传送结束
STX	正文开始	CR	回车	CAN	作废
ETX	正文结束	SO	移位输出	EM	纸尽
EOY	传输结束	SI	移位输入	SUB	换置
ENQ	询问字符	DLE	空格	ESC	换码
ACK	承认	DC1	设备控制 1	FS	文字分隔符
BEL	报警	DC2	设备控制 2	GS	组分隔符
BS	退一格	DC3	设备控制 3	RS	记录分隔符
HT	横向列表	DC4	设备控制 4	US	单元分隔符
LF	换行	NAK	否定	DEL	删除

在键盘中，常用的控制功能按键的 ASCII 编码见表 9-3。

表 9-3 常用的控制功能按键的 ASCII 键盘编码

按键名	常数（值）	按键名	常数（值）
ESC 键	VK_ESCAPE (27)	F3 键	VK_F3 (114)
回车键	VK_RETURN (13)	F4 键	VK_F4 (115)
TAB 键	VK_TAB (9)	F5 键	VK_F5 (116)
Caps Lock 键	VK_CAPITAL (20)	F6 键	VK_F6 (117)
Shift 键	VK_SHIFT ($10)	F7 键	VK_F7 (118)
Ctrl 键	VK_CONTROL (17)	F8 键	VK_F8 (119)
Alt 键	VK_MENU (18)	F9 键	VK_F9 (120)
空格键	VK_SPACE ($20/32)	F10 键	VK_F10 (121)
退格键	VK_BACK (8)	F11 键	VK_F11 (122)
左徽标键	VK_LWIN (91)	F12 键	VK_F12 (123)
右徽标键	VK_LWIN (92)	Num Lock 键	VK_NUMLOCK (144)
鼠标右键快捷键	VK_APPS (93)	小键盘 0	VK_NUMPAD0 (96)
Insert 键	VK_INSERT (45)	小键盘 1	VK_NUMPAD0 (97)
Home 键	VK_HOME (36)	小键盘 2	VK_NUMPAD0 (98)
Page Up	VK_PRIOR (33)	小键盘 3	VK_NUMPAD0 (99)
PageDown	VK_NEXT (34)	小键盘 4	VK_NUMPAD0 (100)
End 键	VK_END (35)	小键盘 5	VK_NUMPAD0 (101)
Delete 键	VK_DELETE (46)	小键盘 6	VK_NUMPAD0 (102)
方向键（←）	VK_LEFT (37)	小键盘 7	VK_NUMPAD0 (103)
方向键（↑）	VK_UP (38)	小键盘 8	VK_NUMPAD0 (104)
方向键（→）	VK_RIGHT (39)	小键盘 9	VK_NUMPAD0 (105)
方向键（↓）	VK_DOWN (40)	小键盘.	VK_DECIMAL (110)
Pause Break 键	VK_PAUSE (19)	小键盘*	VK_MULTIPLY (106)
Scroll Lock 键	VK_SCROLL (145)	小键盘+	VK_MULTIPLY (107)
F1 键	VK_F1 (112)	小键盘-	VK_SUBTRACT (109)
F2 键	VK_F2 (113)	小键盘/	VK_DIVIDE (111)

VR-X3D 虚拟现实键盘交互项目设计层次结构图主要包含背景空间设计、地面纹理设计以及 3D 物体交互设计三部分，如图 9-5 所示。

VR-X3D 虚拟现实键盘交互项目设计，使用 VR-X3D 内核节点、背景节点、文本节点、导航节点、视角节点、模型节点、脚本节点以及交互节点，结合键盘 ASCII 表中的按键进行交互设计，使浏览者在按下“A”或“D”键时场景内的组合物体左右移动。

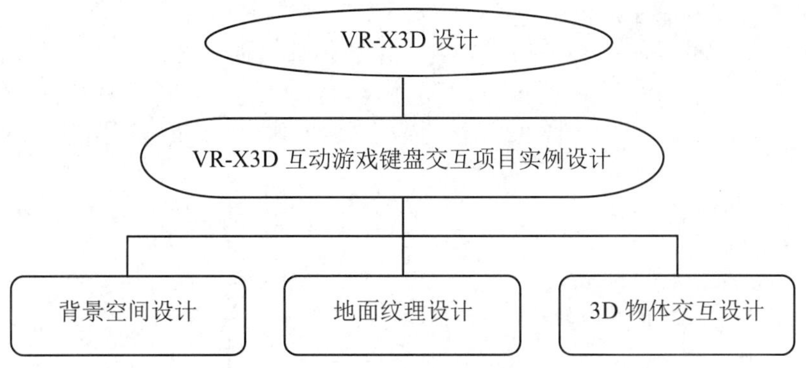

图 9-5 VR-X3D 虚拟现实键盘交互项目设计层次结构图

在 VR-X3D 虚拟现实键盘交互项目设计中，在 Scene（场景根）节点下添加 Background 背景节点、Transform 空间坐标变换节点、几何节点、时间插补器节点、路由节点以及脚本节点。利用时间插补器节点、脚本节点创建一个三维立体空间键盘交互动画效果。

【实例 9-5】本实例可实现检测一个用户动作，并将其转化为物体移动的效果。VR-X3D 文件源程序如下：

```
<Scene>
    <Background groundAngle='1.309 1.571' groundColor='1.0 0.1 0 0.4 0.25 0.2 1.0    1.0 1.0' skyAngle=
        '1.309 1.571' skyColor='0 0.2 0.7 0 0.5 1 1 1 1'/>
    <ExternProtoDeclare name="KeySensor" url="urn:inet:bitmanagement.de:node:KeySensor">
        <field accessType="inputOutput" name="eventsProcessed" type="SFBool"/>
        <field accessType="inputOutput" name="enabled" type="SFBool"/>
        <field accessType="outputOnly" name="isActive" type="SFBool"/>
        <field accessType="outputOnly" name="keyPress" type="SFInt32"/>
        <field accessType="outputOnly" name="keyRelease" type="SFInt32"/>
        <field accessType="outputOnly" name="actionKeyPress" type="SFInt32"/>
        <field accessType="outputOnly" name="actionKeyRelease" type="SFInt32"/>
        <field accessType="outputOnly" name="shiftKey_changed" type="SFBool"/>
        <field accessType="outputOnly" name="controlKey_changed" type="SFBool"/>
        <field accessType="outputOnly" name="altKey_changed" type="SFBool"/>
        <field accessType="outputOnly" name="character" type="SFString"/>
        <field accessType="inputOutput" name="metadata" type="SFNode"/>
    </ExternProtoDeclare>
    <Viewpoint DEF="_1" fieldOfView='0.716' position='0 1 50'>
    </Viewpoint>
     <Transform    rotation="0 0 1 0"   translation="0.0 16.0 0" >
            <Shape>
        <!--Add a single geometry node here-->
                <Appearance>
                    <Material ambientIntensity="0.4" diffuseColor="1.0 1.0 0.2"
                    shininess="0.2" specularColor="0.2 0.8 0.2" />
```

```
                </Appearance>
                <Text length='50' maxExtent='50' solid='false' string='VR/AR-VR-X3D-Click-the-"A"
                    -or-"D"-about-mobile 3D-objects-to-achieve-interactive-design'>
                    <FontStyle justify='"MIDDLE" "MIDDLE"' style='BOLDITALIC' size='3.0'/>
                </Text>
            </Shape>
    </Transform>
    <Transform DEF="Tr_Sphere">
    <Transform translation='0 4.8 0'>
        <Shape>
            <Appearance>
                <Image url='g-44.jpg'/>
            </Appearance>
            <Sphere containerField="geometry" radius="3.0" >
            </Sphere>
        </Shape>
    </Transform>
    <Transform    translation='0 -1 0'>
        <Shape>
            <Appearance>
                <Image url='44444.jpg'/>
            </Appearance>
            <Cone    bottomRadius='3' height='6'/>
        </Shape>
    </Transform>
    <Transform    translation='0 -8 0'>
        <Shape>
            <Appearance>
                <Image url='44444.jpg'/>
            </Appearance>
            <Box size='12 8 8' containerField="geometry" >
            </Box>
        </Shape>
    </Transform>
    </Transform>
    <Transform    translation='0 -12 0'>
        <Shape>
            <Appearance>
                <Image url='fool.jpg'/>
            </Appearance>
            <Box size='80 0.2 25' containerField="geometry" >
            </Box>
```

```
        </Shape>
    </Transform>
    <KeySensor DEF="KeyA-D" eventsProcessed='false' enabled='true'>
    </KeySensor>
    <TimeSensor DEF="Time-Clock" loop='true'>
    </TimeSensor>
    <Script DEF="scr" mustEvaluate='true'>
        <field accessType="initializeOnly" name="cone" type="SFNode">
            <Transform USE="Tr_Sphere"/>
        </field>
        <field accessType="initializeOnly" name="speed" type="SFFloat" value='0'/>
        <field accessType="initializeOnly" name="direction" type="SFVec3f" value='1 0 0'/>
        <field accessType="initializeOnly" name="acceleration" type="SFFloat" value='0'/>
        <field accessType="initializeOnly" name="f" type="SFFloat" value='0'/>
        <field accessType="inputOnly" name="pressed" type="SFInt32"/>
        <field accessType="inputOnly" name="release" type="SFInt32"/>
        <field accessType="inputOnly" name="tick" type="SFTime"/>
        <field accessType="initializeOnly" name="lastTick" type="SFTime" value='1305027972.429831'/>
        <field accessType="initializeOnly" name="key" type="SFInt32" value='0'/>
    <!--A=65 D=68 -->
        <![CDATA[ javascript:
    function tick(t){
        if(!lastTick)    {    lastTick=t;    return;    }
        deltaT = t-lastTick;
        if(key==68){    acceleration=3;    }
        else if(key==65)    {    acceleration=-3;    }
        else    acceleration=0;
        if(speed>0.5)f=-1;
        else if(speed<-0.5)f=1;
        else {    f=0;    }
        speed +=(acceleration+f)*deltaT;
        cone.translation=cone.translation.add(direction.multiply(speed*deltaT));
        lastTick=t;
    }
        function pressed(k){    key=k; }
        function release(k){    key=0; }
    ]]>
    </Script>
    <ROUTE fromNode="KeyA-D" fromField="keyPress_changed" toNode="scr" toField="pressed"/>
    <ROUTE fromNode="KeyA-D" fromField="keyRelease_changed" toNode="scr" toField="release"/>
    <ROUTE fromNode="Time-Clock" fromField="time_changed" toNode="scr" toField="tick"/>
  </Scene>
</VR-X3D>
```

运行 VR-X3D 虚拟现实键盘交互项目设计程序。首先启动 BS Contanct VRML/X3D 8.0 浏览器，选择 open 选项，即可创建程序并创建一个 VR-X3D 虚拟现实键盘交互动画场景，如图 9-6 所示。

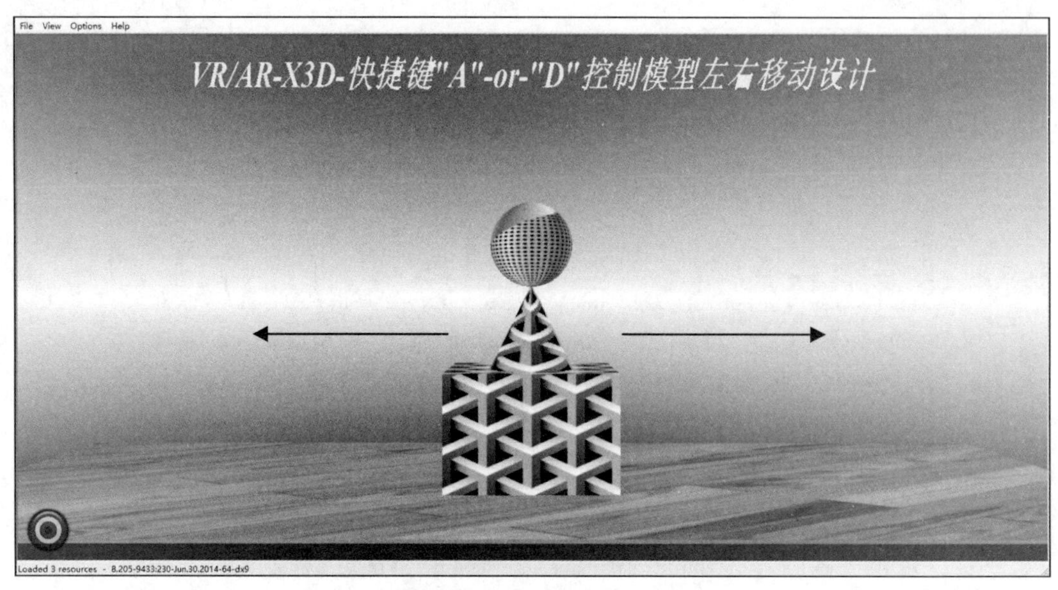

图 9-6　VR-X3D 虚拟现实键盘交互动画场景

本章小结

本章主要介绍了 TouchSensor 触摸传感器节点设计、PlaneSensor 平面检测器节点设计、CylinderSensor 柱面检测器节点设计、SphereSensor 球面检测器节点设计、KeySensor 按键传感器节点设计以及 StringSensor 按键字符串传感器节点设计等。在 VR-X3D 虚拟现实场景动画交互设计中，利用触摸传感器和平面检测器节点实现虚拟现实拉窗动态交互设计，利用圆柱检测器节点设计磨盘，利用球面检测器节点实现球面沿任意轴旋转 3D 仿真场景，利用按键传感器节点设计一个使用键盘按键控制的虚拟现实 3D 物体移动交互动画场景。

第 10 章　VR-X3D 虚拟现实 AI（智能感知）交互设计

VR-X3D 虚拟现实 AI（智能感知）交互设计中的特色智能感知节点是本章要讲述的重点。VR-X3D 虚拟现实 AI（智能感知）交互节点设计包括 VisibilitySensor 能见度智能传感器节点、ProximitySensor 亲近度智能传感器节点、LoadSersor 通信感知检测器节点以及 Collision 碰撞传感器节点。智能感知节点和动画插补器节点联合可以产生具有人工智能的游戏动画设计效果，使游戏场景的开发设计更加生动、逼真和智能化，使观测者有身临其境的智能感知效果。VR-X3D 虚拟现实 AI（智能感知）节点是 VR-X3D 虚拟现实与增强现实设计最具代表性的节点，读者应注意理解和掌握动画智能感知节点设计。

- VisibilitySensor 节点设计
- ProximitySensor 节点设计
- LoadSensor 节点设计
- Collision 节点设计
- VR-X3D-AI（智能感知）交互体验项目实例设计

10.1　VR-X3D 虚拟现实智能感知动画节点设计

VR-X3D 虚拟现实智能感知动画节点设计是运用感知节点来检测用户与造型的接近程度和可见度，实现人工智能游戏设计。智能感知节点包括 VisibilitySensor 节点、ProximitySensor 节点、LoadSensor 节点以及 Collision 节点。

10.1.1　VisibilitySensor 节点

1. 语法分析

VisibilitySensor 节点也称为能见度智能传感器节点，可以检测到用户是否可以看见指定的对象或指定范围，这依赖场景的漫游，指定的范围通过边界盒判断。此传感器节点影响同一级的节点及其子节点，该节点可作为任意组节点的子节点。VisibilitySensor 能见度传感器节点也称为可见性感知检测器节点，可以用来从观察者的方向和位置感知一个长方体区域在当前的坐标系中何时才是可视的。

VisibilitySensor 能见度智能传感器节点语法定义如下：

```
VisibilitySensor
{   域名              域值        域数据类型   存储/访问类型
    DEF               ID
    USE               IDREF
    enabled           true        SFBool      inputOutput
    center            0 0 0       SFVec3f     inputOutput
    size              0 0 0       SFVec3f     inputOutput
    isActive          ""          SFBool      outputOnly
    enterTime         ""          SFTime      outputOnly
    exitTime          ""          SFTime      outputOnly
    containerField    children
    class
}
```

2. 数据描述

VisibilitySensor 能见度智能传感器节点的图标为，包含域名、域值、域数据类型以及存储/访问类型等，节点中数据内容包含在一对花括号中，用一对“{}”表示。域数据类型中的 SFBool 域是一个单值布尔量；SFVec3f 域是一个包含任意数量的三维矢量的单值域；SFTime 域含有一个单独的时间值。事件的存储/访问类型包括 outputOnly（输出类型）和 inputOutput（输入/输出类型）。

3. 节点详解

VisibilitySensor 能见度智能传感器节点包含 DEF、USE、enabled、center、size、isActive、enterTime、exitTime、containerField 以及 class 域，具体含义如下：

DEF 域：为节点定义一个名字，即为该节点定义了唯一的 ID，在其他节点中就可以引用这个节点。用 DEF 为节点命名时，使用有意义的描述性的名称可以规范文件，以提高 VR-X3D 文件可读性。该属性是可选项。

USE 域：用来引用 DEF 定义的节点 ID，即引用 DEF 定义的节点名字，同时忽略其他的属性和子对象。使用 USE 来引用其他的节点对象而不是复制节点可以提高性能和编码效率。该属性是可选项。

enabled 域：用于设置传感器节点是否有效。

center 域：定义了一个从局部坐标系原点的位置偏移。

size 域：定义了一个从 center 中心的可视盒的尺寸（以米为单位测量），值为（0 0 0）时将使传感器失效。

isActive 域：定义了一个当触发传感器时发送的 isActive true/false 事件。当用户视点进入传感器的可见范围时 isActive 值为 true，当用户视点离开传感器的可见范围时 isActive 值为 false。

enterTime 域：当用户视点进入传感器的可见范围时发送事件时间。

exitTime 域：当用户视点离开传感器的可见范围时发送事件时间。

containerField 域：表示容器域，是 field 域标签的前缀，表示了子节点和父节点的关系。

该容器域名称为 children，包含几何节点如 geometry、Sphere、children、Group、proxy、Shape。containerField 属性只有在 VR-X3D 场景用 XML 编码时才使用。

class 域：是用空格分开的类的列表，保留给 XML 样式表使用。只有 VR-X3D 场景用 XML 编码时才支持 class 属性。

10.1.2 ProximitySensor 节点

1. 语法分析

ProximitySensor 节点也称为亲近度智能传感器节点，用来感知浏览者何时进入、退出和移动于坐标系内的一个长方体区域，因此 ProximitySensor 亲近度智能传感器节点也称为接近感知器节点。通过该节点能够感应到浏览者进入、退出和移动于 VR-X3D 虚拟现实场景中的长方体感知区域的时间和位置，当浏览者穿越这个长方体感知区域时，亲近度智能传感器会启动某个动态对象；当浏览者离开这个长方体感知区域时，也将停止某个动态对象。例如，亲近度智能传感器节点控制一个自动门，当浏览者通过自动门时，门会被自动打开，然后自动关闭。ProximitySensor 亲近度智能传感器节点当浏览者摄像机走进或离开监测区域或在监测区域中移动时发送事件，通常用一个盒子来定义的这个区域的大小，其中使用 USE 实例化引用的效果是相加的，但不重叠。可以先使用 Transform 节点来改变监测区域的位置，一旦场景载入，监测就开始工作。

ProximitySensor 亲近度智能传感器节点语法定义如下：

```
ProximitySensor
{   域名                   域值        域数据类型      存储/访问类型
    DEF                   ID
    USE                   IDREF
    enabled               true        SFBool          inputOutput
    center                0 0 0       SFVec3f         inputOutput
    size                  0 0 0       SFVec3f         inputOutput
    isActive              ""          SFBool          outputOnly
    position_changed      ""          SFVec3f         outputOnly
    orientation_changed   ""          SFRotation      outputOnly
    enterTime             ""          SFTime          outputOnly
    exitTime              ""          SFTime          outputOnly
    containerField        children
    class
}
```

2. 数据描述

ProximitySensor 亲近度智能传感器节点的图标为◀●，包含域名、域值、域数据类型以及存储/访问类型等，节点中数据内容包含在一对花括号中，用“{}”表示。域数据类型中的 SFBool 域是一个单值布尔量；SFVec3f 域是一个包含任意数量的三维矢量的单值域；SFTime 域含有一个单独的时间值；SFRotation 域规定某一个绕任意轴的任意角度的旋转。事件的存储/访问类型包括 outputOnly（输出类型）和 inputOutput（输入/输出类型）。

3. 节点详解

ProximitySensor 亲近度智能传感器节点包含 DEF、USE、enabled、center、size、isActive、position_changed、orientation_changed、enterTime、exitTime、containerField 以及 class 域，具体含义如下。

DEF 域：为节点定义一个名字，即为该节点定义了唯一的 ID，在其他节点中就可以引用这个节点。用 DEF 为节点命名时，使用有意义的描述性的名称可以规范文件，以提高 VR-X3D 文件可读性。该属性是可选项。

USE 域：用来引用 DEF 定义的节点 ID，即引用 DEF 定义的节点名字，同时忽略其他的属性和子对象。使用 USE 来引用其他的节点对象而不是复制节点可以提高性能和编码效率。该属性是可选项。

enabled 域：用于设置传感器节点是否有效。

center 域：定义了一个从局部坐标系原点的位置偏移。

size 域：定义了一个代理传感器盒的尺寸，值为（0 0 0）时将使传感器失效。

isActive 域：当用户摄像机走进或离开监测区域时发送 isActive true/false 事件。

position_changed 域：当用户摄像机在监测区域中移动时，发送相对于中心的 translation 事件。

orientation_changed 域：当用户摄像机在监测区域中转动时，发送相对于中心的 rotation 事件。

enterTime 域：当用户摄像机走进监测区域时发送时间事件。

exitTime 域：当用户摄像机走进或离开监测区域时发送时间事件。

containerField 域：表示容器域，是 field 域标签的前缀，表示了子节点和父节点的关系。该容器域名称为 children，包含几何节点如 geometry、Sphere、children、Group、proxy、Shape。containerField 属性只有在 VR-X3D 场景用 XML 编码时才使用。

class 域：是用空格分开的类的列表，保留给 XML 样式表使用。只有 VR-X3D 场景用 XML 编码时才支持 class 属性。

10.1.3 LoadSensor 节点

1. 语法分析

LoadSensor 节点也称为通信感知检测器节点。表示了一个查看列表，当 watchlist 子节点在读取或读取失败时，LoadSensor 节点产生事件，watchlist 子节点将重启 LoadSensor 节点。使用多个 LoadSensor 节点时可以独立监视多个节点的读取过程。其中当 Background 节点含有不明确的多个图像时对 LoadSensor 节点无效。提示：watchList 子节点不被渲染，所以一般使用 USE 引用其他节点以监测读取状态。使用 Inline 节点的 load 域可以监视或推迟读取。注意：该节点为新的 VR-X3D 节点，VRML97 中不支持。

LoadSensor 通信感知检测器节点语法定义如下：

```
LoadSensor
{   域名              域值          域数据类型      存储/访问类型
    DEF               ID
```

```
    USE              IDREF
    enabled          true            SFBool      inputOutput
    timeOut          0               SFTime      inputOutput
    isActive         ""              SFBool      outputOnly
    isLoaded         ""              SFBool      outputOnly
    loadTime         ""              SFTime      outputOnly
    progress         [0.0 … 1.0]     SFFloat     outputOnly
    containerField   children
    class
}
```

2. 数据描述

LoadSensor 通信感知检测器节点的图标为，包含域名、域值、域数据类型以及存储/访问类型等，节点中数据内容包含在一对花括号中，用“{}”表示。域数据类型中的 SFFloat 域是单值单精度浮点数；SFBool 域是一个单值布尔量；SFTime 域含有一个单独的时间值。事件的存储/访问类型包括 outputOnly（输出类型）和 inputOutput（输入/输出类型）。

3. 节点详解

LoadSensor 通信感知检测器节点包含 DEF、USE、enabled、timeOut、isActive、isLoaded、loadTime、progress、containerField 以及 class 域，具体含义如下。

DEF 域：为节点定义一个名字，即为该节点定义了唯一的 ID，在其他节点中就可以引用这个节点。用 DEF 为节点命名时，使用有意义的描述性的名称可以规范文件，以提高 VR-X3D 文件可读性。该属性是可选项。

USE 域：用来引用 DEF 定义的节点 ID，即引用 DEF 定义的节点名字，同时忽略其他的属性和子对象。使用 USE 来引用其他的节点对象而不是复制节点可以提高性能和编码效率。该属性是可选项。

enabled 域：用于设置传感器节点是否有效。

timeOut 域：定义了一个以秒计算的读取时间，超过这个时间被认为读取失败。默认值为 0，此时使用浏览器的设置。

isActive 域：当读取传感器开始/停止的时候发送 isActive true/false 事件。

isLoaded 域：用于通知是否所有的子节点读取或至少有一个子节点读取失败，所有的子节点读取成功后发送 true 事件，任何子节点读取失败或读取超时都会发送 false 事件，没有本地复制或没有网络连接时也发送 false 事件。可使用多个 LoadSensor 节点监视多个节点的读取。

loadTime 域：完成读取时发送时间事件，读取失败时不发送。

progress 域：开始时间为 0.0，结束时间为 1.0，中间值随浏览器一直增长，可以指出接收的字节、将要下载的时间和其他下载进度。progress 域只产生 0 到 1 之间的事件。

containerField 域：表示容器域，是 field 域标签的前缀，表示了子节点和父节点的关系。该容器域名称为 children，包含几何节点如 geometry、Sphere、children、Group、proxy、Shape。containerField 属性只有在 VR-X3D 场景用 XML 编码时才使用。

class 域：是用空格分开的类的列表，保留给 XML 样式表使用。只有 VR-X3D 场景用 XML 编码时才支持 class 属性。

10.1.4 Collision 节点

1. 语法分析

Collision 节点也称为碰撞传感器节点，可以参照 Viewpoint 和 NavigationInfo avatarSize 域检测摄像机和对象的碰撞。Collision 碰撞传感器节点是一个组节点，可以处理其子节点的碰撞检测。Collision 碰撞传感器节点可以包含一个代理几何体用来进行碰撞检测，其中代理几何体并不显示。提示：采用简单的只计算接触的代理几何体可以提高性能，NavigationInfo type、WALK、FLY 支持摄像机和对象的碰撞检测。在增加 geometry 或 Appearance 节点之前先插入一个 Shape 节点。可以有多个子节点在 children 的域中，但它又具有传感器节点的特性，而 PointSet、IndexedLineSet、LineSet 和 Text 节点不进行碰撞检测。Collision 碰撞传感器节点的功能是观测者看到虚拟空间物体与造型之间发生碰撞的现象，在该节点中使用 route 路由提交的事件启动一个声音节点，可发出“啊！”的声音，使 VR-X3D 虚拟现实场景更加逼真。

Collision 碰撞传感器节点语法定义如下：

```
Collision
{    域名              域值          域数据类型      存储/访问类型
     DEF               ID
     USE               IDREF
     bboxCenter        0 0 0         SFVec3f         initializeOnly
     bboxSize          -1 -1 -1      SFVec3f         initializeOnly
     enabled           true          SFBool          inputOutput
     isActive          ""            SFBool          outputOnly
     collideTime       ""            SFTime          outputOnly
     containerField    children
     class
}
```

2. 数据描述

Collision 碰撞传感器节点的图标为▶◀，包含域名、域值、域数据类型以及存储/访问类型等，节点中数据内容包含在一对花括号中，用“{}”表示。域数据类型中的 SFBool 域是一个单值布尔量；SFVec3f 域是一个包含任意数量的三维矢量的单值域；SFTime 域含有一个单独的时间值。事件的存储/访问类型包括 outputOnly（输出类型）、initializeOnly（初始化类型）以及 inputOutput（输入/输出类型）。

3. 节点详解

Collision 碰撞传感器节点包含 DEF、USE、bboxCenter、bboxSize、enabled、isActive、collideTime、containerField 以及 class 域等。

DEF 域：为节点定义一个名字，即为该节点定义了唯一的 ID，在其他节点中就可以引用这个节点。用 DEF 为节点命名时，使用有意义的描述性的名称可以规范文件，以提高 VR-X3D 文件可读性。该属性是可选项。

USE 域：用来引用 DEF 定义的节点 ID，即引用 DEF 定义的节点名字，同时忽略其他的属性和子对象。使用 USE 来引用其他的节点对象而不是复制节点可以提高性能和编码效率。该属性是可选项。

bboxCenter 域：定义了一个边界盒的中心，从局部坐标系统原点的位置偏移。

bboxSize 域：定义了一个边界盒尺寸，默认情况下是自动计算的，为了优化场景也可以强制指定。

enabled 域：定义了一个允许/禁止子节点的碰撞检测。

isActive 域：当传感器状态改变时发送 isActive true/false 事件。当对象和视点碰撞时 isActive=ture，当对象和视点不再碰撞时 isActive=false。

collideTime 域：定义了一个碰撞的时间，当摄像机（替身）和几何体碰撞的时候产生 collideTime 事件。

containerField 域：表示容器域，是 field 域标签的前缀，表示了子节点和父节点的关系。该容器域名称为 children，包含几何节点如 geometry、Sphere、children、Group、proxy、Shape。containerField 属性只有在 VR-X3D 场景用 XML 编码时才使用。

class 域：是用空格分开的类的列表，保留给 XML 样式表使用。只有 VR-X3D 场景用 XML 编码时才支持 class 属性。

10.2 VR-X3D 虚拟现实能见度智能感知节点项目实例

VR-X3D 虚拟现实能见度智能感知双飞碟飞行项目，使用触摸传感器节点、时间传感器节点、位置插补器节点以及能见度智能感知节点实现飞碟在虚拟游戏场景中的动画交互设计。

10.2.1 双飞碟飞行项目设计

VR-X3D 虚拟现实能见度智能感知双飞碟飞行项目设计利用能见度智能传感器节点感知用户是否可以看见指定的两个飞碟造型，用户通过在 VR-X3D 场景中漫游来感受能见度智能感知节点的作用，从而增加与用户的交互感受，激发兴趣，实现真正意义上的智能感知交互设计目的。

VR-X3D 虚拟现实能见度智能感知双飞碟飞行项目设计采用现代渐进式软件开发模式对 VR-X3D 虚拟现实场景进行开发、设计、编码、调试和运行，循序渐进地不断完善软件的项目开发，采用模块化、组件化设计思想，实现“所见即所得”的开发设计理念。

VR-X3D 虚拟现实能见度智能感知双飞碟飞行项目设计，由能见度智能感知节点、两个飞碟、文字造型、双飞碟动画设计和交互设计等构成，利用 VR-X3D 虚拟现实/增强现实技术创建一个智能感知可交互 3D 场景设计效果，使 VR-X3D 虚拟现实造型设计更加逼真、生动和鲜活，更具沉浸感、想象力和交互性。VR-X3D 虚拟现实能见度智能感知双飞碟飞行层次结构图如图 10-1 所示。

10.2.2 双飞碟飞行项目实例

VR-X3D 虚拟现实能见度智能感知双飞碟飞行项目实例利用虚拟现实 VisibilitySensor 能见度智能感知节点检测用户是否可以看见指定的对象或指定范围，可以通过空间物体移动进行动画设计和交互设计，使用户在 VR-X3D 虚拟游戏空间通过前后移动鼠标来感知飞碟的方向和位置，从而触发能见度智能感知节点，使两个飞碟在空中实现自由的飞行设计效果。

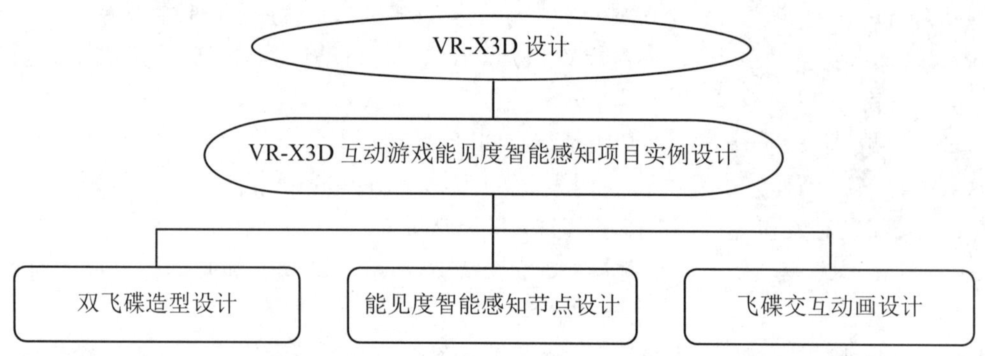

图 10-1　VR-X3D 虚拟现实能见度智能感知双飞碟飞行层次结构图

【实例 10-1】 使用 VisibilitySensor 能见度智能感知节点、组节点、背景节点、视点节点、坐标节点、模型节点以及交互感知节点等，分别引入不同 VR-X3D 造型，在触摸传感器、智能感知节点、时间传感器、位置插补器和朝向插补器的共同作用下，实现 VR-X3D 虚拟现实交互设计。VR-X3D 虚拟现实能见度智能感知双飞碟飞行项目设计 VR-X3D 文件 px3d10-1.x3d 源程序如下：

```
<Scene>
    <Group>
     <Viewpoint DEF="_Viewpoint_Front" jump='false' orientation='0 1 0 0' position='0 0 10'
          description="view1_Front">
     </Viewpoint>
     <NavigationInfo type='"WALK"' headlight='true' speed='5' avatarSize='0.25 1.6 0.75'
          visibilityLimit='200'/>
     <Background DEF="_Background" skyAngle='1.536,2.021' skyColor='1 1 1,0.2 0.2 0.98,0.2 0.6 0.2'>
     </Background>
      <Transform    rotation="0 0 1 0"    translation="0.0 15.0 0" >
            <Shape>
       <!--Add a single geometry node here-->
                <Appearance>
                    <Material ambientIntensity="0.4" diffuseColor="1.0 1.0 0.2"
                  shininess="0.2" specularColor="0.2 0.8 0.2" />
                </Appearance>
                <Text length='50' maxExtent='50' solid='false' string='VR-X3D-
                  移动鼠标实现可见度虚拟现实动态交互体验设计'>
                 <FontStyle justify='"MIDDLE" "MIDDLE"' style='BOLDITALIC' size='2.8'/>
                </Text>
            </Shape>
       </Transform>
       <Transform DEF="fly-1" translation='0 2.5 0'>
          <Inline containerField="children" url='"feidie-1.VR-X3D"'>
          </Inline>
       </Transform>
       <Transform DEF="fly-2" translation=' 0 -2.5 0'>
          <Inline containerField="children" url='"feidie-2.VR-X3D"'>
          </Inline>
```

```
            </Transform>
            <VisibilitySensor DEF="Visibilty_sensor" center='0 5 0' enabled='true' size='0.2 0.2 0.2'>
            </VisibilitySensor>
        </Group>
        <TimeSensor DEF="clock" cycleInterval='2' >
        </TimeSensor>
        <PositionInterpolator DEF="Position-1" key='0,0.2,0.4,0.6,0.8,1' keyValue='0 -8 0,0 -8 -20,
                15 -18 20,35 8 -20,-35 -18 -20,35 -8 0'>
        </PositionInterpolator>
        <PositionInterpolator DEF="Position-2" key='0,0.2,0.4,0.6,0.8,1' keyValue='0 5 0,0 5 -20,
                -35 15 -20,35 5 -20,-35 -25 -20,0 5 0'>
        </PositionInterpolator>
        <ROUTE fromNode="Visibilty_sensor" fromField="isActive" toNode="clock" toField="loop">
        </ROUTE>
        <ROUTE fromNode="clock" fromField="fraction_changed" toNode="Position-1"
                toField="set_fraction">
        </ROUTE>
        <ROUTE fromNode="clock" fromField="fraction_changed" toNode="Position-2"
                toField="set_fraction">
        </ROUTE>
        <ROUTE fromNode="Position-1" fromField="value_changed" toNode="fly-1"
                toField="set_translation">
        </ROUTE>
        <ROUTE fromNode="Position-2" fromField="value_changed" toNode="fly-2"
                toField="set_translation">
        </ROUTE>
    </Scene>
</VR-X3D>
```

VR-X3D 虚拟现实能见度智能感知双飞碟飞行实例在 VR-X3D 虚拟游戏空间设计导航文字造型，通过移动鼠标激发可见度智能感知节点，使两个飞碟在三维空间自由飞翔。首先，启动 BS Contact VRML/X3D 8.0 浏览器，选择 VR-X3D 实例程序并运行后的场景效果如图 10-2 所示。

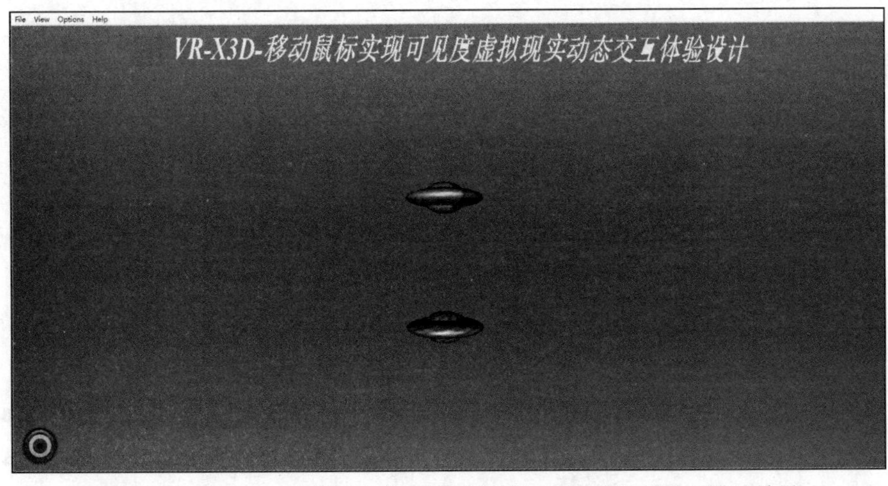

图 10-2　VR-X3D 虚拟现实能见度智能感知双飞碟飞行动画设计效果

10.3 VR-X3D 虚拟现实亲近度智能感知自动门项目实例

VR-X3D 虚拟现实亲近度智能感知自动门项目实例采用亲近度智能感知节点对自动门进行开发与设计。当用户进入或退出智能感应区域时，感知物体会发生位移、旋转和缩放等动作，实现智能感知交互动画设计效果。

10.3.1 自动门项目设计

VR-X3D 虚拟现实亲近度智能感知自动门项目设计利用亲近度智能感知节点实现感知用户何时进入、退出和移动于坐标系内的感应区域，控制自动门开启和关闭。当用户穿越这个感知区域，可以使亲近度智能传感器启动某个动态对象；当用户离开这个感知区域，将停止某个动态对象。例如当用户通过自动门时，门被打开；然后自动关闭。

VR-X3D 虚拟现实亲近度智能感知自动门项目设计主要涵盖自动门造型设计、感应器设计、地面场景设计、文字造型设计以及亲近度智能感知交互动画设计。VR-X3D 虚拟现实亲近度智能感知自动门项目设计层次结构图如图 10-3 所示。

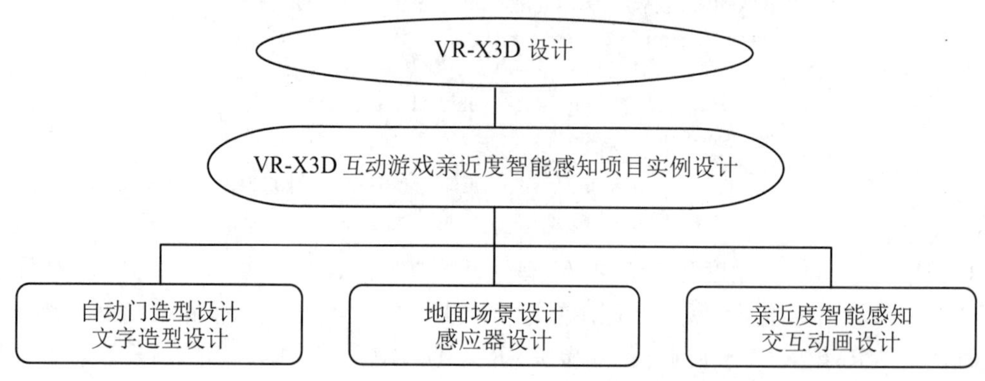

图 10-3 VR-X3D 虚拟现实亲近度智能感知自动门项目设计层次结构图

10.3.2 自动门项目实例

VR-X3D 虚拟现实亲近度智能感知自动门项目实例利用 ProximitySensor 亲近度智能感知节点检测用户是否接近指定的对象或指定范围，可以通过移动鼠标接近自动门来感知自动门的移动方向和位置，从而触发亲近度智能感知节点，使自动门自动打开和关闭，实现动画设计和交互设计，使 VR-X3D 三维立体程序设计中的场景和造型更加逼真、生动和鲜活，给 VR-X3D 程序设计带来更大的方便。

【实例 10-2】本实例使用 ProximitySensor 亲近度智能感知节点、背景节点、导航节点、视点节点、组节点、坐标节点、模型节点以及交互智能感知节点等，分别引入自动门 VR-X3D 造型、文字造型、地面造型以及传感器造型等，在触摸传感器、智能感知节点、时间传感器、位置插补器和朝向插补器的共同作用下，实现 VR-X3D 虚拟现实交互设计。VR-X3D 虚拟现实亲近度智能感知自动门项目实例设计 VR-X3D 文件 px3d10-2.x3d 源程序如下：

```
<Scene>
    <Viewpoint DEF="_Viewpoint_Front" jump='false' orientation='0 1 0 0' position='0 0 25'
        description="view1_Front">
    </Viewpoint>
    <NavigationInfo type='"WALK"' headlight='true' speed='5' avatarSize='0.25 1.6 0.75' visibilityLimit='100'/>
    <Group>
    <Background DEF="_Background" skyAngle='1.536,2.021' skyColor='1 1 1,0.2 0.3 0.9,0.2 0.6 0.2'>
    </Background>
    <DirectionalLight direction="0.0    -1.0 0.0"/>
    <Transform     rotation="0 0 1 0"    translation="0.0 8.0 0" >
          <Shape>
        <!--Add a single geometry node here-->
                <Appearance>
                    <Material ambientIntensity="0.4" diffuseColor="1.0 1.0 0.2"
                    shininess="0.2" specularColor="0.2 0.8 0.2" />
                </Appearance>
                <Text length='20' maxExtent='20' solid='false' string='VR-X3D
                     -走进自动门，体验自动门打开/关闭交互设计'>
                    <FontStyle justify='"MIDDLE" "MIDDLE"' style='BOLDITALIC' size='2.0'/>
                </Text>
          </Shape>
    </Transform>
    <Transform DEF='zh-l' scale='1 1 1' translation='-9 0 -0.25'>
        <Shape>
            <Appearance>
                <Material ambientIntensity='0.4' diffuseColor='0.65 0.6 0.6' shininess='0.2'
                    specularColor='0.7 0.7 0.6' >
                </Material>
            </Appearance>
            <Box size='2 7 1'/>
        </Shape>
    </Transform>
    <Transform translation='18 0 0'>
        <Transform USE='zh-l'/>
        </Transform>
    <Transform    scale='1 1 1' translation='0 4.5 -0.25'>
        <Shape>
            <Appearance>
                <Material ambientIntensity='0.4' diffuseColor='0.65 0.6 0.6' shininess='0.2'
                    specularColor='0.7 0.7 0.6' >
                </Material>
            </Appearance>
            <Box size='20 2 1'/>
        </Shape>
    </Transform>
     <Transform translation="0 4.5 0.25" scale="0.25 0.15 0.15"    >
        <Shape>
            <Appearance>
```

```
                <Material   DEF='My_Color0' diffuseColor="0.0 0.0 0.0"/>
            </Appearance>
        <Sphere radius='1.8' />
        </Shape>
        </Transform>
        <ColorInterpolator DEF='Animation0' key='0.0    1' keyValue='1 1 1 ,0 1 0    ,'/>
        <TimeSensor DEF='TimeSource' cycleInterval='5.0' loop='true'/>
<ROUTE fromNode='TimeSource' fromField='fraction_changed' toNode='Animation0'
    toField='set_fraction'></ROUTE>
<ROUTE fromNode='Animation0' fromField='value_changed' toNode='My_Color0'
    toField='set_diffuseColor'></ROUTE>
<Transform   scale='1 1 1' translation='0 -4.0 0.0'>
    <Shape>
        <Appearance>
            <Material ambientIntensity='0.4' diffuseColor='0.65 0.6 0.6' shininess='0.2'
                specularColor='0.7 0.7 0.6' >
            </Material>
            <Image url='g-1.jpg'/>
        </Appearance>
        <Box size='50 0.5 30'/>
    </Shape>
</Transform>
<Transform   scale='1 1 1' translation='6.01 0 -0.5'>
    <Shape>
        <Appearance>
            <Material ambientIntensity='0.4' diffuseColor='0.65 0.65 0.65' shininess='0.2'
                specularColor='0.7 0.7 0.6' transparency='0.5'>
            </Material>
        </Appearance>
        <Box size='4 7 0.5'/>
    </Shape>
</Transform>
<Transform   translation='-6.01 0 -0.5'>
    <Shape>
        <Appearance>
            <Material ambientIntensity='0.4' diffuseColor='0.65 0.65 0.65' shininess='0.2'
                specularColor='0.7 0.7 0.6' transparency='0.5'>
            </Material>
        </Appearance>
        <Box size='4 7 0.5'/>
    </Shape>
</Transform>
<Transform DEF="ldoor" scale='1 1 1' translation='2.01 0 0'>
    <Shape>
        <Appearance>
            <Material ambientIntensity='0.4' diffuseColor='0.8 0.8 0.8' shininess='0.2'
                specularColor='0.7 0.7 0.6' transparency='0.5'>
            </Material>
```

```
                </Appearance>
                <Box size='4 7 0.5'/>
            </Shape>
        </Transform>
        <Transform DEF="rdoor"    translation='-2.01 0 0'>
            <Shape>
                <Appearance>
                    <Material ambientIntensity='0.4' diffuseColor='0.8 0.8 0.8' shininess='0.2'
                        specularColor='0.7 0.7 0.6' transparency='0.5'>
                    </Material>
                </Appearance>
                <Box size='4 7 0.5'/>
            </Shape>
        </Transform>
        <ProximitySensor DEF="Touch_ps" center='0 0 0' size='20 20 20'>
        </ProximitySensor>
        </Group>
        <TimeSensor DEF="Time" cycleInterval='8' >
        </TimeSensor>
        <PositionInterpolator DEF="flyinter1" key='0,0.2,0.4,0.5,0.6,0.8,1' keyValue='2 0 0,3 0 0,
            4 0 0,6 0 0,4 0 0,3 0 0,2 0 0'>
        </PositionInterpolator>
        <PositionInterpolator DEF="flyinter2" key='0,0.2,0.4,0.5,0.6,0.8,1' keyValue='-2 0 0,-3 0 0,
            -4 0 0,-6 0 0,-4 0 0,-3 0 0,-2 0 0'>
        </PositionInterpolator>
        <ROUTE fromNode="Touch_ps" fromField="enterTime_changed" toNode="Time"
            toField="set_startTime">
        <ROUTE fromNode="Touch_ps" fromField="isActive" toNode="Time" toField="loop">
        </ROUTE>
        </ROUTE>
        <ROUTE fromNode="Time" fromField="fraction_changed" toNode="flyinter1" toField="set_fraction">
        </ROUTE>
        <ROUTE fromNode="Time" fromField="fraction_changed" toNode="flyinter2" toField="set_fraction">
        </ROUTE>
        <ROUTE fromNode="flyinter1" fromField="value_changed" toNode="ldoor" toField="set_translation">
        </ROUTE>
        <ROUTE fromNode="flyinter2" fromField="value_changed" toNode="rdoor" toField="set_translation">
        </ROUTE>
    </Scene>
</VR-X3D>
```

VR-X3D 虚拟现实亲近度智能感知自动门项目实例在 VR-X3D 虚拟游戏空间设计传感器造型，传感器不断闪烁接收信息，移动鼠标接近自动门，触发自动门开关，实现打开和关闭自动门。

首先启动 BS Contact VRML/X3D 8.0 浏览器，选择 VR-X3D 实例程序并运行，运行后的场景效果如图 10-4 所示。

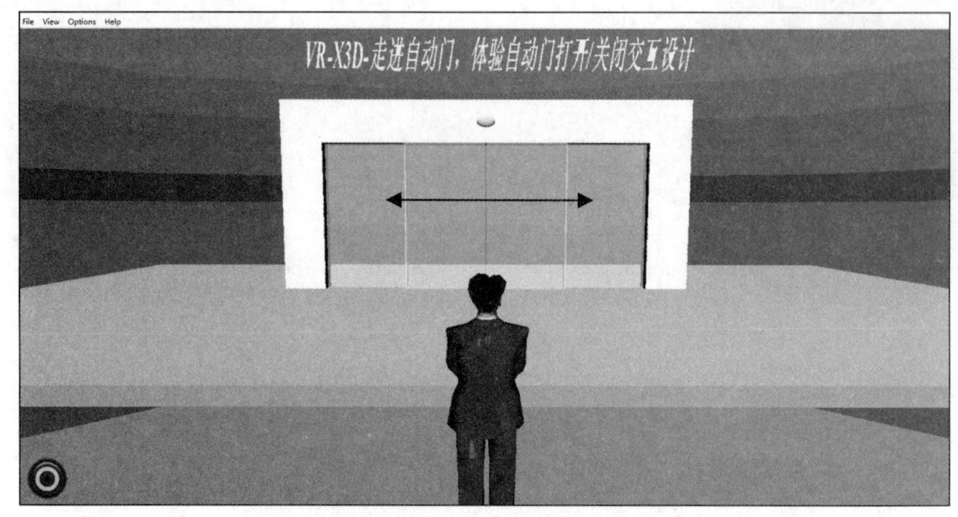

图 10-4　VR-X3D 虚拟现实亲近度智能感知自动门动画设计效果

10.4　VR-X3D 虚拟现实投球互动体验项目实例

VR-X3D 虚拟现实投球互动体验项目实例采用触摸传感器节点、时间传感器节点、智能感知节点等进行开发与设计。当单击“篮球”时，开始投掷篮球至篮板和球筐，再次单击“篮球”则再次投掷篮球，从而实现 VR-X3D 篮球投掷交互体验场景。

10.4.1　投球互动体验项目设计

投球互动体验项目采用 VR-X3D 内核节点、触摸传感器节点、时间传感器节点、智能感知节点、背景节点、导航节点、视角节点以及模型节点进行开发设计，利用 VR-X3D 虚拟现实/增强现实技术创建一个动态交互的虚拟现实投球互动 3D 动画。VR-X3D 虚拟现实投球互动体验项目设计包含篮球模型设计，篮板篮筐设计，文字造型设计，背景图像设计等。VR-X3D 虚拟现实投球互动体验设计层次结构图如图 10-5 所示。

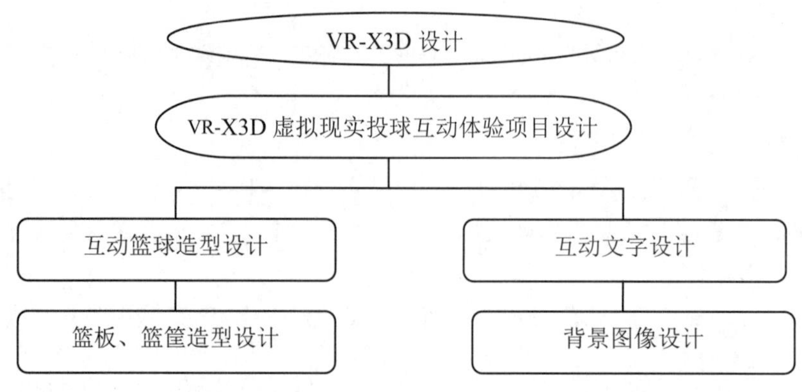

图 10-5　VR-X3D 虚拟现实投球互动体验设计层次结构图

10.4.2 投球互动体验项目实例

VR-X3D 虚拟现实投球互动体验项目利用智能感知节点和动画插补器节点实现虚拟现实篮球掉落交互游戏设计，使用触摸传感器节点、时间传感器、路由节点等，让用户在 VR-X3D 虚拟游戏场景中，通过单击“篮球”造型实现投球互动的全过程 3D 动画设计效果。

VR-X3D 虚拟现实投球互动体验项目实例利用 VR-X3D 虚拟现实/增强现实技术插补器节点和智能感知节点进行交互设计，并配上投球互动时产生的声音效果，让场景和造型更加逼真、生动和鲜活，给 VR-X3D 程序设计带来更大的方便。

【实例 10-3】本实例采用背景节点、视点节点、空间坐标变换节点、文字造型节点、声音节点等，在交互设计中利用触摸传感器节点、智能感知节点、时间传感器、位置插补器节点和朝向插补器节点等，实现 VR-X3D 虚拟现实投球互动体验项目设计，其中球体采用篮球造型。VR-X3D 虚拟现实投球互动体验项目实例设计 VR-X3D 文件 px3d10-3.x3d 源程序如下：

```
<Scene>
    <Viewpoint description="View-1" position="0 2.5 11.8" orientation='0 1 0 0'/>
    <Background skyColor="0.98 0.98 0.98"/>
    <Transform translation="3 7 -5">
        <Shape>
            <Appearance>
            <Material ambientIntensity="0.1" diffuseColor="0.8 0.2 0.2"/>
            </Appearance>
            <Text length="15.0" maxExtent="15.0" string="&quot;VR-X3D 投球
                    互动体验设计!!! &quot;,&#10;&quot; ">
                <FontStyle family="&quot;SANS&quot;"
                    justify="&quot;MIDDLE&quot;,&quot;MIDDLE&quot;"
                        size="2" style="BOLDITALIC"/>
            </Text>
        </Shape>
    </Transform>
    <Transform translation="-5.25 3.8 0">
    <Shape>
      <Appearance>
        <Image url='bob.jpg'/>
      </Appearance>
      <Box size="0.2 5 8"/>
    </Shape>
   </Transform>
   <Transform translation="-5.05 2.0 0">
    <Shape>
      <Appearance>
        <Material ambientIntensity="0.4" diffuseColor="0.7 0.6 0.0"
          shininess="0.2" specularColor="0.7 0.7 0.6"/>
      </Appearance>
      <Box size="0.2 0.2 0.8"/>
    </Shape>
```

```
        </Transform>
          <Sound direction='0 0 1' location="0 0 -10" spatialize="true" maxBack='500'
                maxFront='500'    minFront='100' minBack='100'>
              <AudioClip description='sound1' loop='true' stopTime='0' url="paiq_sound.mp3"/>
            </Sound>
        <Transform translation="-4 2 0" rotation="0 0 1 1.571">
    <Shape>
        <Appearance>
                <Material ambientIntensity="0.4" diffuseColor="0.7 0.6 0"
                        shininess="0.2" specularColor="0.7 0.7 0.3"/>
        </Appearance>
        <Extrusion containerField="geometry" creaseAngle='0.7850000' solid="true" crossSection='
                0.1 0.0,0.0920 -0.0380,0.0710 -0.0710,0.0380 -0.0920,
                0.0 -0.1,-0.0380 -0.0920,-0.0710 -0.0710,-0.0920 -0.0380,
                -0.1 -0.0,-0.0920 0.0380,-0.0710 0.0710,-0.0380 0.0920,
                0.0 0.1,0.0380 0.0920,0.0710 0.0710,0.0920 0.0380,0.1 0.0
          ' spine='0 1.0 0.0,0 0.920 -0.380,0 0.710 -0.710,0 0.380 -0.920,
                0 0.0 -1.0,0 -0.380 -0.920,0 -0.710 -0.710,0 -0.920 -0.380,
                0 -1.0 -0.0,0 -0.920 0.380,0 -0.710 0.710,0 -0.380 0.920,
                0 0.0 1.0,0 0.380 0.920,0 0.710 0.710,0 0.920 0.380,0 1.0 0.0
                '>
        </Extrusion>
    </Shape>
        </Transform>
        <Transform DEF="Sphere-1" rotation="0 0 1 0" scale="1 1 1" translation="0 0 0">
            <Transform translation="0 1 0" rotation="0 0 1 0">
            <Shape>
                    <Appearance>
                            <Image url='basketball.png'/>
                    </Appearance>
                    <Sphere/>
                    <Sphere radius="0.75"/>
            </Shape>
            </Transform>
            <TouchSensor DEF="Clicker"></TouchSensor>
            <TimeSensor DEF="time1" cycleInterval="5.0"    />
            <PositionInterpolator DEF="Animation"
      key="0.0,0.05,0.1,0.15,0.2,0.25,0.28,0.3,0.35,0.38,0.4,0.45,0.48,0.5,0.55,0.6,0.65,0.7,0.75,0.8,0.85,
            0.88,0.9,0.92,0.96,1.0" keyValue=" 3 -1 0,2.5 0.179 0,2 0.621 0,1.5 0.871 0,&#10;1 1 0,0.5 1.33 0,
            0 1.583 0,-0.5 1.77 0,&#10;-1 1.899 0,-1.5 1.975 0,-2 2 0,-2.5 1.975 0,&#10;-3 1.899 0,
            -3.5 1.77 0,-4 1.583 0,-4.2 1.33 0,-4.2 -5.5 0 ,4.2 -1.5 0 "/>
          </Transform>
        <ROUTE fromNode="Clicker" fromField="touchTime_changed"
            toNode="sound1" toField="set_startTime"></ROUTE>
        <ROUTE fromNode="Clicker" fromField="touchTime_changed"
            toNode="time1" toField="set_startTime"></ROUTE>
```

```
    <ROUTE fromNode="time1" fromField="fraction_changed"
        toNode="Animation" toField="set_fraction"></ROUTE>
    <ROUTE fromNode="Animation" fromField="value_changed"
        toNode="Sphere-1" toField="set_translation"></ROUTE>
</Scene>
```

VR-X3D 虚拟现实投球互动体验项目实例在 VR-X3D 虚拟游戏空间设计交互篮球造型，当单击“篮球”时，投掷篮球至篮板上的篮筐里，再弹回到起始点，再次投掷，循环往复地不停投篮。

首先启动 BS Contact VRML/X3D 8.0 浏览器，选择 VR-X3D 实例程序并运行，运行后的场景效果如图 10-6 所示。

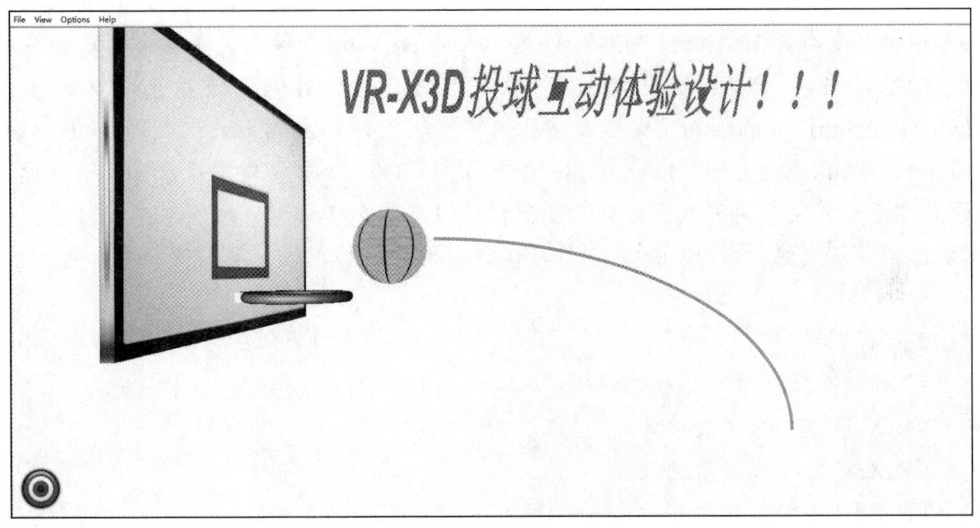

图 10-6 VR-X3D 虚拟现实投球互动体验动画设计效果

本章小结

本章主要介绍了 VisibilitySensor 能见度智能传感器节点设计、ProximitySensor 亲近度智能传感器节点设计、LoadSensor 通信感知检测器节点设计以及 Collision 碰撞传感器节点设计等，并结合真实交互体验项目实例进行剖析和设计。在实例中，具体利用 VisibilitySensor 能见度智能传感器节点设计智能感知效果，使用 ProximitySensor 亲近度智能传感器节点设计人工智能自动门开启/关闭效果，利用碰撞传感器节点实现虚拟物体之间的碰撞检测设计等。

第 11 章　VR-X3D 虚拟人、粒子烟火、脚本交互设计

VR-X3D 虚拟人、粒子烟火组件节点设计涵盖 VR-X3D 虚拟人动画组件节点设计、VR-X3D 虚拟现实粒子烟火组件节点设计。VR-X3D 虚拟人动画节点设计即 VR-X3D 虚拟人动画组件设计，其组件的名称为 H-Anim。VR-X3D 虚拟人的 H-Anim 组件定义了在 VR-X3D 中执行的 H-Anim 标准，当在 COMPONENT 语句中引用这个组件时需要使用此名称。Humanoid Animation (H-Anim) component（虚拟人动画组件）包含 HAnimDisplacer、HAnimHumanoid、HAnimJoint、HAnimSegment、HAnimSite 等节点。VR-X3D 虚拟现实粒子烟火节点设计利用 3D 粒子火焰运动算法，使用粒子自动机建立机械运动的数学模型，结合 VR-X3D 虚拟现实交互技术实现粒子烟火场景效果。脚本组件可实现软件开发通用性、兼容性和平台无关性。

- VR-X3D 虚拟人运动设计
- VR-X3D 粒子烟火系统设计
- VR-X3D 事件工具组件设计
- VR-X3D 脚本组件设计

11.1　VR-X3D 虚拟人运动分析

1. 虚拟人运动概述

“虚拟人（Visual Human）”是通过数字技术模拟真实的人体器官而合成的三维模型。这种模型不仅具有人体外形以及肝脏、心脏、肾脏等各个器官的外貌，而且具备各器官的新陈代谢机能，能较为真实地显示出人体的正常生理状态和出现的各种变化。为了制作“虚拟人”并获取真实人体的数字信息，医学专家和开发人员通常先要选取一具尸体，将尸体冷冻，用精密切削刀将尸体横向切削成 0.2 毫米薄片，并利用数码相机和扫描仪对已切片的切面进行拍照、分析，之后将数据输入计算机，最后由计算机合成三维的立体人类生理结构数字模型，随后将数据、生物物理模型和其他模型以及高级计算法整合成一个研究环境，然后在这种环境中观察人体对外界刺激的反应。不过这位“虚拟人”没有感觉和思想，但他们的生物数据和人相同，可以开展无法在自然人身上进行的一系列诊断与治疗研究。虚拟人不但在医学领域得到广泛的应用，而且在虚拟现实、增强现实、游戏、娱乐等领域有大量应用。

VR-X3D 虚拟人动画交互设计是一个典型应用实例，依据虚拟人在三维立体空间的运动学

和动力学的特性，来设计虚拟人的各种运动规律和行为，即利用 VR-X3D 虚拟人动画组件设计和 VR-X3D 虚拟现实交互基本节点、复杂节点，并运用动态智能感知节点实现虚拟人运动设计效果，可使浏览者真正体验身临其境的动态交互感受。

VR-X3D 虚拟人运动设计原理是从虚拟人在三维立体空间的运动学和动力学的特性出发，将虚拟人的各肢体进行抽象，简化为简单的刚性几何实体，并将关节抽象为一个球体，通过肢体连动杆实现运动设计。为描述人体骨架模型中各关节之间的相对位置和姿态的变化，定义了 3 类坐标系：世界坐标系（笛卡尔坐标系）、虚拟人体基坐标系和各关节的局部坐标系。

人体的运动结构由骨骼、骨连接及骨肌肉通过运动关节实现人体行为运动。骨骼外附着肌肉和皮肤，可跟随骨骼一起运动。人体行为动作不是由骨骼自身的变化引起的，而是由连接在关节上的骨骼肌肉驱动引发肢体位置和方向的变化。身体的各部分在大脑中枢神经系统的统一协调控制下进行运动，从而使骨骼的相对位置发生变化产生位移。人体主要活动常用的是人体 9 个肢体部分，包括手、脚、前臂、上臂、大腿、小腿、躯干、头和颈，因此可以把人体高度抽象形成骨架模型，表示为一组关节和肢体的集合。将人体简化为 17 个关节，37 个自由度，把人体关节统一视为球形关节，在具体应用中加以约束，使之限制在合理的行为运动范围内。

虚拟三维人体运动设计中，考虑人体运动学和动力学原理和特征，虚拟人行为运动关键在于关节和肢体的运动，而运动依靠坐标定位实现位置移动。VR-X3D 虚拟现实人体运动设计原理如图 11-1 所示。

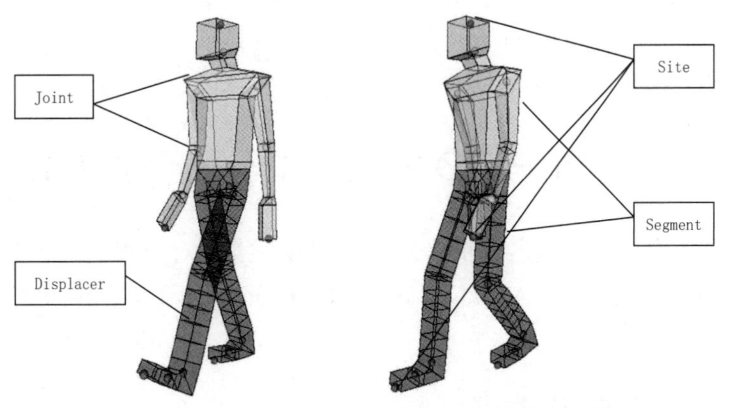

图 11-1　VR-X3D 虚拟现实人体运动设计原理

虚拟人坐标系的设定如下。取虚拟人腰部关节为人体质点，在此处设置虚拟人体基坐标系，设水平面与额状面的交线为 X 轴，额状面与矢状面的交线为 Z 轴，水平面与矢状面的交线为 Y 轴，使之与世界坐标系各轴的方向保持一致。各关节的局部坐标系取关节轴线方向为 Z 轴正方向，取上一关节和该关节的连线方向为 X 轴正方向，然后按照右手法则确定 Y 轴正方向。另外，规定各肢体绕每个坐标轴转动时，从该轴的正方向看，逆时针方向为正，顺时针方向为负，并设定虚拟人体的起始姿态为直立姿态，所有的动作角度均为相对于初始姿态的角度。

虚拟人运动节点设计主要如下。HAnimHumanoid 节点为整个虚拟人运动对象的容器、HanimSegment 节点为虚拟人身体各部分、HAnimJoint 节点为虚拟人身体关节、HAnimSite 节点为虚拟人动力学及位置、HAnimDisplacer 节点为虚拟人肢体移动方向等。VR-X3D 虚拟人运动设计节点层次图如图 11-2 所示。

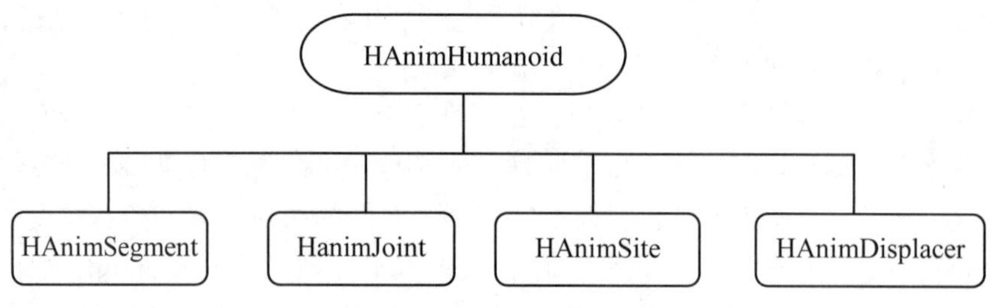

图 11-2　VR-X3D 虚拟人运动设计节点层次图

2. HAnimHumanoid 人运动对象设计

虚拟人设计中人的运动对象主要用来存储涉及的 HAnimSegment、HAnimJoint、HAnimSite、HAnimDisplacer、Viewpoint 节点，以及其他一些信息。

HAnimSegment 身体各部分设计主要针对人体的躯干、四肢体、头颅以及颈部等肢体部分进行设计。

HAnimJoint 身体关节设计主要对人体的肢体连接部分进行设计，根据身体中肢体各个部分运动的自由度的不同，设计虚拟人肢体相应的运动形态。

HAnimSite 动力学及位置设计是指根据反向动力学系统原理设计虚拟人身体中各个肢体的运动位置，以及虚拟人所佩戴首饰、手表、腰带以及附属物的位置。

HAnimDisplacer 肢体移动方向设计通过程序控制身体每一个部分实现肢体的正常移动，进而实现虚拟人体各部分肢体协调运动。

11.2　VR-X3D 虚拟人动画设计语法剖析

VR-X3D 虚拟人动画设计语法剖析，即 VR-X3D 三维立体虚拟人动画组件节点设计。接下来分别对 HAnimHumanoid、HAnimDisplacer、HAnimSegment、HAnimSite、HAnimJoint 等节点进行语法剖析。

11.2.1　HAnimHumanoid 语法剖析

HAnimHumanoid 节点设计主要以 HAnimHumanoid 节点作为整个虚拟人动画对象的容器，用来存储涉及的 HAnimJoint、HAnimSegment、HAnimSite、HAnimDisplacer 节点，除此之外还存储如作者和版权信息之类的可读信息。它还提供简便地在环境中移动虚拟人动画对象的方法。HAnimHumanoid 节点主要作用如下：

（1）存储相关的关节、身体部分和视点。

（2）包含整个虚拟人动画的节点。

（3）简化整个虚拟人动画节点在环境中的移动。

（4）存储相关可读数据如作者或版权信息。Humanoid 节点（虚拟人节点）也包括 humanoidBody（v1.1）或 skeleton（V2.0）field。HAnimHumanoid 节点包括 HAnimJoint、HAnimSegment、HAnimSite、Viewpoint 和 skin（v2.0）节点等。

HAnimHumanoid 节点语法定义如下：

```
<HAnimHumanoid
    DEF                 ID
    USE                 IDREF
    name                                SFString
    version                             SFString        inputOutput
    info                                MFString
    translation         0 0 0           SFVec3f
    rotation            0 0 1 0         SFRotation
    scale               1 1 1           SFVec3f
    scaleOrientation    0 0 1 0         SFRotation
    center              0 0 0           SFVec3f
    bboxCenter          0 0 0           SFVec3f         initializeOnly
    bboxSize            -1 -1 -1        SFVec3f         initializeOnly
    containerField      children
    class
/>
```

HAnimHumanoid 节点的图标为，包含域名、域值、域数据类型以及存储/访问类型等，节点中数据内容包含在一对尖括号中，用“</>”表示。域数据类型中的 SFString 域包含一个单个字符串；MFString 域包含一个多值单个字符串；SFVec3f 域定义了一个三维矢量空间；SFRotation 域指定了一个任意的旋转。事件的存储/访问类型包括 initializeOnly（初始化类型）以及 inputOutput（输入/输出类型）。HAnimHumanoid 节点包含 DEF、USE、name、version、info、translation、rotation、scale、scaleOrientation、center、bboxCenter、bboxSize、containerField 以及 class 域。

11.2.2 HAnimSegment、HAnimSite 语法剖析

HAnimSegment 节点设计是在 VR-X3D 虚拟人动画组件节点设计中，将每一个身体部分存在一个 HAnimSegment 节点中。HAnimSegment 节点包含 Coordinate、HAnimDisplacer、children 子节点。HAnimSegment 节点可以作为 HAnimHumanoid 节点的子节点。HAnimSegment 节点是一个组节点，一般包括一系列的 Shape 节点，也可能是包括按照 VR-X3D 中定义的坐标系中的身体位置相关的 Transform 节点。当 HAnimSegment 的几何体比较复杂时，推荐使用 LOD 节点。HAnimSegment 节点语法定义如下：

```
<HAnimSegment
    DEF                 ID
    USE                 IDREF
    name                                    SFString
    mass                0                   SFFloat
    centerOfMass        0 0 0               SFVec3f
    momentsOfInertia    0 0 0 0 0 0 0 0 0   MFFloat
    bboxCenter          0 0 0               SFVec3f         initializeOnly
    bboxSize            -1 -1 -1            SFVec3f         initializeOnly
    containerField      children
    class
/>
```

HAnimSegment 节点的图标为▟，包含域名、域值、域数据类型以及存储/访问类型等，节点中数据内容包含在一对尖括号中，用“</>”表示。域数据类型中的 SFString 域包含一个单个字符串；SFFloat 域是单值单精度浮点数；MFFloat 域是多值单精度浮点数；SFVec3f 域定义了一个三维矢量空间。事件的存储/访问类型为 initializeOnly（初始化类型）。HAnimSegment 节点包含 DEF、USE、name、mass、centerOfMass、momentsOfInertia、bboxCenter、bboxSize、containerField 以及 class 域。

HAnimSite 节点设计在多用户环境中使用，此节点存储在 HAnimSegment 的子节点中，主要用于以下三个目标：第一是定义一个 IK 反向动力学系统使用的“最终受动器（end effector）”的位置；第二是定义首饰或服装之类的附件的附着点；第三是定义 HAnimSegment 参考系中的虚拟摄像机位置，如在多用户环境中使用的虚拟人动画替身的眼睛（through the eyes）视点。HAnimSite 节点语法定义如下：

```
<HAnimSite
    DEF                 ID
    USE                 IDREF
    name                                SFString
    translation         0 0 0           SFVec3f
    rotation            0 0 1 0         SFRotation
    scale               1 1 1           SFVec3f
    scaleOrientation    0 0 1 0         SFRotation
    center              0 0 0           SFVec3f
    bboxCenter          0 0 0           SFVec3f        initializeOnly
    bboxSize            -1 -1 -1        SFVec3f        initializeOnly
    containerField      children
    class
/>
```

HAnimSite 节点的图标为━□，包含域名、域值、域数据类型以及存储/访问类型等，节点中数据内容包含在一对尖括号中，用“</>”表示。域数据类型中的 SFString 域包含一个单个字符串；SFVec3f 域定义了一个三维矢量空间；SFRotation 域指定了一个任意的旋转。事件的存储/访问类型为 initializeOnly（初始化类型）。HAnimSite 节点包含 DEF、USE、name、translation、rotation、scale、scaleOrientation、center、bboxCenter、bboxSize、containerField 以及 class 域。

11.2.3 HAnimDisplacer、HAnimJoint 语法剖析

HAnimDisplacer 节点使虚拟人移动，相应的应用程序可能需要改变单独的 Segment 段的形状，在大多数的基本层中，这是通过向 HAnimSegment 节点 coord 域中的 VR-X3DCoordinate-Node 衍生节点的 point 域写入数据来完成的。在某些情况下，应用程序可能需要识别 HAnimSegment 中指定的顶点组，如应用程序可能需要知道头骨 HAnimSegment 段中的哪些节点包含左眼球；也可能需要每个节点移动方向的“提示”。这些信息被存储在称为 HAnimDisplacer 的节点中。特定的 HAnimSegment 的 HAnimDisplacer 存储在这个 HAnimSegment 的 displacers 域中。

HAnimDisplacer 节点可以按照三种不同的方式使用，具体如下：

（1）指定了 HAnimSegment 中节点的相应的顶点特性。

（2）描述如何线型或半径地替换顶点的方向来模拟精确的肌肉动作。

（3）描述了 Segment 中的完整的顶点构造。如在脸上可以为每个面部表情使用一个 Displacer。

提示：name 的后缀包括_feature、_action、_config。多个 HAnimDisplacer 节点必须连续地在 Segment 节点中出现。HAnimDisplacer 节点可以作为 Transform 节点的子节点，也可以与其他虚拟人动画节点共同使用。

HAnimDisplacers 节点语法定义如下：

```
<HAnimDisplacer
      DEF                 ID
      USE                 IDREF
      name                               SFString
      coordIndex                         MFInt32
      displacements                      MFVec3f
      weight                             SFFloat          inputOutput
      containerField      displacers
      class
/>
```

HAnimDisplacers 节点的图标为，包含域名、域值、域数据类型以及存储/访问类型等，节点中数据内容包含在一对尖括号中，用“</>”表示。域数据类型中的 SFString 域包含一个单个字符串；MFInt32 域是一个多值含有 32 位的整数；SFFloat 域是单值单精度浮点数；MFVec3f 域是一个包含任意数量的三维矢量的多值域。事件的存储/访问类型为 outputOnly（输出类型）。HAnimDisplacer 节点包含 DEF、USE、name、coordIndex、displacements、weight、containerField 以及 class 域。

HAnimJoint 节点设计是利用 VR-X3D 虚拟人动画组件中的 HAnimJoint 节点定义身体每一段和其相连的父一层的关系，其身体中的每个关节都由一个 HAnimJoint 节点表现。一个 HAnimJoint 节点可能只是另一个 HAnimJoint 节点的子节点，在用 HAnimJoint 节点作为虚拟人动画对象的根节点的情况下为其中 skeleton 域的子节点，如一个 HAnimJoint 可能不是一个 HAnimSegment 的子节点。HAnimJoint 节点也被用来存储其他关节特有的信息，通常会在应用程序中提供关节名 name 以使其在运行时能识别每个 HAnimJoint 节点。HAnimJoint 节点可能包括 IK 反向动力学系统计算和控制 H-Anim 的提示，这些提示可能包括关节的上下限、关节的旋转限制、刚度/阻尼值。注意这些限制并不要求在虚拟人动画场景图中用某个机制来强制实行，其目的只在于提供信息，是否使用这些信息或是否强制限制关节的应用取决于应用程序。虚拟人动画对象的创作及其工具并不受限于 HAnimJoint 节点的执行模式，但是作者和工具可以选择执行模式，如选择使用特殊的单一多边形网格来描述一个虚拟人动画对象，而不是用分开的单个的 IndexedFaceSet 来描述每一个身体段，这种情况下，HAnimJoint 将描述对应特定身体段及其下一层部分顶点的移动。

VR-X3D 虚拟人动画节点为身体的每一个关节使用 Joint 节点设计。HAnimJoint 节点只可能作为另一个 HAnimJoint 节点的子节点，或 humanoidBody field 和 HAnimHumanoid 节点中的一个子节点。HAnimJoint 节点语法定义如下：

```
<HAnimJoint
DEF                 ID
USE                 IDREF
name                               SFString
ulimit                             MFFloat
llimit                             MFFloat
limitOrientation    0 0 1 0        SFRotation      inputOutput
skinCoordIndex                     MFFloat         inputOutput
skinCoordWeight                    MFFloat         inputOutput
stiffness           0 0 0          MFFloat         inputOutput
translation         0 0 0          SFVec3f
rotation            0 0 1 0        SFRotation
scale               1 1 1          SFVec3f
scaleOrientation    0 0 1 0        SFRotation
center              0 0 0          SFVec3f
bboxCenter          0 0 0          SFVec3f         initializeOnly
bboxSize            -1 -1 -1       SFVec3f         initializeOnly
containerField      children
class
/>
```

HAnimJoint 节点的图标为▟，包含域名、域值、域数据类型以及存储/访问类型等，节点中数据内容包含在一对尖括号中，用“</>”表示。域数据类型中的 SFString 域包含一个单个字符串；SFVec3f 域定义了一个三维矢量空间；SFRotation 域指定了一个任意的旋转；MFFloat 域包含多值单精度浮点数。事件的存储/访问类型包括 initializeOnly（初始化类型）和 inputOutput（输入/输出类型）。HAnimJoint 节点包含 DEF、USE、name、ulimit、llimit、limitOrientation、skinCoordIndex、skinCoordWeight、stiffness、translation、rotation、scale、scaleOrientation、center、bboxCenter、bboxSize、containerField 以及 class 域。

11.3 VR-X3D 虚拟人运动项目实例设计

VR-X3D 虚拟人运动项目实例是利用虚拟现实技术对三维立体虚拟立体空间场景、人物及造型进行设计开发，主要针对虚拟人的建模、运动行为进行开发与设计。虚拟人是由计算机生成三维实体模型，可像真人一样完成各种活动。本项目通过虚拟人的计算机表示，利用 VR-X3D 虚拟现实技术实现各种运动形式，在虚拟空间体验虚拟人跑步、行走、站立等逼真感、沉浸感以及身临其境的动态交互的真实感受。虚拟人作为一门新兴学科，涉及动画设计、计算机图形学、人体动力学、机器人以及人工智能等领域。虚拟人是计算机的前沿科技，对其进行研究具有深远的历史意义和广阔的应用前景，如利用虚拟人进行太空行走；在医学上代替真人接受模拟手术；虚拟人模拟战场；模拟驾驶和飞行。利用虚拟人作为真人的替身可在人类无法达到的环境中进行科学实验、探险及危险作业，因此设计开发出具有真实感、运动控制能力的逼真虚拟人具有重要的价值。

11.3.1 项目实例开发设计

VR-X3D 虚拟人运动设计是利用虚拟人运动学、动力学原理，将虚拟人行走分为两个部分。首先设计虚拟人行走运动，其次设计虚拟人行走的路径，完成整个虚拟人行走全过程。本实例要求实现在虚拟蓝天白云三维立体空间中虚拟人休闲漫步、呼吸自然清新的空气、感受大自然壮丽景色。虚拟人行走场景设计包括休闲广场场景设计、虚拟人造型设计、虚拟人运动设计、绿地造型设计、路灯造型设计、雕像场景造型设计、路面造型设计等。采用模块化、组件化以及面向对象的设计思想，创建逼真的、生动的、可交互的、自由行走的虚拟人三维立体空间场景。VR-X3D 虚拟人运动项目实例设计层次结构如图 11-3 所示。

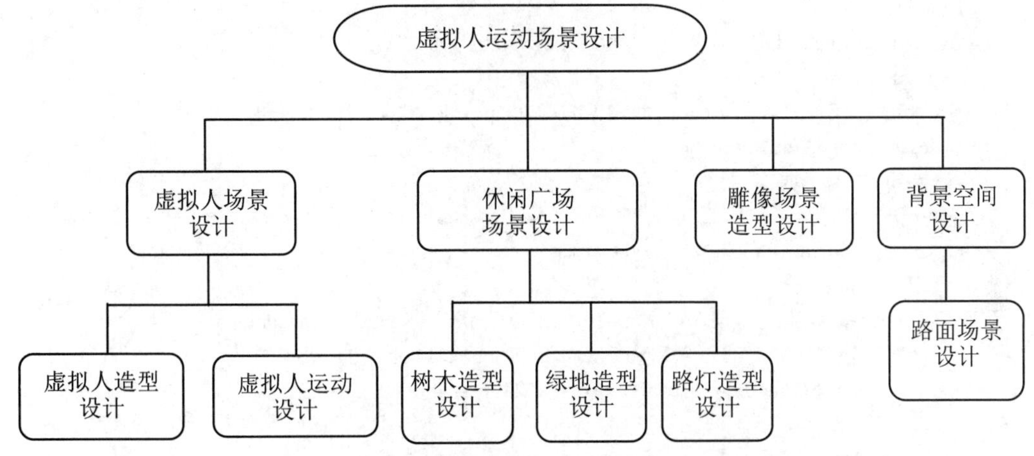

图 11-3 VR-X3D 虚拟人运动项目实例设计层次结构

首先，对人体各个肢体进行建模，如头颅、躯干、四肢以及手脚等，然后根据人体运动学原理和 HAnimHumanoid、HAnimJoint、HAnimSegment、Viewpoint 等节点数据结构设计虚拟人行走运动。

11.3.2 项目实例源代码

虚拟人运动场景设计利用 VR-X3D 几何节点、复杂节点、动态智能感知节点等开发设计休闲广场、虚拟人造型、虚拟人运动、路面、绿地、路灯、雕像等。虚拟人运动设计主程序在一个休闲广场上设计几个虚拟人，他们在蓝天白云背景下悠闲地散步，享受大自然赋予的新鲜空气和美景。本书配套源代码资源中的“VR-X3D 源程序实例\第 11 章源程序实例\px3d11-1”目录下提供了 VR-X3D 源程序 px3d11-1.x3d。

【实例 11-1】VR-X3D 虚拟人运动场景设计 px3d11-1.x3d 源程序利用 VR-X3D 视点节点、几何节点、纹理节点、复杂节点、背景节点、Box 节点、面节点、动态智能感知节点以及内联节点等设计编写，源程序中的主程序如下：

```
<Scene>
    <DirectionalLight DEF="_1" ambientIntensity='1' color='1 1 1' direction='0 -1 0'
        intensity='0' on='true' global='true'>
    </DirectionalLight>
```

```
<Background DEF="_2" skyAngle='1.309,1.571,1.571' skyColor='1 1 1,0.2 0.2 1,1 1 1,1 1 1'>
</Background>
<Viewpoint DEF="_3" orientation='0 1 0 -0.785' position='22 2 2' description="camera1">
</Viewpoint>
<Viewpoint DEF="_4" orientation='0 1 0 -2.571' position='22 2 -20' description="camera2">
</Viewpoint>
<Viewpoint DEF="_5" orientation='0 1 0 -3.841' position='112 2 -88' description="camera3">
</Viewpoint>
<NavigationInfo DEF="_6" avatarSize='0.5,1,6' headlight='true' speed='1' type='"WALK","ANY"'>
</NavigationInfo>
<TimeSensor DEF="T1" cycleInterval='60' loop='true' startTime='0' stopTime='-1'>
</TimeSensor>
<PositionInterpolator DEF="PI_1" key='0,1' keyValue='1 4 22,112 0 -88'>
</PositionInterpolator>
<Viewpoint DEF="VP_1" orientation='0 1 0 -0.785' position='97.975 0.505405 -74.1014'
     description="AutoNavigation-1">
</Viewpoint>
<Group DEF="_7">
     <Background skyColor='0.2 0.3 0.6'>
     </Background>
     <Transform DEF="man1" rotation='0 1 0 2.30' scale='1.5 1.5 1.5' translation='27 0 -5'>
          <Inline DEF="_8" url='"./walk/walk.x3d"' bboxCenter='-0.0113494
               0.880689 0.043156' bboxSize='0.52406 1.74603 0.651141'>
          </Inline>
     </Transform>
     <TimeSensor DEF="Time" cycleInterval='38' loop='true'>
     </TimeSensor>
     <PositionInterpolator DEF="walk1" key='0,0.2,0.4,0.5,0.6' keyValue='27 0 -5,56 0 -35,112 0 -88,
          56 -100 -35,27 0 -5'>
     </PositionInterpolator>
</Group>
<Group DEF="_9">
     <Background skyColor='0.2 0.3 0.6'>
     </Background>
     <Transform DEF="man2" rotation='0 1 0 2.30' scale='1.5 1.5 1.5' translation='30 0 -5'>
          <Inline DEF="_10" url='"./walk/walk.x3d"' bboxCenter='-0.0113494
               0.880689 0.043156' bboxSize='0.52406 1.74603 0.651141'>
          </Inline>
     </Transform>
     <TimeSensor DEF="Time_1" cycleInterval='58' loop='true'>
     </TimeSensor>
     <PositionInterpolator DEF="walk2" key='0.6,0.7,0.8,0.9,1' keyValue='
          30 0 -5,60 0 -35,118 0 -88,56 -100 -35,30 0 -5'>
     </PositionInterpolator>
</Group>
<Transform rotation='0 1 0 -0.785' scale='1.5 1.5 1.4' translation='52 -0.03 4'>
```

```
            <Inline DEF="_11" url='"pguiha-005.x3d"' bboxCenter='-0.0137992 1.35195
                -8.20235' bboxSize='24.6124 2.7039 21.1093'>
            </Inline>
        </Transform>
        <Transform rotation='0 1 0 -0.785' scale='1 1 1' translation='80 -0.1 -40'>
            <Inline DEF="_12" url='"prxd1-2.x3d"' bboxCenter='0 0 0' bboxSize='150 0.1 150'>
            </Inline>
        </Transform>
        <Transform rotation='0 1 0 -0.785' scale='1.5 1.5 1.5' translation='78 0 -22'>
            <Inline DEF="_13" url='"pguiha-005.x3d"' bboxCenter='-0.0137992 1.35195
                -8.20235' bboxSize='24.6124 2.7039 21.1093'>
            </Inline>
        </Transform>
        <Transform rotation='0 1 0 -0.785' scale='1.51 1.5 1.5' translation='105 0 -48.5'>
            <Inline DEF="_14" url='"pguiha-005.x3d"' bboxCenter='-0.0137992 1.35195
                -8.20235' bboxSize='24.6124 2.7039 21.1093'>
            </Inline>
        </Transform>
        <Transform rotation='0 1 0 -3.926' scale='1.78 1.5 1.5' translation='31 0 -51'>
            <Inline DEF="_15" url='"pguiha-005.x3d"' bboxCenter='-0.0137992 1.35195
                -8.20235' bboxSize='24.6124 2.7039 21.1093'>
            </Inline>
        </Transform>
        <Transform rotation='0 1 0 -3.926' scale='1.78 1.5 1.5' translation='57.5 0 -77.5'>
            <Inline DEF="_16" url='"pguiha-005.x3d"' bboxCenter='-0.0137992 1.35195
                -8.20235' bboxSize='24.6124 2.7039 21.1093'>
            </Inline>
        </Transform>
        <Transform rotation='0 1 0 -3.926' scale='1.78 1.5 1.5' translation='84 0 -104'>
            <Inline DEF="_17" url='"pguiha-005.x3d"' bboxCenter='-0.0137992 1.35195
                -8.20235' bboxSize='24.6124 2.7039 21.1093'>
            </Inline>
        </Transform>
        <Transform rotation='0 1 0 -2.356' scale='1.8 1.8 1.8' translation='83.5 2 -35'>
            <Inline DEF="_18" url='"diaoxiang1.x3d"' bboxCenter='0 0.525 0' bboxSize='1.5 3.05 2.48982'>
            </Inline>
        </Transform>
        <ROUTE fromNode="T1" fromField="fraction_changed" toNode="PI_1" toField="set_fraction"/>
        <ROUTE fromNode="PI_1" fromField="value_changed" toNode="VP_1" toField="set_position"/>
        <ROUTE fromNode="Time" fromField="fraction_changed" toNode="walk1" toField="set_fraction"/>
        <ROUTE fromNode="walk1" fromField="value_changed" toNode="man1" toField="set_translation"/>
        <ROUTE fromNode="Time_1" fromField="fraction_changed" toNode="walk2" toField="set_fraction"/>
        <ROUTE fromNode="walk2" fromField="value_changed" toNode="man2" toField="set_translation"/>
    </Scene>
```

VR-X3D 虚拟人运动场景造型设计在主程序中利用内联节点实现子程序调用，在子程序中使用复杂节点和造型外观材料节点创建休闲广场和绿化场景和造型。VR-X3D 休闲广场、绿化和树木造型源程序——pguihua-005.x3d 子程序如下：

```
<Scene>
    <NavigationInfo DEF="_1" type='"EXAMINE","ANY"'>
    </NavigationInfo>
    <Transform DEF="wan90" rotation='0 1 0 -1.781' translation='10 0 0'>
        <Shape>
            <Appearance>
                <Material diffuseColor='0.5 0.55 0.5'>
                </Material>
            </Appearance>
            <Extrusion containerField="geometry" convex='false' creaseAngle='0.785'
                crossSection='0 0,0 0.2,1 0.2,1 0' solid='false' spine='1 0 0,
                0.92 0 -0.38,0.71 0 -0.71,0.38 0 -0.92,0 0 -1,-0.38 0 -0.92'>
            </Extrusion>
        </Shape>
    </Transform>
    <Transform DEF="Heng1" rotation='0 1 0 -1.571' translation='0 0.1 1.48'>
        <Shape DEF="_2">
            <Appearance>
                <Material diffuseColor='0.5 0.55 0.5'>
                </Material>
            </Appearance>
            <Box containerField="geometry" DEF="_3" size='1 0.2 19.58'>
            </Box>
        </Shape>
    </Transform>
    <Transform DEF="Sh1" translation='11.47 0.1 -8.18'>
        <Shape>
            <Appearance>
                <Material diffuseColor='0.5 0.55 0.5'>
                </Material>
            </Appearance>
            <Box containerField="geometry" size='1 0.2 16'>
            </Box>
        </Shape>
    </Transform>
    <Transform rotation='0 1 0 -1.581' translation='-9.85 0 -10'>
        <Transform USE="wan90"/>
    </Transform>
    <Transform rotation='0 0 0 0' translation='-22.9 0 -0.045'>
        <Transform USE="Sh1"/>
    </Transform>
    <Transform rotation='0 1 0 -3.142' translation='0.05 0 -16.4'>
        <Transform USE="wan90"/>
```

```
</Transform>
<Transform rotation='0 1 0 -0.002' translation='0 0 -19.35'>
    <Transform USE="Heng1"/>
</Transform>
<Transform rotation='0 1 0 -4.6813' translation='10.3 0 -6.35'>
    <Transform USE="wan90"/>
</Transform>
<Transform rotation='1 0 0 0' translation='0 0.1 -8'>
    <Shape>
        <Appearance>
            <ImageTexture url='"image/grass3.jpg"'>
            </ImageTexture>
            <TextureTransform containerField="textureTransform" scale='6 6'>
            </TextureTransform>
        </Appearance>
        <IndexedFaceSet coordIndex='0,1,2,3,0,-1' solid='true'>
            <Coordinate point='11 0 9,11 0 -9.5,-11 0 -9.5,-11 0 9'>
            </Coordinate>
        </IndexedFaceSet>
    </Shape>
</Transform>
<Transform scale='0.5 0.55 0.5' translation='10 0.8 0'>
    <Inline DEF="_4" url='"ptree1.x3d"' bboxCenter='0 0 0' bboxSize='2 2.8 0.00138107'>
    </Inline>
</Transform>
<Transform scale='0.5 0.55 0.5' translation='5 0.8 0'>
    <Inline DEF="_5" url='"ptree1.x3d"' bboxCenter='0 0 0' bboxSize='2 2.8 0.00138107'>
    </Inline>
</Transform>
<Transform scale='0.5 0.55 0.5' translation='0 0.8 0'>
    <Inline DEF="_6" url='"ptree1.x3d"' bboxCenter='0 0 0' bboxSize='2 2.8 0.00138107'>
    </Inline>
</Transform>
<Transform scale='0.5 0.55 0.5' translation='-5 0.8 0'>
    <Inline DEF="_7" url='"ptree1.x3d"' bboxCenter='0 0 0' bboxSize='2 2.8 0.00138107'>
    </Inline>
</Transform>
<Transform scale='0.5 0.55 0.5' translation='-10 0.8 0'>
    <Inline DEF="_8" url='"ptree1.x3d"' bboxCenter='0 0 0' bboxSize='2 2.8 0.00138107'>
    </Inline>
</Transform>
<Transform scale='0.5 0.55 0.5' translation='10 0.8 -16.5'>
    <Inline DEF="_9" url='"ptree1.x3d"' bboxCenter='0 0 0' bboxSize='2 2.8 0.00138107'>
    </Inline>
</Transform>
```

```
    <Transform scale='0.5 0.55 0.5' translation='5 0.8 -16.5'>
        <Inline DEF="_10" url='"ptree1.x3d"' bboxCenter='0 0 0' bboxSize='2 2.8 0.00138107'>
        </Inline>
    </Transform>
    <Transform scale='0.5 0.55 0.5' translation='0 0.8 -16.5'>
        <Inline DEF="_11" url='"ptree1.x3d"' bboxCenter='0 0 0' bboxSize='2 2.8 0.00138107'>
        </Inline>
    </Transform>
    <Transform scale='0.5 0.55 0.5' translation='-5 0.8 -16.5'>
        <Inline DEF="_12" url='"ptree1.x3d"' bboxCenter='0 0 0' bboxSize='2 2.8 0.00138107'>
        </Inline>
    </Transform>
    <Transform scale='0.5 0.55 0.5' translation='-10 0.8 -16.5'>
        <Inline DEF="_13" url='"ptree1.x3d"' bboxCenter='0 0 0' bboxSize='2 2.8 0.00138107'>
        </Inline>
    </Transform>
    <Transform DEF="_14" scale='0.8 0.6 0.8' translation='-10 0.6 -15'>
        <Inline DEF="_15" url='"pludeng.x3d"' bboxCenter='0.0108965 1.36217 0.0981806'
            bboxSize='1.43021 4.28865 0.414959'>
        </Inline>
    </Transform>
    <Transform scale='0.8 0.6 0.6' translation='-10 0.6 -12'>
        <Inline DEF="_16" url='"pludeng.x3d"' bboxCenter='0.0108965 1.36217 0.0981806'
            bboxSize='1.43021 4.28865 0.414959'>
        </Inline>
    </Transform>
    <Transform scale='0.8 0.6 0.6' translation='-10 0.6 -5'>
        <Inline DEF="_17" url='"pludeng.x3d"' bboxCenter='0.0108965 1.36217
            0.0981806' bboxSize='1.43021 4.28865 0.414959'>
        </Inline>
    </Transform>
    <Transform scale='0.8 0.6 0.6' translation='-10 0.6 -2'>
        <Inline DEF="_18" url='"pludeng.x3d"' bboxCenter='0.0108965 1.36217
            0.0981806' bboxSize='1.43021 4.28865 0.414959'>
        </Inline>
    </Transform>
  </Scene>
</X3D>
```

VR-X3D 虚拟人行走运动设计效果：虚拟人能够模仿人类行走的姿态在蓝天背景下的休闲广场上悠闲地散步。

运行虚拟人运动行走场景造型设计程序，首先启动 BS Contact VRML/X3D 8.0 浏览器，然后打开相应程序即可创建虚拟人运动行走场景，如图 11-4 所示。

图 11-4　虚拟人运动行走场景效果图

11.4　VR-X3D 虚拟现实粒子烟火系统设计

VR-X3D 虚拟现实粒子烟火系统设计是利用粒子自动机的方法描述粒子的运动，通过气体涡旋运动体现气流场，实现粒子火焰运动与其构成粒子的随机流运动引起的局部气流的火团扩散现象的可视化。粒子系统能用大量个体的行为表现气流场整体的扩散效果，而涡旋运动则能体现气流场的火团扩散现象。研究者通过对火焰的火团扩散现象进行深入细致的研究，在综合了粒子系统和涡旋场各自优点的基础上，提出了粒子系统和涡旋场相结合的火团生成算法，用粒子在涡旋场中的扩散行为以及涡旋的运动来表现火焰的火团扩散效果，本实例基于此算法并结合实例内容给出了火焰效果源程序。

11.4.1　项目实例算法设计

VR-X3D 粒子火焰运动算法是利用粒子自动机的一种能够实现机械运动过程的数学模型，其中包括有限自动机。有限自动机内部设有有限个状态，当有外部输入时，根据输入值和当前状态产生状态转移，进入新的状态，并输出相应的结果。另外，粒子自动机是指处在粒子方式并列状态的有限自动机，在被称为粒子空间的 n 维空间的任意点上配置自动机。其中各粒子的有限个状态变量都各自取离散的有限个状态，在粒子自动机系统中，各自动机状态变化是同步的，其状态变化的输入是被称作“近邻粒子”的几个状态变量。

粒子自动机方法是一种比较理想化的方法，对于那些具有时空特征且只有有限个状态的物理系统来说，利用粒子自动机方法进行描述将非常灵活、有效。粒子自动机方法的一个最重要的特征是它能给复杂系统提供一个比较简单的模型，系统的整体行为完全靠大量简单个体行为的总和来体现。因此，该方法被广泛用于仿真不平衡的复杂系统和一些物理过程。

自然界中可变形气流场的扩散现象可从不同的层次进行描述。从微观上看，气流扩散现象可被看作大量的粒子以复杂的方式相互作用的结果；而从宏观上看，同样的扩散现象可用局部浓度、温度和光线强度等标量特征来描述。显然，气流的微观特征和宏观特征密切相关，利用粒子自动机模型来描述离散的分子运动表现气流的宏观特征是可行的。

基于粒子自动机的气流场仿真方法实质上是用大量粒子个体的行为来表现气流场整体的扩散特性，场内某一点处粒子个体温度的叠加恰好反映气流场整体的温度扩散特征，而粒子数量的多少则能反映该点处浓度的扩散效果。从宏观上看，粒子通过状态转换规则改变其属性特征，并在运动中改变其作用范围，影响场内粒子温度和浓度的分布，从而表现出气流场宏观的扩散效果。

从上述分析可知，用基于粒子自动机的仿真方法来描述侧重视觉效果的可变形气流场仿真问题是可行的。利用粒子自动机方法重点讨论可变形气流场中火焰的扩散现象，力求通过大量简单粒子的个体行为来表现火焰的整体扩散效果，即基于粒子的火焰生成算法。

11.4.2 项目实例源代码

VR-X3D 虚拟现实粒子火焰运动三维立体场景设计利用虚拟现实程序对粒子火焰场景进行设计、编码和调试。

利用虚拟现实基本节点、复杂节点、场景效果节点、群节点、动态智能感知节点等进行开发与设计，使用虚拟现实语言中的各种节点设计编程，如背景节点、视点节点、空间坐标变换节点、自定义节点、组节点、几何节点、面节点、纹理贴图节点、时间传感器节点、动态插补器节点以及路由等进行设计和开发。

【实例 11-2】VR-3D 虚拟现实粒子火焰三维立体场景设计源程序 px3d11-2.x3d 如下：

```
<Scene>
    <ExternProtoDeclare name="Particles" url='"urn:inet: nodes.wrl#Particles"'>
        <field accessType="inputOutput" name="bboxSize" type="SFVec3f"/>
        <field accessType="inputOutput" name="bboxCenter" type="SFVec3f"/>
        <field accessType="inputOutput" name="lodRange" type="SFFloat"/>
        <field accessType="inputOutput" name="enabled" type="SFBool"/>
        <field accessType="inputOutput" name="particleRadius" type="SFFloat"/>
        <field accessType="inputOutput" name="particleRadiusVariation" type="SFFloat"/>
        <field accessType="inputOutput" name="particleRadiusRate" type="SFFloat"/>
        <field accessType="inputOutput" name="geometry" type="SFNode"/>
        <field accessType="inputOutput" name="emitterPosition" type="SFVec3f"/>
        <field accessType="inputOutput" name="emitterRadius" type="SFFloat"/>
        <field accessType="inputOutput" name="emitterSpread" type="SFFloat"/>
        <field accessType="inputOutput" name="emitVelocity" type="SFVec3f"/>
        <field accessType="inputOutput" name="emitVelocityVariation" type="SFFloat"/>
        <field accessType="inputOutput" name="emitterOrientation" type="SFRotation"/>
        <field accessType="inputOutput" name="creationRate" type="SFFloat"/>
        <field accessType="inputOutput" name="creationRateVariation" type="SFFloat"/>
        <field accessType="inputOutput" name="maxParticles" type="SFInt32"/>
        <field accessType="inputOutput" name="maxLifeTime" type="SFTime"/>
        <field accessType="inputOutput" name="maxLifeTimeVariation" type="SFFloat"/>
        <field accessType="inputOutput" name="gravity" type="SFVec3f"/>
        <field accessType="inputOutput" name="acceleration" type="SFVec3f"/>
        <field accessType="inputOutput" name="emitColor" type="SFColor"/>
        <field accessType="inputOutput" name="emitColorVariation" type="SFFloat"/>
        <field accessType="inputOutput" name="fadeColor" type="SFColor"/>
        <field accessType="inputOutput" name="fadeAlpha" type="SFFloat"/>
        <field accessType="inputOutput" name="fadeRate" type="SFFloat"/>
```

```
        <field accessType="inputOutput" name="numTrails" type="SFInt32"/>
        <field accessType="inputOutput" name="numSparks" type="SFInt32"/>
        <field accessType="inputOutput" name="sparkGravity" type="SFVec3f"/>
        <field accessType="inputOutput" name="sparkFadeColor" type="SFColor"/>
    </ExternProtoDeclare>
    <ExternProtoDeclare name="DrawGroup" url='"urn:inet: "nodes.wrl#DrawGroup"'>
        <field accessType="inputOutput" name="bboxSize" type="SFVec3f"/>
        <field accessType="inputOutput" name="bboxCenter" type="SFVec3f"/>
        <field accessType="inputOutput" name="sortedAlpha" type="SFBool"/>
        <field accessType="inputOutput" name="drawOp" type="MFNode"/>
        <field accessType="inputOutput" name="children" type="MFNode"/>
        <field accessType="inputOnly" name="addChildren" type="MFNode"/>
        <field accessType="inputOnly" namc="removeChildren" type="MFNode"/>
    </ExternProtoDeclare>
    <PointLight DEF="_1" color='1 0.05 0.05' location='0 2 0' on='false' global='true'>
    </PointLight>
    <WorldInfo info='"Contact 5 Particle system test"' title="Particles">
    </WorldInfo>
    <NavigationInfo DEF="_2" visibilityLimit='200'>
    </NavigationInfo>
    <TimeSensor DEF="TS" cycleInterval='10' enabled='true' loop='true'>
    </TimeSensor>
    <Viewpoint DEF="_3" fieldOfView='1' position='0 2.75 35'>
    </Viewpoint>
    <Background DEF="Background" skyColor='1 1 1'>
    </Background>
    <Switch DEF="Objects" whichChoice=' -1'>
        <Particles DEF="PS" bboxSize='-1 -1 -1' lodRange='300' particleRadius=
            '0.35' particleRadiusVariation='0.1' particleRadiusRate='1.5' emitterPosition='0 2 0'
            emitterRadius='0.5' emitterSpread='0.1721875' emitVelocity='4 15 4'
            emitVelocityVariation='0.25' creationRate='148.125' maxParticles=' 500' maxLifeTime='2'
            gravity='0 0 0' emitColor='0.85 0.15 0.15' emitColorVariation='0.5' fadeColor='1 1 0.5'
            fadeAlpha='0' fadeRate='0.5' numTrails=' 0' numSparks=' 0'>
        </Particles>
        <Shape DEF="PS-S">
            <Appearance>
                <ImageTexture DEF="PS-TEX" url='"partikel.png"' repeatS='false' repeatT='false'>
                </ImageTexture>
            </Appearance>
            <Particles containerField="geometry" USE="PS"/>
        </Shape>
        <Transform DEF="PS2" translation='0 -3 0'>
            <Transform translation='-5 0 4'>
                <Shape USE="PS-S"/>
            </Transform>
            <Transform translation='7 0 -8'>
```

```
                <Shape USE="PS-S"/>
            </Transform>
            <Transform translation='2 0 15'>
                <Shape USE="PS-S"/>
            </Transform>
        </Transform>
    </Switch>
    <DrawGroup sortedAlpha='false'>
        <Switch DEF="Mirror-SW" whichChoice=' -1'>
            <Transform DEF="Mirror" scale='1 -1 1'>
                <Transform USE="PS2"/>
            </Transform>
        </Switch>
        <Transform DEF="Grass" translation='-40 -10 -10'>
            <Shape>
                <Appearance>
                    <Material>
                    </Material>
                    <ImageTexture url='"reef.png"'>
                    </ImageTexture>
                    <TextureTransform containerField="textureTransform" scale='8 8'>
                    </TextureTransform>
                </Appearance>
                <ElevationGrid containerField="geometry" height='7.54,7.19,6.88,6.43,
                    5.93,5.69,5.84,6.08,
                    6.18,6.13,6.12,6.18,
                        ⋮
                    -0.05 0.1 0.99,-0.04 0.1 0.99,-0.01 0.1 1,-0 0.1 1
                        '>
                    </Normal>
                </ElevationGrid>
            </Shape>
        </Transform>
        <Switch DEF="Shadow-SW" whichChoice=' -1'>
            <Transform DEF="Shadow" scale='1 0 1'>
                <Shape>
                    <Appearance>
                        <Material diffuseColor='0 0 0' emissiveColor='0.5 0.5 0.5' transparency='0.5'>
                        </Material>
                    </Appearance>
                    <Particles containerField="geometry" USE="PS"/>
                </Shape>
            </Transform>
        </Switch>
        <Transform DEF="PS-T">
            <Transform USE="PS2"/>
```

```
            </Transform>
        </DrawGroup>
        <PositionInterpolator DEF="PS-translation" keyValue='0 0 0,0 0 0'>
        </PositionInterpolator>
        <ScalarInterpolator DEF="PS-rate" keyValue='200,350,200,100,200'>
        </ScalarInterpolator>
        <ScalarInterpolator DEF="PS-spread" keyValue='0.25,0.35,0.3,0.1,0.25'>
        </ScalarInterpolator>
        <ROUTE fromNode="TS" fromField="fraction_changed" toNode="PS-rate" toField="set_fraction"/>
        <ROUTE fromNode="PS-rate" fromField="value_changed" toNode="PS" toField="set_creationRate"/>
        <ROUTE fromNode="TS" fromField="fraction_changed" toNode="PS-spread" toField="set_fraction"/>
        <ROUTE fromNode="PS-spread" fromField="value_changed" toNode="PS" toField="set_emitterSpread"/>
    </Scene>
```

运行 VR-X3D 虚拟现实粒子火焰运动程序。首先启动 BS Contact VRML/X3D 8.0 浏览器，选择 open 选项，运行相应程序，运行后的虚拟现实粒子火焰三维立体场景如图 11-5 所示。

图 11-5　VR-X3D 虚拟现实粒子火焰三维立体场景设计效果

11.5　VR-X3D 事件工具组件设计

VR-X3D 事件工具组件节点设计的名称是 EventUtilities。当在 COMPONENT 语句中引用这个组件时需要使用这个名称。Event Utilities component（事件工具组件）包括触发器（Trigger）和过滤器（Sequencer）节点类型，可以通过这些节点，在不需要使用 Script 节点的情况下就可以为一般的交互应用提供较多功能，如转换功能、序列化操作等功能。

11.5.1　BooleanFilter 节点设计

事件工具组件由三个部分构成：给定类型的 SF（Single Field）单个域事件的变化（Mutating）；

由其他类型事件导致的给定类型的 SF 单个域事件的触发（Triggering）；沿时间线产生 SF 单个域事件的序列化（Sequencing）（作为离散值发生器）。

这些节点结合 ROUTE 路由可以建立复杂交互行为，而不需要使用脚本节点。这在某些对交互有重要影响的 Profiles 概貌中很有用，如这些概貌不一定支持 Script 节点。事件工具节点在变换层级中的位置不会影响其运作效果。BooleanFilter 节点可以作为 Transform 空间坐标变换节点的子节点，或与其他节点平行使用。

BooleanFilter 节点过滤性地发送 boolean 事件，允许选择性的路由 TRUE 值、FALSE 值或相反值。当接收到 set_boolean 事件时，BooleanFilter 节点生成两个事件：基于接收到的 boolean 值输出 inputTrue 事件（接收 True 时）或 inputFalse 事件（接收到 False 时）；输出包含和接收值相反值的 inputNegate 事件。BooleanFilter 节点语法定义如下：

```
<BooleanFilter
DEF             ID
USE             IDREF
set_boolean     ""          SFBool      inputOnly
inputTrue       ""          SFBool      outputOnly
inputFalse      ""          SFBool      outputOnly
inputNegate     ""          SFBool      outputOnly
containerField  children
class
/>
```

BooleanFilter 节点设计包含域名、域值、域数据类型以及存储/访问类型等，节点中数据内容包含在一对尖括号中，用“</>”表示。域数据类型中的 SFBool 域是一个单值布尔量。事件的存储/访问类型包括 inputOnly（输入类型）和 outputOnly（输出类型）。BooleanFilter 节点包含 DEF、USE、set_boolean、inputTrue、inputFalse、inputNegate、containerField 以及 class 域。

11.5.2 BooleanSequencer 节点设计

BooleanSequencer 节点周期性地产生离散的 Boolean 值，这个值可以路由到其他节点的 Boolean 属性。该节点生成由某个 TimeSensor 时钟驱动的序列化的 SFBool 事件。它可以控制其他动作，例如可以激活/禁止灯光或传感器，或通过 set_bind 绑定/解除绑定 Viewpoints 或其他 X3DBindableNodes 可绑定子节点。BooleanSequencer 节点中的 keyValue 域由一个 FALSE 值和 TRUE 值的列表构成。对每个节点的单独激活或被绑定，BooleanSequencer 节点应为每个节点单独实例化。BooleanSequencer 节点典型输入为 ROUTE someTimeSensor.fraction_changed TO someInterpolator.set_fraction，典型输出为 ROUTE someInterpolator.value_changed TO destinationNode.set_attribute。BooleanSequencer 节点可以作为 Transform 空间坐标变换节点的子节点，或与其他节点平行使用。BooleanSequencer 节点语法定义如下：

```
<BooleanSequencer
    DEF             ID
    USE             IDREF
    key                             MFFloat     inputOutput
```

```
    keyValue                          MFBool      inputOutput
    set_fraction        ""            SFFloat     inputOnly
    value_changed       ""            SFBool      outputOnly
    previous            0             SFBool      inputOnly
    next                0             SFBool      inputOnly
    containerField      children
    class
/>
```

BooleanSequencer 节点的图标为 ，包含域名、域值、域数据类型以及存储/访问类型等，节点中数据内容包含在一对尖括号中，用“</>”表示。域数据类型中的 SFFloat 域是单值单精度浮点数；MFFloat 域是多值单精度浮点数；SFBool 域是一个单值布尔量；MFBool 域是一个多值布尔量。事件的存储/访问类型包括 inputOnly（输入类型）、outputOnly（输出类型）以及 inputOutput（输入/输出类型）。BooleanSequencer 节点包含 DEF、USE、key、keyValue、set_fraction、value_changed、previous、next、containerField 以及 class 域。

11.5.3 BooleanToggle 节点设计

BooleanToggle 节点反转输出并存储 Boolean 值以触发开/关。当接收到一个 set_boolean TRUE 事件时，BooleanToggle 反转 toggle 域的值并生成相应 toggle 域输出事件。set_boolean FALSE 事件将被忽略。通过直接设置 inputOutput toggle 域的值，BooleanToggle 可以被复位到指定状态。BooleanToggle 节点可以作为 Transform 空间坐标变换节点的子节点，或与其他节点平行使用。BooleanToggle 节点语法定义如下：

```
<BooleanToggle
DEF                 ID
USE                 IDREF
set_boolean         ""            SFBool      inputOnly
toggle              ""            SFBool      inputOutput
containerField      children
class
/>
```

BooleanToggle 节点的图标为 ，包含域名、域值、域数据类型以及存储/访问类型等，节点中数据内容包含在一对尖括号中，用“</>”表示。域数据类型中的 SFBool 域是一个单值布尔量。事件的存储/访问类型包括 inputOnly（输入类型）和 inputOutput（输入/输出类型）。BooleanToggle 节点包含 DEF、USE、set_boolean、toggle、containerField 以及 class 域。

11.5.4 BooleanTrigger 节点设计

BooleanTrigger 节点作用是转换时间事件为 boolean true 事件。该节点可以作为 Transform 空间坐标变换节点的子节点，或与其他节点平行使用。BooleanTrigger 节点是一个触发器节点，在接收到时间事件时生成 boolean 事件。当 BooleanTrigger 接收到一个 set_triggerTime 事件时，生成 triggerTrue 事件，triggerTrue 的值应总为 TRUE。BooleanTrigger 节点语法定义如下：

```
<BooleanTrigger
    DEF                 ID
    USE                 IDREF
    set_triggerTime     ""              SFTime          inputOnly
    triggerTrue         ""              SFBool          outputOnly
    containerField      children
    class
/>
```

BooleanTrigger 节点的图标为，包含域名、域值、域数据类型以及存储/访问类型等，节点中数据内容包含在一对尖括号中，用“</>”表示。域数据类型中的 SFBool 域是一个单值布尔量；SFTime 域含有一个单独的时间值。事件的存储/访问类型包括 inputOnly（输入类型）和 outputOnly（输出类型）。BooleanTrigger 节点包含 DEF、USE、set_triggerTime、triggerTrue、containerField 以及 class 域。

11.5.5 IntegerSequencer 节点设计

IntegerSequencer 节点是一个离散值生成器，它根据单一 TimeSensor 时钟生成序列化的 SFInt32 事件，从而驱动 Switch 节点的 set_whichChoice 域。IntegerSequencer 节点周期性地产生离散的整数值，这些整数值可以路由到其他的整数属性。IntegerSequencer 节点的典型输入为 ROUTE someTimeSensor.fraction_changed TO someInterpolator.set_fraction，典型输出为 ROUTE someInterpolator.value_changed TO destinationNode.set_attribute。IntegerSequencer 节点可以作为 Transform 空间坐标变换节点的子节点，或与其他节点平行使用。IntegerSequencer 节点语法定义如下：

```
<IntegerSequencer
DEF                 ID
USE                 IDREF
key                                 MFFloat         inputOutput
keyValue                            MFInt32         inputOutput
set_fraction        ""              SFFloat         inputOnly
value_changed       ""              SFInt32         outputOnly
previous            0               SFBool          inputOnly
next                0               SFBool          inputOnly
containerField      children
class
/>
```

IntegerSequencer 节点的图标为，包含域名、域值、域数据类型以及存储/访问类型等，节点中数据内容包含在一对尖括号中，用“</>”表示。域数据类型中的 SFFloat 域是单值单精度浮点数；MFFloat 域是多值单精度浮点数；SFBool 域是一个单值布尔量；SFInt32 域是一个单值含有 32 位的整数；MFInt32 域是一个多值域 32 位的整数。事件的存储/访问类型包括 inputOnly（输入类型）、outputOnly（输出类型）以及 inputOutput（输入/输出类型）。IntegerSequencer 节点包含 DEF、USE、key、keyValue、set_fraction、value_changed、previous、next、containerField 以及 class 域。

11.5.6 IntegerTrigger 节点设计

IntegerTrigger 节点定义了一个从 boolean true 或时间输入事件到整数值的转换，以适合 Switch 之类的节点。IntegerTrigger 节点可以作为 Transform 空间坐标变换节点的子节点或与其他节点平行使用。IntegerTrigger 节点语法定义如下：

```
<IntegerTrigger
    DEF             ID
    USE             IDREF
    set_boolean     ""          SFBool      inputOnly
    integerKey      -1          SFInt32     inputOutput
    triggerValue    ""          SFInt32     outputOnly
    containerField  children
    class
/>
```

IntegerTrigger 节点的图标为，包含域名、域值、域数据类型以及存储/访问类型等，节点中数据内容包含在一对尖括号中，用“</>”表示。域数据类型中的 SFBool 域是一个单值布尔量；SFInt32 域是一个单值含有 32 位的整数。事件的存储/访问类型包括 inputOnly（输入类型）、outputOnly（输出类型）以及 inputOutput（输入/输出类型）。IntegerTrigger 节点包含 DEF、USE、set_boolean、integerKey、triggerValue、containerField 以及 class 域。

11.5.7 TimeTrigger 节点设计

TimeTrigger 节点将 boolean true 事件转换到时间事件。TimeTrigger 节点是一个触发器节点，在接收到 boolean 事件时生成时间事件。该节点可以作为 Transform 空间坐标变换节点的子节点，或与其他节点平行使用。当 TimeTrigger 接收到一个 set_boolean 事件时，生成 triggerTime 事件；triggerTime 的值应为 set_boolean 事件接收的时间，set_boolean 的值应被忽略。TimeTrigger 节点语法定义如下：

```
<TimeTrigger
DEF             ID
USE             IDREF
set_boolean     ""          SFBool      inputOnly
triggerTime     ""          SFTime      outputOnly
containerField  children
class
/>
```

TimeTrigger 节点的图标为，包含域名、域值、域数据类型以及存储/访问类型等，节点中数据内容包含在一对尖括号中，用“</>”表示。域数据类型中的 SFBool 域是一个单值布尔量；SFTime 域含有一个单独的时间值。事件的存储/访问类型包括 inputOnly（输入类型）和 outputOnly（输出类型）。TimeTrigger 节点包含 DEF、USE、set_boolean、triggerTime、containerField 以及 class 域。

11.6 VR-X3D脚本组件设计

VR-X3D 脚本组件涵盖 Script 脚本节点、IMPORT 引入外部文件节点、EXPORT 输出节点、ROUTE 路由节点等。VR-X3D 主要通过 Script 脚本节点接口、IMPORT 引入外部文件节点、EXPORT 输出节点与外部程序发生联系，通过与各种语言工具进行接口以实现软件开发通用性、兼容性以及平台无关性，使软件项目开发更加方便、灵活、快捷，提高软件项目开发的效率。接下来介绍 Script 脚本节点。

Script 脚本节点设计描述一个由用户自定义制作的检测器和插补器，这些检测器和插补器需要一些有关域、事件出口和事件入口的列表以及处理这些操作时所需做的事情。所以该节点定义了一个包含程序脚本节点的域（注意不能定义 exposeField）、事件出口、事件入口及描述了用户自定义制作的检测器和插补器所做的事情。该节点可以出现在文件的顶层，或者作为成组节点的子节点。在 Script 脚本节点中，可由用户定义一些域、入事件和出事件等，所以 Script 脚本节点的结构与前面介绍的 VR-X3D 节点有所不同。Script 脚本节点让场景可以有程序化的行为，用 field（域）标签定义脚本的界面，脚本的代码使用一个子 CDATA 节点或使用一个 url field（不推荐）。可选脚本语言支持 ECMAScript/JavaScript 或经由 url 到一个 myNode.class 类文件的 Java 语言。

11.6.1 语法定义

Script 脚本节点语法定义如下：

```
<Script
    DEF                 ID
    USE                 IDREF
    url                                 SFString        inputOutput
    directOutput        false           SFBool          initializeOnly
    mustEvaluate        false           SFBool          initializeOnly
    containerField      children
    class
/>
```

Script 脚本节点的图标为，包含域名、域值、域数据类型以及存储/访问类型等，节点中数据内容包含在一对尖括号中，用“</>”表示。域数据类型中的 SFBool 域是一个单值布尔量；SFString 域是一个单值的字符串。事件的存储/访问类型包括 initializeOnly（初始化类型）和 inputOutput（输入/输出类型）。Script 脚本节点包含 DEF、USE、url、directOutput、mustEvaluate、containerField 以及 class 域。

11.6.2 源程序实例

VR-X3D 三维立体程序设计利用 Script 脚本节点可以实现更加方便、灵活的软件项目开发与设计，使用 Script 脚本节点与其他程序设计语言进行接口，可设计出更加生动、鲜活、逼真的 VR-X3D 虚拟现实动画场景。本实例利用虚拟现实语言的多种节点如内核节点、背景节点以及 Script 脚本节点创建生动、逼真的三维立体动画。

本书配套源代码资源中的“VR-X3D 实例源程序\第 11 章实例源程序”目录下提供了VR-X3D 源程序 px3d11-3.x3d。

【实例 11-3】 VR-X3D 三维立体动画设计使用 Script 脚本节点创建动画效果，使“空天飞机”起飞航行，即实现当用户运行 VR-X3D 立体空间的飞机场景和造型设计程序时，“空天飞机”将飞往太空。

在 VR-X3D 三维立体空间场景环境下，利用内联节点将“空天飞机”造型连接到场景中，利用 Script 脚本节点使空天飞机飞向太空。Script 脚本节点“空天飞机”场景设计 VR-X3D 文件 px3d11-3.x3d 源程序如下：

```
<Scene>
    <!-- Scene graph nodes are added here -->
    <Background skyColor="1 1 1"/>
    <Viewpoint description="fly-space" orientation="1 0 0 -0.2" position="0.5 0.5 1.5"/>
    <NavigationInfo type="EXAMINE ANY"/>
    <Group>
      <Transform rotation="0 0 1 0" translation="0.5 -0.2 0">
        <Shape>
          <Box size="1.5 0.01 0.5"/>
          <Appearance>
            <Material diffuseColor="0.6 1 0.5"/>
          </Appearance>
        </Shape>
      </Transform>
      <Transform DEF="flyTransform">
          <Transform translation="0 -0.1 0" scale="0.01 0.01 0.01" rotation="0 1 0 3.141">
              <Inline url="px3d11-3-1.x3d"/>
          </Transform>
      </Transform>
      <TimeSensor DEF="Clock" cycleInterval="4" loop="true"/>
      <Script DEF="MoverUsingExternalScriptFile" >
        <field accessType="inputOnly" name="set_fraction" type="SFFloat"/>
        <field accessType="outputOnly" name="value_changed" type="SFVec3f"/>
      </Script>
      <Script DEF="MoverUsingUrlScript">
        <field accessType="inputOnly" name="set_fraction" type="SFFloat"/>
        <field accessType="outputOnly" name="value_changed"
        type="SFVec3f"/><![CDATA[ecmascript:
        // Move a shape in a straight path
        function set_fraction( fraction, eventTime ) {
          value_changed[0] = fraction;       //X component
          value_changed[1] = fraction;       //Y component
          value_changed[2] = 0.0;            //Z component
        }]]></Script>
      <Script DEF="MoverUsingContainedScript">
        <field accessType="inputOnly" name="set_fraction" type="SFFloat"/>
        <field accessType="outputOnly" name="value_changed"
        type="SFVec3f"/><![CDATA[ecmascript:
```

```
            // Move a shape in a straight path
            function set_fraction( fraction, eventTime ) {
              value_changed[0] = fraction;        //X component
              value_changed[1] = fraction;        //Y component
              value_changed[2] = 0.0;             //Z component
            }]]></Script>
        </Group><!--Any one of the three Mover script alternatives can drive
          the ball - modify both ROUTEs to test--><ROUTE
          fromField="fraction_changed" fromNode="Clock"
          toField="set_fraction" toNode="MoverUsingContainedScript"/>
        <ROUTE fromField="value_changed"
          fromNode="MoverUsingContainedScript" toField="set_translation"
          toNode="flyTransform"/>
    </Scene>
```

在 VR-X3D 源文件中的 Scene 场景根节点下添加 Background 背景节点和 Shape 模型节点，背景节点的颜色取白色以突出“空天飞机”造型飞行的显示效果。

运行 VR-X3D 虚拟现实 Script 脚本节点动画场景程序。首先启动 BS Contact VRML/X3D 8.0 浏览器，选择 open 选项，选择“X3D 实例源程序\第 11 章实例源程序\px3d11-3.x3d”路径，即可运行程序，运行后的场景效果如图 11-6 所示。

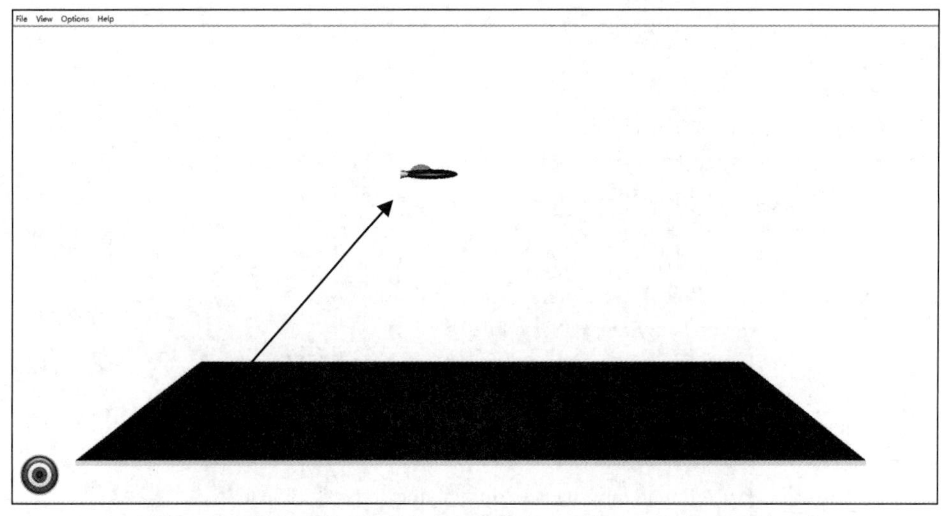

图 11-6　使用 Script 脚本节点实现“空天飞机”飞行的动画效果

本章小结

本章主要介绍了 VR-X3D 虚拟人运动设计、VR-X3D 粒子烟火系统设计、VR-X3D 事件工具组件设计以及 VR-X3D 脚本组件设计等。在 VR-X3D 虚拟人运动设计中，主要针对虚拟拟人运动节点进行设计，VR-X3D 粒子烟火系统设计是对虚拟现实场景进行烟火特效设计，利用 VR-X3D 事件工具组件和脚本组件可以实现工具和脚本组件的灵活开发与设计。

第 12 章　VR-X3D 虚拟现实交互体验设计

目前 VR-X3D 虚拟现实交互体验设计技术及应用主要有 VR-X3D 全景技术、3D 眼镜、VR 智能可穿戴头盔交互技术以及 VR/AR/X3D 智能可穿戴 9D 体验馆。VR-X3D 全景技术利用立方体全景、柱面全景以及球面全景技术，开发设计 VR/AR 全景图像和视频图像等。3D 立体眼镜主要包含红蓝 3D 眼镜、偏振 3D 眼镜以及主动快门 3D 眼镜等，可实现立体成像。利用 VR 头盔显示器组合机可体验 3D 影院级震撼观看效果。VR/AR/X3D 智能可穿戴 9D 体验馆在互动影院和互动游戏方面不断整合各种娱乐要素，使用户在虚拟世界中的体验更加丰富多彩。

- VR-X3D 虚拟全景技术
- 3D 眼镜体验设计
- VR 虚拟头盔体验设计
- VR/AR/X3D 智能可穿戴 9D 体验馆

12.1　VR-X3D 虚拟全景技术

虚拟现实全景技术是利用现实世界的真实图像创建逼真的虚拟世界中三维立体环场虚拟现实场景来真实体现现实世界的场景。虚拟现实全景技术利用立方体、圆柱体和球体对三维立体场景进行设计，真正体现现实生活各种三维立体场景。基于图像绘制的虚拟全景技术特点，实景图像有着丰富的真实世界的图像、色彩和层次感，不需要附加计算机硬件设备，可以在普通的计算机中实现场景的实时浏览和漫游。其中虚拟旅游全景景观、立体相册设计是应用第二代网络程序设计语言 X3D 作为开发工具和平台，使虚拟现实全景技术开发与设计更加真实、生动，实现人和自然景观完美结合。

12.1.1　算法设计

VR-X3D 全景技术利用真实图像创建逼真的虚拟现实场景，将环场拍摄的多幅图像通过六面体、柱形和球形等各种技术实现虚拟现实全景图设计、浏览和漫游。虚拟现实全景技术利用计算机前沿图像处理技术展示三维立体空间图像，使浏览者亲身体验身临其境的感受，客观、真实、逼真地反映了大千世界中各种自然景观、人造景观、动物以及植物。虚拟现实全景技术利用立方体、圆柱体和球体对三维立体场景进行设计，真正体现现实生活各种三维立体场景。

例如，虚拟现实全景电影技术是在虚拟现实全景技术基础上，进行动态编辑、剪辑、播放，使浏览者真正体验在虚拟现实三维立体空间身临其境的动态交互感受。虚拟现实全景技术设计层次结构图如图 12-1 所示。

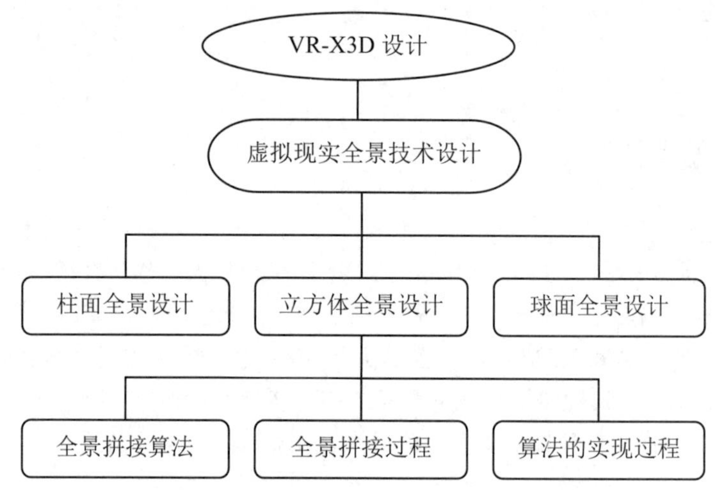

图 12-1　虚拟现实全景技术设计层次结构图

虚拟现全景技术中应用最广泛的是虚拟现实立方体全景技术。虚拟现实立方体全景技术是利用空间立方体六个表面构成的，用普通数码照相机和个人计算机对各部分图像进行加工处理后，通过图像拼接生成立方体表面上的三维全景图像，由此出现了虚拟现实立方体全景图像拼接算法。

虚拟现实立方体全景图像拼接算法首先采集一组有重叠区域的图像，它们必须覆盖空间的所有方位，将这些图像转换到用于映像的三维立方体全景图表面，通过图像拼接技术，把该组六面图像中的相邻图像两两拼接在一起。当所有图像都拼接完毕后，获得一幅三维立方体全景图像。虚拟现实三维立方体全景图像拼接算法设计需要注意以下几点：

（1）在立方体表面进行图像拼接时，每次在一个新的位置计算两幅图像的相似程度之前，首先在该位置将图像映射到立方体表面，然后计算图像的相似程度。如果使用基于特征的方法来拼接立方体全景图像，提取特征的过程不能太复杂，否则拼接速度会慢得无法接受。

（2）在拼接立方体全景图时，所提供的拼接算法必须满足在立方体表面的各个方向都能进行，即立方体表面待拼接的图像需要在上、下、左、右各个方向均能与已经拼接好的部分进行拼接。

（3）拼接一幅完整立方体全景图像需要许多普通图像，在拼接时会产生累计误差，因此拼接算法设计必须准确，以减少累计误差，使拼接立方体全景图像达到最佳效果。

目前图像拼接算法大致分为基于区域的算法和基于特征的算法两种，其中基于特征的算法可以提高拼接速度，抗干扰能力较强，拼接效果较为理想。基于特征的图像拼接算法的主要思路：在待拼接图像的重叠区域内取一点，在该点处取互相垂直的两条线段，在距离这两条线段终点处再取两条与原来两条线段互相平行的线段。计算前面选取的两条线段与终点选取两条线段的色差值，以这些差值作为特征数据，把这四条线段围成的矩形框映射到立方体表面，在矩形框内进行搜索扫描。在已经拼接好的图像上计算相应点的色差值，并与特征数据比较，以寻找最佳匹配点。

具体而言，假设每条线段上的像素点的个数为 N，用数组 digit[2N]表示特征数据，其中的每个元素为对应两个像素点的色差，特征数据在待拼接图像上。计算已拼接好的图像上的矩形框上对应像素点色差值，得到另外一组 image[2N]，使用以下公式计算这两个数组的差值，以 A 值最小者作为图像的最佳匹配值，A 值计算机如下：

$$A=\sum_{i=0}^{2N-1}(\text{image}[i]-\text{digit}[i])^2$$

拼接时需要注意待拼接图像要先映射到立方体表面，再计算色差。映射时要在立方体表面取出像素点，再计算与之对应的待拼接图像上的像素点。

算法拼接实现过程如下：

（1）利用具有重复图像的图片，即左面、前面、右面、后面、上面和下面等六幅重复图像，在平面上进行水平和垂直图像拼接缝合。

（2）在水平方向进行拼接缝合，将左面、前面、右面、后面四幅图像进行水平拼接缝合，如图 12-2 所示。

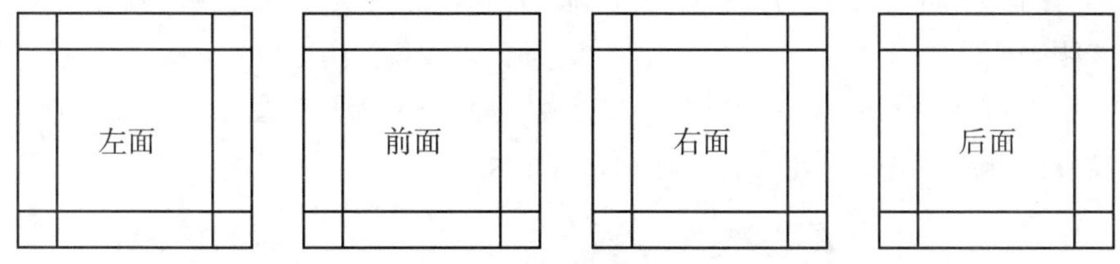

图 12-2 水平图像缝合

（3）在水平缝合的基础上，把“上面”重复图像与水平拼接缝合好的图像分别与左面、前面、右面、后面四幅图像进行垂直拼接。即将“上面”图像的 2 边与“前面”图像直接进行垂直拼接；“上面”图像的 1 边旋转 90 度再与“左面”图像进行垂直拼接；接着把“上面”图像的 3 边旋转 180 度后再与“右面”图像进行垂直拼接；接下来再把“上面”图像的 4 边旋转 90 度与“后面”图像进行垂直拼接，完成立方体四面和上面的平面拼接工作，如图 12-3 所示。

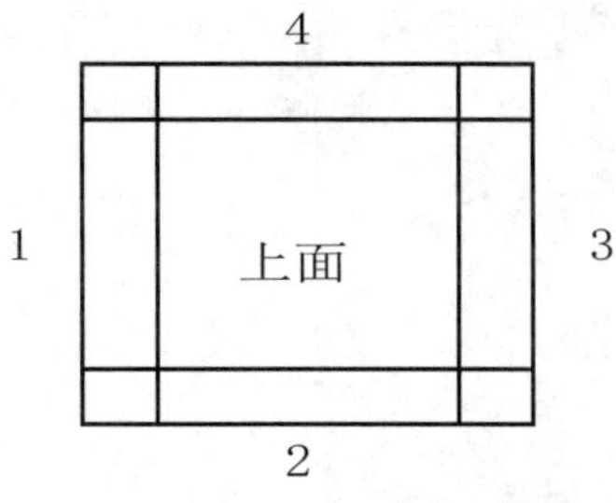

图 12-3 立方体顶部缝合

（4）在已经拼接好的图像中，把“下面”重复图像与已经拼接好的图像进行底部拼接，方法类似于步骤（3），不再赘述。

（5）将全部拼接好的平面图像，按左面、前面、右面、后面、上面和下面六个方位进行剪切，把剪切好的六幅图像分别映射（粘贴）到立方体上，形成一个具有三维立体空间效果的立方体全景图。

具体算法实现过程如下：

（1）根据已经拼接好的立方体表面上的图像和待拼接的图像确定搜索范围。该范围用拍摄待拼接图像时的三个参数表示，分别为照相机光轴的旋转角 α、俯角 β 和图像本身的旋转角 θ，同时需要确定搜索步长。拼接的过程实际上也就是确定 α、β 和 θ 的过程。

（2）在待拼接图像中的重叠范围内，确定矩形线段和顶点坐标(x,y)，间隔为 d，每列线段的像素为 N，计算特征模板 templet[2N]，为临时变量 B 赋一个大值。

（3）对于确定的 α、β 和 θ，根据映射公式计算模板中矩形 4 条线段上的各个像素点映射到立方体上的位置，计算 image[i]的值。根据 $A=\sum_{i=0}^{2N-1}(\text{image}[i]-\text{digit}[i])^2$ 公式计算 A 值。

（4）如果 $B>A$，则令 $B=A$，记录此时的 α、β 和 θ。

（5）按步长增加 α、β 和 θ 的值，回到步骤（3），直至搜索整个范围。

（6）把 A 值最小时对应的 α、β 和 θ 作为最佳匹配，并根据 α、β 和 θ 的值把待拼接图像映射到立方体表面。

虚拟现实立方体全景图像拼接算法很好地解决了在拼接两张图像时的图像模糊、拼接图像痕迹明显等问题，拼接好后的效果如图 12-4 所示。

图 12-4　立方体全景拼接图像的展示图

12.1.2 全景设计

虚拟现实立方体全景技术（VR Cube Panorama）是利用立体空间前后左右上下的所有图像构成一幅三维全景图像，观察者可以在不改变视点的情况下，只改变观察方向就能感受到虚拟现实三维立体全景效果。生成全景图像主要通过图像拼接和全景照相机，其中前一种方法是国内外常见方式，比后一种方法复杂烦琐，但价格低廉，获得的图像较为清晰，畸变也少。

虚拟现实立方体全景技术的全景三维立体环场效果是以人的观测点为中心，柱形的半径为观测距离，旋转 360°观察全景图像。由于基于图像绘制的虚拟全景技术特点景图像有着丰富的真实世界的图像、色彩和层次感，因而不需要附加计算机硬件设备，就可以在普通的计算机中实现场景的实时浏览和漫游。

虚拟现实立方体全景技术利用软件工程思想开发设计，采用渐进式软件开发模式进行开发、设计、编码、调试和运行。采用模块化、组件化以及面向对象设计思想，开发设计层次清晰、结构合理的虚拟现实全景技术场景。

12.1.3 源程序实例

虚拟现实全景效果利用虚拟现实立方体全景技术开发和设计，通过三维立体空间的六面体对应的六幅图像的拼接整合最终合成一幅完整三维立体全景图像，从而实现在三维立体空间体验虚拟现实技术的沉浸感受。

本实例利用基本几何节点、背景节点、空间坐标变换节点以及锚节点等设计虚拟现实立方体全景效果，利用内联节点实现子程序调用以及模块化和组件化设计。利用 X3D-Edit 3.2 专用编辑器或记事本编辑器直接编写*.x3d 源程序，在正确安装 X3D-Edit 3.2 专用编辑器的前提下，启动 X3D-Edit 3.2 专用编辑器进行编程。利用 VR-X3D 基本几何节点、背景节点、复杂节点以及动态感知节点等编写 VR-X3D 源程序。本书配套源代码资源中的“VR-X3D 源程序实例\第 12 章源程序实例\px3d12-1”目录下提供了 px3d12-1.x3d 源程序。

【实例 12-1】虚拟现实立方体全景三维立体场景造型设计源程序 px3d12-1.x3d 的主程序如下：

```
<Scene>
    <NavigationInfo DEF="_NavigationInfo" type='"EXAMINE","ANY"'>
    </NavigationInfo>
    <Viewpoint DEF="_Viewpoint" fieldOfView='1.5' description="wide view">
    </Viewpoint>
    <Background DEF="_Background" groundAngle='0.1,1.309,1.571' groundColor='0 0
        0,0 0.1 0.3,0 0.2 0.5,0 0.3 0.8' backUrl='"forest_1_back.jpg"' bottomUrl='"forest_1_bottom.jpg"'
        frontUrl='"forest_1_front.jpg"' leftUrl='"forest_1_left.jpg"' rightUrl='"forest_1_right.jpg"'
        topUrl='"forest_1_top.jpg"' skyAngle='0.1,0.15,1.309,1.571' skyColor='0.4 0.4 0.1,0.4 0.4 0.1,0 0.1
        0.3,0 0.2 0.6,0.8 0.8 0.8'>
    </Background>
    <Transform scale='2 2 2' translation='2 10 -8'>
        <Inline url='"xunixianshiquanjing.x3d"' bboxCenter='0.04 -0.1369 0'
            bboxSize='26.94 2.1862 0.2'/></Transform>
```

```
        <Transform scale='2 2 2' translation='8 4 -8'>
            <Anchor description="call second program" url='"px3d12-1-1.x3d"'
                bboxCenter='8 4 -8' bboxSize='50 50 50'>
                <Inline url='"heliuquanjing.x3d"'/></Anchor>
        </Transform>
        <Transform scale='2 2 2' translation='8 0 -8'>
            <Anchor description="call second program" url='"px3d12-1-2.x3d"'
                bboxCenter='8 0 -8' bboxSize='50 50 50'>
                <Inline url='"haiyangquanjing.x3d"' bboxCenter='-0.0265002 -0.11935 0'
                    bboxSize='13.441 2.1513 0.2'/></Anchor>
        </Transform>
        <Transform DEF="_Transform" scale='1 1 1' translation='8 -4 -8'>
            <Anchor DEF="_Anchor" description="call second program"
                url='"px3d12-1-3.x3d"' bboxCenter='8 -4 -8' bboxSize='50 50 50'>
                <Inline url='"xiliuquanjing.x3d"' bboxCenter='-0.000500202 -0.13265 0'
                    bboxSize='13.389 2.1247 0.2'/></Anchor>
        </Transform>
    </Scene>
</X3D>
```

主程序中利用锚节点实现子程序调用，在子程序中使用背景节点、视点节点、空间坐标变换节点以及锚节点等设计一个河流全景效果，虚拟现实立方体全景技术三维立体场景设计中河流全景子程序 px3d12-1-1.x3d 如下：

```
<Scene>
    <NavigationInfo DEF="_NavigationInfo" avatarSize='0.25,1.75,0.25' type='"EXAMINE","ANY"'>
    </NavigationInfo>
    <Background DEF="_Background" backUrl='"lake_1_back.jpg"' bottomUrl='"lake_1_bottom.jpg"'
        frontUrl='"lake_1_front.jpg"' leftUrl='"lake_1_left.jpg"' rightUrl='"lake_1_right.jpg"'
        topUrl='"lake_1_top.jpg"'>
    </Background>
    <Viewpoint DEF="_Viewpoint" fieldOfView='0.8' orientation='0 1 0 -0.3' position='0 0 10'>
    </Viewpoint>
    <Transform scale='1 1 1' translation='0 0 0'>
        <Anchor description="call second program" url='"px3d12-1.x3d"' bboxCenter='0
            0 0' bboxSize='50 50 50'>
            <Inline url='"fanhui.x3d"'/></Anchor>
    </Transform>
</Scene>
```

在子程序中使用背景节点、视点节点、空间坐标变换节点以及锚节点等设计一个海洋全景效果，虚拟现实立方体全景技术三维立体场景设计中海洋全景子程序 px3d12-1-2.x3d 如下：

```
<Scene>
    <NavigationInfo DEF="_NavigationInfo" avatarSize='0.25,1.75,0.25' type='"EXAMINE","ANY"'>
    </NavigationInfo>
    <Background DEF="_Background" backUrl='"horizon_3_back.jpg"' bottomUrl='"horizon_3_bottom.jpg"'
        frontUrl='"horizon_3_front.jpg"' leftUrl='"horizon_3_left.jpg"' rightUrl='"horizon_3_right.jpg"'
        topUrl='"horizon_3_top.jpg"'>
```

```
        </Background>
        <Viewpoint DEF="_Viewpoint" fieldOfView='1.4' orientation='0 1 0 3.2' position='0 0 0'>
        </Viewpoint>
        <Transform rotation='0 1 0 3.14' scale='1 1 1' translation='0 0 5'>
            <Anchor description="call second program" url='"px3d12-1.x3d"' bboxCenter='0
                0 0' bboxSize='50 50 50'>
                <Inline url='"fanhui.x3d"'/></Anchor>
        </Transform>
    </Scene>
```

在子程序中使用背景节点、视点节点、空间坐标变换节点以及锚节点等设计一个森林溪流风光全景效果，虚拟现实立方体全景技术三维立体效果设计中森林溪流风光全景子程序 px3d12-1-3.x3d 如下：

```
    <Scene>
        <NavigationInfo DEF="_NavigationInfo" type='"EXAMINE","ANY"'>
        </NavigationInfo>
        <Background DEF="_Background" groundAngle='0.1,1.309,1.571' groundColor='0 0 0,0.3 0.3 0,0.5 0.5
            0,0.8 0.3 0' backUrl='"forest_3_back.jpg"' bottomUrl='"forest_3_bottom.jpg"' frontUrl=
            '"forest_3_front.jpg"' leftUrl='"forest_3_left.jpg"' rightUrl='"forest_3_right.jpg"'
            topUrl='"forest_3_top.jpg"' skyAngle='0.1,0.15,1.309,1.571' skyColor='0.4 0.4 0.1,0.4 0.4 0.1,0 0.1
            0.3,0 0.2 0.6,0.8 0.8 0.8'>
        </Background>
        <Transform scale='1 1 1' translation='0 0 -5'>
            <Anchor description="call second program" url='"px3d12-1.x3d"' bboxCenter='0
                0 0' bboxSize='5 50 50'>
                <Inline url='"fanhui.x3d"'/></Anchor>
        </Transform>
    </Scene>
```

运行虚拟现实立方体全景技术三维立体场景设计程序。首先，启动 BS Contact VRML/X3D 8.0 浏览器，然后打开“VR-X3D 源程序实例\第 12 章源程序实例\px3d12-1\px3d12-1.x3d”，即可启动主程序，根据浏览提示选择河流全景、海洋全景以及溪流全景漫游浏览，如图 12-5 所示。

图 12-5　虚拟现实立方体全景技术三维立体场景效果

12.2 3D 眼镜体验设计

3D 眼镜在设计上采用了精良的光学部件，因此利用 3D 眼镜可以体验 VR-X3D 虚拟现实 3D 设计效果。

12.2.1 3D 眼镜设计原理

3D 眼镜应用于智能可穿戴领域是虚拟现实技术发展的必然趋势，利用 3D 眼镜可以在显示器或电视机上观看 3D 电影。3D 眼镜分类主要包括互补色 3D 眼镜、偏振式 3D 眼镜以及主动快门式 3D 眼镜等。

互补色 3D 眼镜（图 12-6）又称色差式 3D 眼镜，即大家常见红、蓝，红、绿等有色镜片类的 3D 眼镜。色差式可以称为分色立体成像技术，是用两台不同视角上拍摄的影像分别以两种不同的颜色印制在同一副画面中。用肉眼观看会呈现模糊的重影图像，只有通过对应的红、蓝等立体眼镜才可以看到立体效果，也就是对色彩进行红色和蓝色的过滤，红色的影像通过红色镜片，蓝色通过蓝色镜片，两只眼睛看到的不同影像在大脑中重叠呈现出 3D 立体效果。互补色 3D 眼镜主要应用于笔记本电脑、一体机、台式机以及电视机等，适合家庭使用。互补色 3D 立体眼镜包括红蓝、红绿、棕蓝等 3D眼镜。

图 12-6　互补色 3D 眼镜

偏振式 3D 眼镜分为线偏振和圆偏振两种类型，线偏振 3D 眼镜使用 *X*、*Y* 两个偏转方向，也就是通过眼镜上两个不同偏转方向的偏振镜片，让两只眼睛分别只能看到屏幕上叠加的纵向、横向图像中的一个，从而显示 3D 立体图像效果。圆偏振是新一代的 3D 偏振技术，该镜片偏振方式是圆形旋转的，一个向左旋转，一个向右旋转，这样两个不同方向的图像就会被区分开，这种偏振方式基本上可以达到全方位感受 3D 图像。偏振 3D 眼镜主要利用了镜片对光线的偏转，也被称为“分光”技术。偏振 3D 眼镜多用于 3D 影院和剧场。偏振式 3D 眼镜如图 12-7 所示。

主动快门式 3D 眼镜又称时分式 3D 眼镜，其快门式 3D 技术可以为家庭用户提供高品质的 3D 显示效果。主动快门式 3D 眼镜通过 3D 眼镜与显示器同步的信号来实现。当显示器输出左眼图像时，左眼镜片为透光状态，而右眼为不透光状态；而在显示器输出右眼图像时，右眼镜片透光而左眼不透光，这样两只眼镜就看到了不同的画面，达到欺骗眼睛的目的。这样频繁地切换可使双眼分别获得有细微差别的图像，然后通过交替左眼和右眼看到的图像使大脑将两幅图像融合成一体，从而产生了单幅图像的 3D 深度感。根据人眼对影像频率的刷新时间，主动快门式 3D 眼镜通过提高画面的快速刷新率（至少要达到 120Hz，左眼和右眼各 60Hz）快速刷新图像才会使图像不会产生抖动感，并且保持与 2D 视像相同的帧数，观众的两只眼睛看到快速切换的不同画面，并且在大脑中产生错觉，便观看到立体影像。主动快门式 3D 眼镜需要放入电池，边框比较宽大，同时其画面亮度也比较低，如图 12-8 所示。

图 12-7　偏振式 3D 眼镜

图 12-8　主动快门式 3D 眼镜

12.2.2　3D 眼镜应用实例

3D 眼镜作为可穿戴设备的一员，其低廉的价格有利于推广和普及。利用 3D 眼镜可在笔记本电脑、一体机、台式机以及电视机观看 3D 影视节目。

3D 家庭影院系统由 3D 眼镜、3D 播放器以及 3D 片源构成（图 12-9），适合使用红蓝或主动快门式 3D 眼镜，而偏振式 3D 眼镜主要应用于影院和剧场。此节以红蓝 3D 眼镜为例构建家庭影院系统。

首先要购买一个红蓝 3D 眼镜，再下载一个左右格式或红蓝格式的片源，安装 3D 暴风影音播放器，然后就可以观看 3D 电影了，一个 3D 家庭影院就此诞生。具体步骤如下。

（1）下载暴风影音 3D 版，启动“暴风影音”播放器，选择左下角文件夹图标，显示音视频优化技术，暴风影音 3D 版播放器如图 12-10 所示。

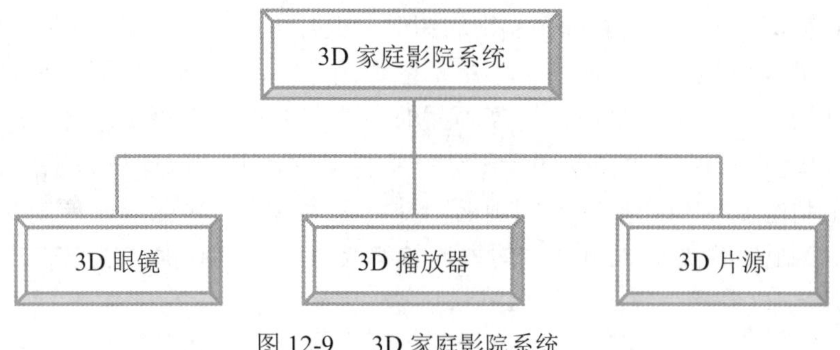

图 12-9　3D 家庭影院系统

图 12-10　暴风影音 3D 版播放器

（2）“音视频优化技术”菜单中包含“3D 开关”“添加到界面”“3D 设置”等选项。执行“3D 开关”→“开启 3D”命令，表示已开启 3D 视频功能，暴风影音 3D 功能设置如图 12-11 所示。

图 12-11　暴风影音 3D 功能设置

（3）“3D 设置”对话框涵盖“输出设置”“输入设置”“观看设置”模块。在“输出设置”中，默认为“红蓝双色”眼镜，单击下拉按钮显示有“红蓝双色”“红绿双色”“3D 快门显示器”“3D 偏光显示器”“2D 播放”等选项。暴风影音红蓝双色眼镜功能设置如图 12-12 所示。

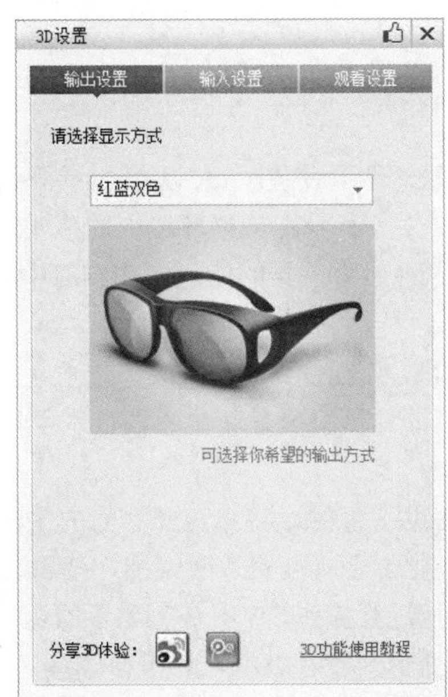

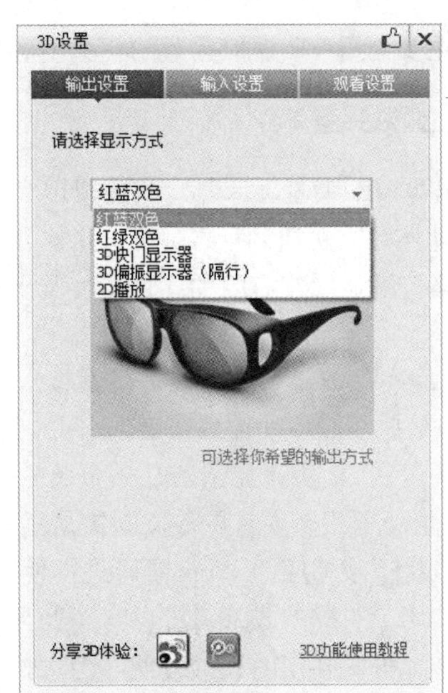

图 12-12　暴风影音红蓝双色眼镜功能设置

（4）下载红蓝双色眼镜片源或左右片源到计算机中，利用暴风影音 3D 播放器再加上硬件设备，带上 3D 立体红蓝眼镜就可以观看 3D 电影了。一个随时可以观看的 3D 家庭影院诞生了。3D 红蓝双色眼镜观看立体影像效果如图 12-13 所示。

图 12-13　3D 红蓝双色眼镜观看立体影像效果

12.3　VR 虚拟头盔体验设计

VR/AR 虚拟/增强现实智能可穿戴立体设备包括 3D 立体眼镜、VR 头盔显示器组合机、VR 头盔显示器一体机。3D 立体眼镜属于低端虚拟现实产品；VR 头盔显示器组合机是低投入高回报的大众虚拟头盔显示设备；VR 头盔显示器一体机属于高端虚拟/增强现实智能头盔显示设备，本章主要介绍 VR 虚拟头盔的相关内容。

12.3.1 虚拟头盔简介

VR 眼镜即 VR 头盔显示器，即虚拟现实头戴式显示设备。VR 头盔显示器利用头戴式显示设备将人对外界的视觉、听觉封闭，引导用户产生一种身在虚拟环境中的感觉。其显示原理是左右眼屏幕分别显示左右眼的图像，人眼获取这种带有差异的信息后在脑海中产生 3D 立体感效果。

VR 虚拟现实头戴显示器设备是仿真技术、计算机图形学、人机接口技术、多媒体技术、传感技术、网络技术等多种技术集合的产品，是借助计算机及最新传感器技术创造的一种崭新的人机交互手段。VR 头盔显示器是一个跨时代的产品。

VR 头盔显示器中较便宜的 VR 眼镜是需要借助手机的，将 4.7～6.0 寸的手机放入 VR 眼镜中，在手机中下载相应的 App 便可进行使用。由于手机被置入眼镜中，使用者将无法操作手机，所以使用了头控方式或者配备一个蓝牙手柄进行操作。VR 头盔显示器还有较贵的 VR 头盔显示器一体机，其使用较为方便，但大都仍处于开发者版本，并不够成熟。

VR 眼镜的原理和人类的眼睛类似，两个透镜相当于眼睛，但远没有人眼“智能”。VR 眼镜一般都是将内容分屏，形成左右视频，通过镜片实现叠加成像。要保证人眼瞳孔中心、透镜中心、屏幕（分屏后）中心在一条直线上，通过大脑计算从而生成一幅 3D 立体图像，获得最佳的 3D 视觉效果。

VR 头盔显示器可分为三类：外接式 VR 头盔显示器、一体式 VR 头盔显示器、移动端 VR 头盔显示器等。

（1）外接式 VR 头盔显示器的用户体验较好，具备独立屏幕，产品结构复杂，技术含量较高，不过受数据线的束缚，无法自由活动，如 HTC VIVE、Oculus Rift。

（2）一体式 VR 头盔显示器也叫VR 头盔显示器一体机，无需借助任何输入/输出设备就可以在虚拟的世界里尽情感受 3D 立体感带来的视觉冲击。

（3）移动端 VR 头盔显示器结构简单、价格低廉，只要放入手机即可观看，使用方便，是大众化普及产品。

VR 头盔显示器设备如图 12-14 所示。

图 12-14　VR 头盔显示器设备

12.3.2 VR 头盔实现原理

智能可穿戴立体头盔的原理是将小型二维显示器所产生的影像借由光学系统放大。具体而言，小型显示器所发射的光线经过凸状透镜使影像因折射产生类似远方效果。利用此效果将近处物体放大至远处观赏而达到所谓的全像视觉（Hologram）。液晶显示器的影像通过一个偏心自由曲面透镜，使影像变成类似大银幕画面。由于偏心自由曲面透镜为一倾斜状凹面透镜，因此在光学上它已不单是透镜功能，基本上已成为自由面棱镜。当产生的影像进入偏心自由曲面棱镜面，再全反射至观视者眼睛对向侧凹面镜面时，由于侧凹面镜面涂有一层镜面涂层，反射的同时光线再次被放大反射至偏心自由曲面棱镜面，并在该面补正光线倾斜，到达观视者眼睛。

VR/AR 虚拟/增强现实智能可穿戴光学技术设计和制造技术日趋完善，不仅可作为个人应用显示器，它还是紧凑型大屏幕投影系统设计的基础，可将小型 LCD 显示器件的影像透过光学系统做成全像大屏幕。其除了在现代先进军事电子技术中得到普遍应用成为单兵作战系统的必备装备外，还拓展到民用电子技术中。虚拟现实电子技术系统首先应用了虚拟现实立体头盔。新一代家用仿真电子游戏机和步行者 DVD 影视系统的出现就是虚拟现实立体头盔的普及推广应用的实例。

无论是要求在现实世界的视场上看到需要的数据，还是要体验视觉图像变化时全身心投入的临场感，模拟训练、3D 游戏、远程医疗和手术，或者是利用红外、显微镜、电子显微镜来扩展人眼的视觉能力等场景中都应用了智能可穿戴头盔。如军事上在车辆、飞机驾驶员以及单兵作战时的命令传达、战场观察、地形查看、夜视系统显示、车辆和飞机的炮瞄系统等都可以采用 VR 头盔显示需要的信息；在 CAD/CAM 操作上，HMD 使操作者可以通过虚拟头盔远程查看如局部数据清单、工程图纸、产品规格等数据；波音公司在采用 VR 技术进行波音 777 飞机设计时应用了 VR 头盔。

VR 头盔既可以单独使用，也可以配合以下设备联合使用，且效果更佳。

- 配合 3D 虚拟现实真实场景。
- 配合大屏幕立体现实屏幕。
- 和数据反馈手套配合使用。
- 和 3D 立体眼镜是黄金搭档。

VR 头盔一般都在几万到十几万美元一个，昂贵的价格使国内的使用者望而却步，国内厂家正在努力生产国产的虚拟现实游戏头盔，那时候才是虚拟现实游戏头盔和虚拟现实行业真正的繁荣时期。

12.3.3 VR 头盔应用实例

VR 头盔显示器分为一体机和组合机两种，一体机 VR 头盔显示器包含 OLED 显示器、主机芯片、内存储器、定位传感系统、电路控制连接系统以及电池等，其中 OLED 显示器包含图像信息显示、成像光学系统；组合机由头盔设备和智能手机构成，头盔设备包括头盔盖、头盔架、镜片以及头带等，智能手机使用范围在 3.5～6.0 英寸之间，完全兼容苹果和安卓智能手机系统。软件支持包含 3D 播放器和 3D 片源，VR 头盔显示器组合设备如图 12-15 所示。

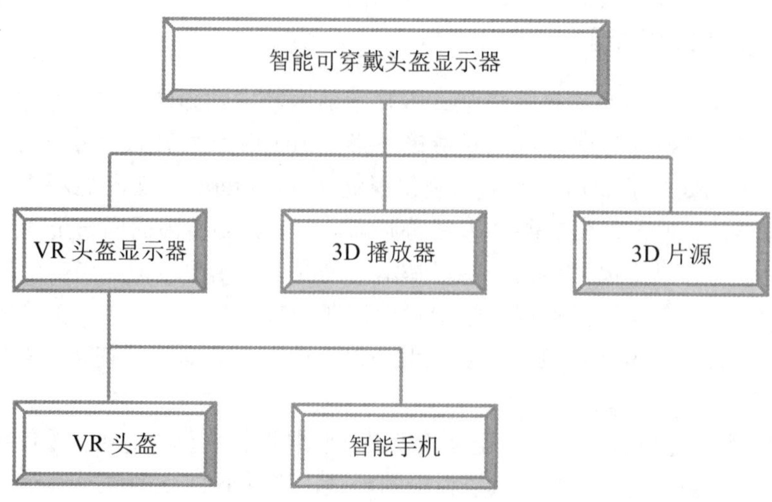

图 12-15　VR 头盔显示器组合设备

VR 头盔显示器组合机适合大众消费，目前智能手机几乎人手一部，只需投入少量资金购买一个 VR 头盔显示器，就可构建一个高效 VR 头盔，体验 3D 影院级震撼观看效果（图 12-16），完美体验 3D 图片、3D 视频、3D 地图、3D 游戏、3D 影视大片。接下来以 VR 头盔显示器组合机为例讲解体验 3D 影院级震撼观看效果的方法。

图 12-16　VR 头盔显示器组合机体验 3D 影院级震撼观看效果

VR 头盔显示器组合机有许多产品，如暴风 3D 魔镜、腾狼魔镜、VR-CASE、真幻魔镜等。VR 头盔显示器组合机利用“虚拟头盔显示器+智能手机+3D 片源”构成一个虚拟现实 VR 头盔软硬件装置。

VR 头盔显示器包含头盔、镜片、镜盒盖、眼罩、头带等。整体头盔采用进口塑料制成，有精致的外壳和舒适的手感。光学镜片采用树脂镜片，可大幅度提升镜片的透光度，减少畸变，去除阴影。镜盒盖时刻保护智能手机，双重卡盖开关压扣方便牢固。眼罩采用舒适的材料，使其与面部接触时产生舒适感觉。可调节头带帮助用户调整到最佳位置方便舒适观看 3D 影院效果的大片。VR 头盔显示器组合机硬件正背面产品构成设计如图 12-17 所示。

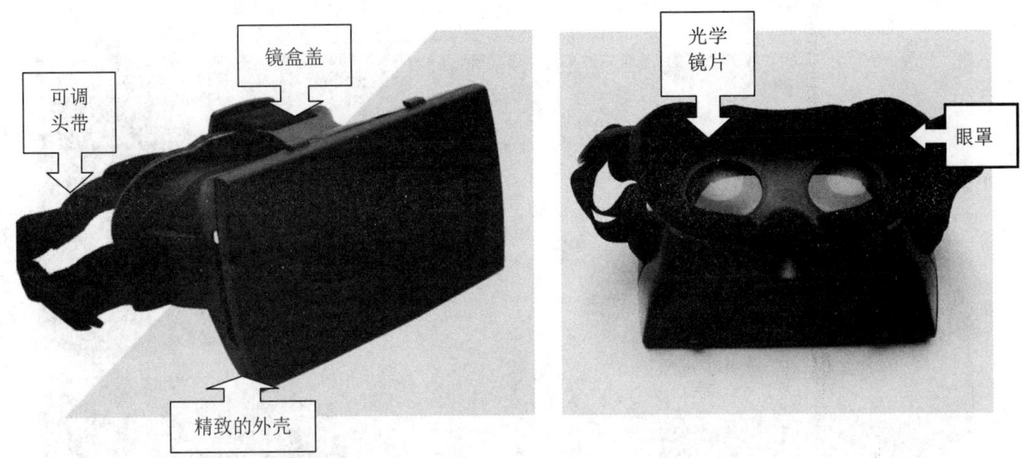

图 12-17 VR 头盔显示器组合机硬件正背面产品构成设计

首先设置智能手机软件。选择一款苹果及安卓智能手机，尺寸在 3.5～6.0 英寸内。在手机上安装暴风 3D 魔镜播放器、射手播放器及爱奇艺播放器等。下载左右视频格式的电影、电视节目。

然后安装智能手机，打开镜盒盖将 3.5～5.6 英寸的智能手机放入 VR 头盔显示器。VR 头盔显示器组合机安装智能手机如图 12-18 所示。

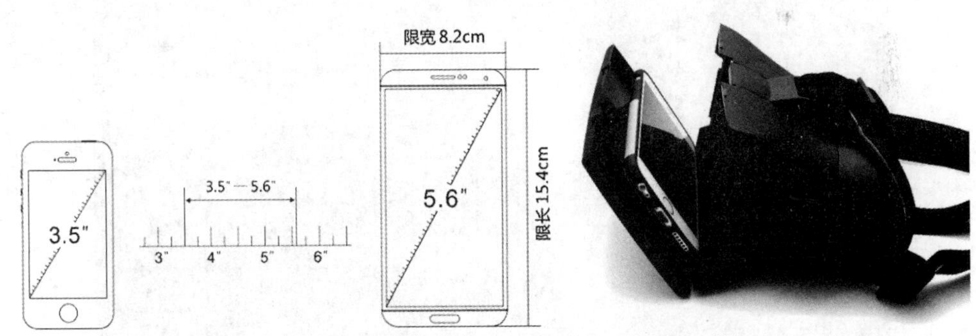

图 12-18 VR 头盔显示器组合机安装智能手机

最后利用 VR 头盔显示器组合机将其播放后就可以产生 3D 立体影院观看效果，还可以身临其境体验沉浸式 3D 游戏。3D 立体影院观看效果（左）及 3D 沉浸式体验（右）如图 12-19 所示。

综上，VR 头盔显示器组合机使用方法如下：

- 设置智能手机软件。
- 打开镜盒盖，将智能手机放入盒子中，使视频左右画面中间分割线对准盒子左右视线阻挡板。

- 带到头上，调整头带。
- 播放左右视频格式文件。
- VR 头盔显示器组合机自动将左右视频图像合成为 3D 视频图像。VR 头盔显示器组合机体验“IMAX 巨幕 3D 立体影院”观看效果如图 12-20 所示。

图 12-19　3D 立体影院观看效果（左）及 3D 沉浸式游戏体验（右）

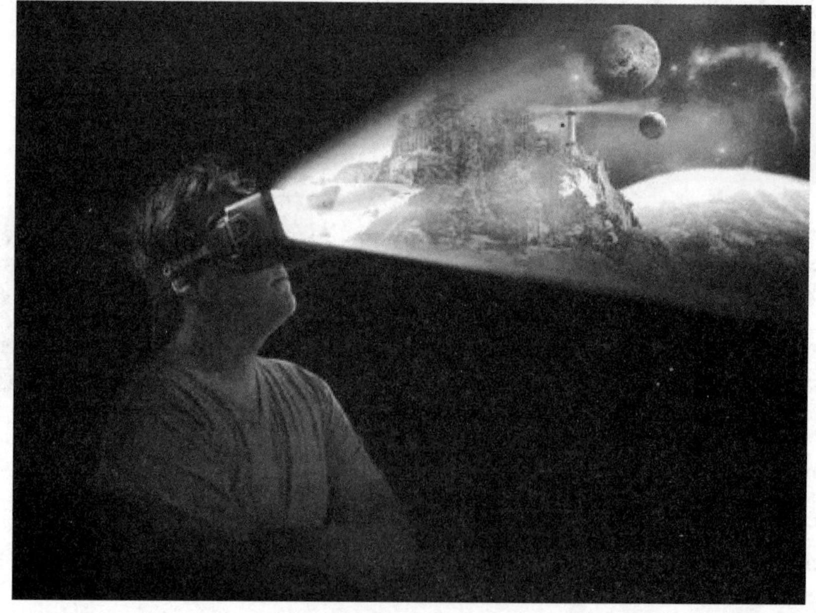

图 12-20　VR 头盔显示器组合机体验“IMAX 巨幕 3D 立体影院”观看效果

VR 头盔显示器组合机优点：价格低廉，性能优越。主要表现在清晰度高达 99%，视角 100%，图像无色差，视场水平，镜片为双凸弧形聚光镜片，模拟观看距离（相当于 3 米处观看 1050

英寸巨屏)。VR 头盔显示器组合机产品特点：IMAX 弧形巨屏效果（16:9 格式），全方位 3D 视听享受，体验 3D 影院级震撼观看效果。

12.4 VR/AR/X3D 智能可穿戴 9D 体验馆

VR/AR/X3D 智能可穿戴 9D 体验馆包含智能 9D 体验馆架构和智能 9D 体验馆实现两大部分。

12.4.1 智能 9D 体验馆架构

智能 9D 体验馆由一个 360 度全景头盔、一个动感特效互动仓、周边硬件设备无缝结合构成。智能 9D 体验馆层次结构图如图 12-21 所示。

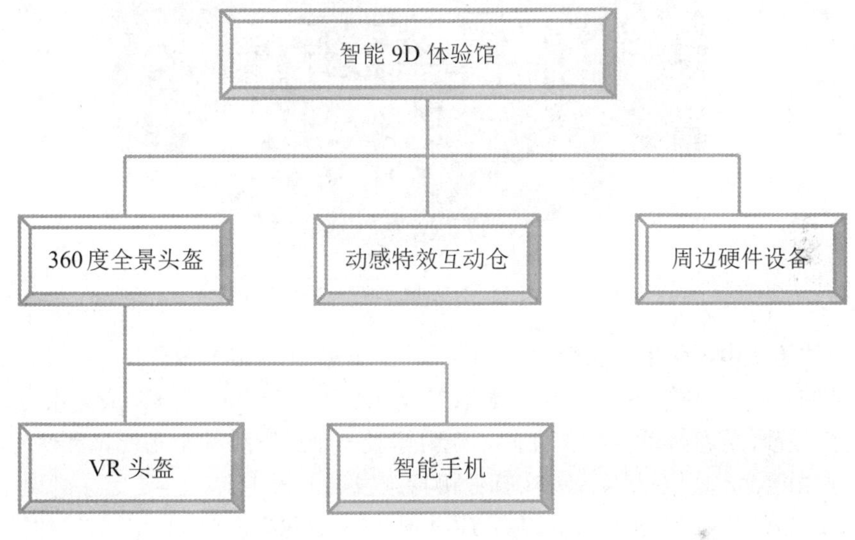

图 12-21 智能 9D 体验馆层次结构图

12.4.2 智能 9D 体验馆实现

智能 9D 体验馆中的 360 度全景头盔可带来沉浸式游戏娱乐体验，用户轻轻转动头部即可将眼前的美景一览无余。多声道音频区可以运用离散扬声器将音乐和声效传到影片所创建的空间，将“环绕立体声”提升到一个全新的高度。动感特效互动仓控制细腻精准，游戏里每一次俯冲、跳跃、旋转、爬升都仿佛身临其境。智能操作手柄可以轻松完成人机交互，如遇敌作战，行走等，还可以轻松实现任意旋转。智能 9D 体验馆在互动影院和互动游戏方面不断整合各种娱乐要素，使用户在虚拟世界中的体验更加丰富多彩，虚拟格斗、虚拟射击、虚拟过山车、虚拟飞行、虚拟驾驶等层出不穷的刺激内容令人目不暇接、惊喜连连。智能 9D 体验馆如图 12-22 所示。

智能 9D 体验馆独创性地将尖端体感虚拟现实技术、互动仿真数控机械技术和多元化娱乐内容平台巧妙地结合于一体，打造出一套空前创新、独具特色的一体化虚拟现实体验解决方案，开启了虚拟互动娱乐新纪元，使梦想与现实的有机结合，将虚拟世界变得触手可及。

智能 9D 体验馆有 120 仿生视场角、1080P 双眼独立高清分辨率、沉浸式 9D 头盔，可带给用户全方位无死角畅游虚拟世界的独特享受。动感特效互动仓运动速度范围为 10～160mm/s，动作控制精准细腻，临场感再度提升，让用户在虚拟世界中体验身临其境的真实感受。

图 12-22　智能 9D 体验馆

此外，体验馆中还配备了头部追踪瞄准系统，采用 9 轴传感器，360 度头部跟踪，让用户彻底和笨拙的互动仿真枪说再见，只需轻轻转动头部，配合手柄可以完成射击等操作，形式新奇独此一家，宛如化身神话人物美杜莎，随时享受一个回眸秒杀全场的极致快感。

互动娱乐产业才是虚拟/增强现实行业可持续发展的根本所在，要更深刻地了解虚拟现实技术研发、产品以及销售的商业化精髓，通过硬件切入虚拟现实体验市场，而通过软件主抓用户契合度，实现用户聚合，始终坚持技术与内容双核驱动，始终在“软件、硬件兼备”的道路上坚定向前。智能 9D 体验馆着眼于提升用户体验，实现虚拟现实装置、周边硬件外设、娱乐软件内容的无缝结合，让虚拟互动娱乐体验更全面、更丰富、更深刻，以成为名副其实的 VR/AR 沉浸式虚拟/增强互动娱乐体验馆。

本章小结

本章主要介绍了 VR-X3D 全景技术、3D 眼镜、VR 头盔交互技术以及 VR/AR/X3D 智能可穿戴 9D 体验馆。

VR-X3D 全景技术部分主要介绍利用立方体开发设计 VR/AR 全景图像和视频图像等。3D 眼镜通过使双眼看到的不同影像在大脑中重叠呈现出立体效果，实现 3D 立体交互设计。智能可穿戴设备是一种硬件设备，可以通过软件支持以及数据交互、云端 5G 交互来实现强大的功能，智能可穿戴设备将会对我们的生活、感知带来颠覆性的转变。智能 9D 体验馆在互动影院和互动游戏方面不断整合各种娱乐内容，使用户在 VR/AR 虚拟世界中的体验更加丰富多彩的交互设计。

附录　VR-X3D 虚拟现实交互节点图标

Anchor
X3D, Inline
Children
Sphere
Billboard
Directional Light
Shape
Cone
Group
PointLight
Background
Box
LOD
SpotLight
Fog
Cylinder
Switch
Navigation Info
Indexed FaceSet
Extrusion
Transform
Viewpoint
Indexed LineSet
Text
Collision
Proxy
PointSet
FontStyle
Appearance
Elevation Grid
Color Interpolator
Sound
Material
Cylinder Sensor
Coordinate Interpolator
Audio Clip
Color
Plane Sensor
Normal Interpolator
Normal
Coordinate
Sphere Sensor
Orientation Interpolator
Movie Texture
Texture Coordinate
Proximity Sensor
Position Interpolator
Pixel Texture
Route
Time Sensor
Scalar Interpolator
Image Texture
Script
Touch Sensor
Visibility Sensor
Texture Transform

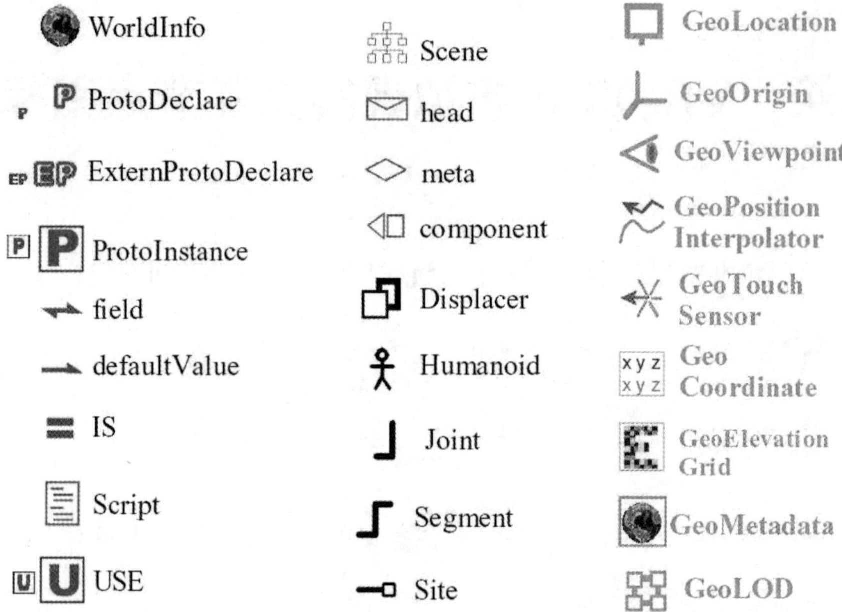
WorldInfo
ProtoDeclare
ExternProtoDeclare
ProtoInstance
field
defaultValue
IS
Script
USE
Scene
head
meta
component
Displacer
Humanoid
Joint
Segment
Site
GeoLocation
GeoOrigin
GeoViewpoint
GeoPosition Interpolator
GeoTouch Sensor
Geo Coordinate
GeoElevation Grid
GeoMetadata
GeoLOD

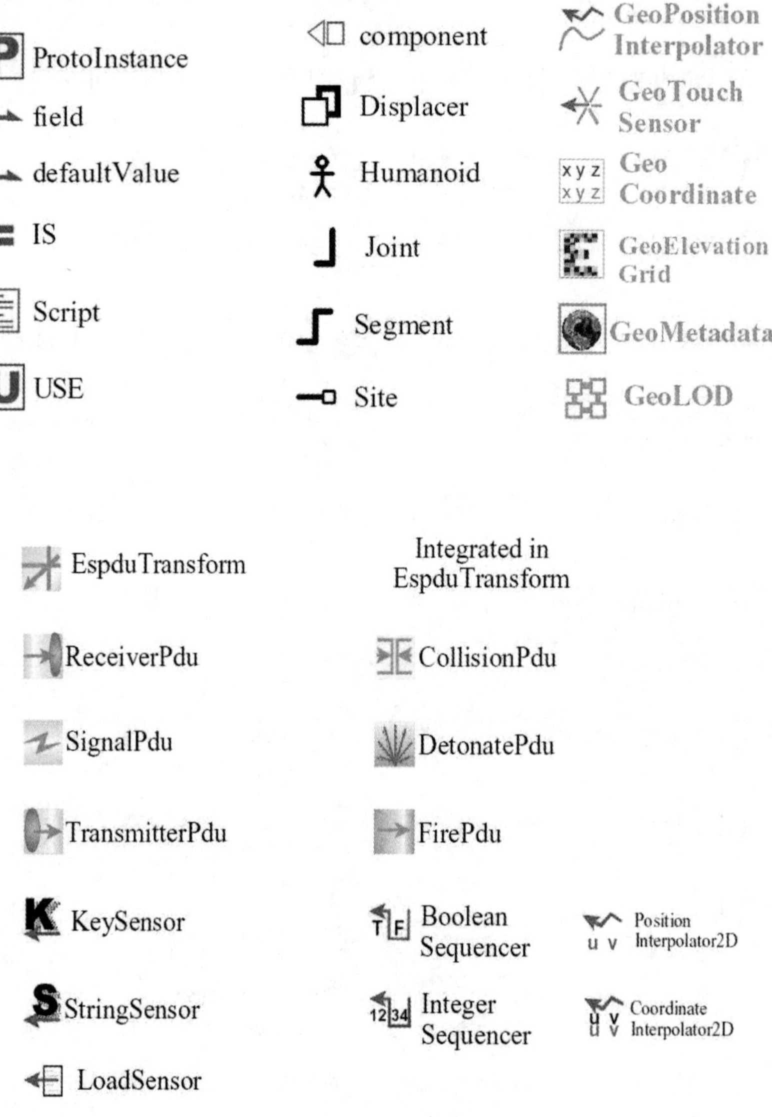
EspduTransform
Integrated in EspduTransform
ReceiverPdu
CollisionPdu
SignalPdu
DetonatePdu
TransmitterPdu
FirePdu
KeySensor
Boolean Sequencer
Position Interpolator2D
StringSensor
Integer Sequencer
Coordinate Interpolator2D
LoadSensor